Diagnose in mechatronischen Fahrzeugsystemen XIII

Bernard Bäker, Andreas Unger (Hrsg.)
und 32 Mitautoren

TUD*press*

Diagnose in mechatronischen Fahrzeugsystemen XIII

Neue Verfahren für Test, Prüfung und Diagnose von E/E-Systemen im Kfz

Prof. Dr.-Ing. Bernard Bäker
Dipl.-Ing. Andreas Unger (Hrsg.)
und 32 Mitautoren

TUD*press*
2019

Bibliografische Information der Deutschen Nationalbibliothek
Die Deutsche Nationalbibliothek verzeichnet diese Publikation in der Deutschen Nationalbibliografie; detaillierte bibliografische Daten sind im Internet über http://dnb.d-nb.de abrufbar.

Bibliographic information published by the Deutsche Nationalbibliothek
The Deutsche Nationalbibliothek lists this publication in the Deutsche Nationalbibliografie; detailed bibliographic data are available in the Internet at http://dnb.d-nb.de.

ISBN 978-3-95908-164-1

http://www.tudpress.de

TUDpress ist ein Imprint von THELEM Universitätsverlag
und Buchhandlung GmbH & Co.KG

Printed in Germany.

Inhaltsverzeichnis

Vorwort **10**

Key Note Speech

1 Fahrzeugdiagnose - Sternzeit 2025,76 **11**
Thomas Ringel

Diagnosemethoden und -verfahren. Neue Ansätze der Fahrzeugdiagnose

2 Monitoring of Powertrain Component Aging Using In-Vehicle Signals **15**
Andreas Udo Sass, Enes Esatbeyoglu, Till Fischer

3 Maschinelles Lernen in der Onboard-Fahrzeugdiagnose – Eine Analyse potentieller Umsetzungsmöglichkeiten **29**
Peter Wolf, Karsten Schwericke, Andreas Schaumeier, Axel Weckherlin, Jens Richter, Andreas Unger, Bernard Bäker

4 Strukturlernen von Bayes-Netzen als Grundlage automatisiert erstellter Diagnosemodelle **47**
Jens Richter, Andreas Unger, Bernard Bäker, Peter Wolf

Standardisierung – Next Generation (ODX/OTX-Anwendungsfelder)

5 OTX (Open Test sequence eXchange format) in der Praxis: Produktive Nutzung in Entwicklung, Produktion, Vertrieb und im Fahrzeug **64**
Sven Conradi, Thomas Falschebner

6 Remote Engineering – Direkte und effiziente Fehleranalyse durch Experten der Fahrzeugdiagnose **74**
Christian Weiner, Markus Steffelbauer

7 **Praxiserfahrungen mit unterschiedlichen MCD-3 D Diagnoseservern aus Sicht eines C++ Entwicklers** 88

Tadeusz Rzedkowski

Standards – Einsatz im Fahrzeug Life Cycle

8 **Prozesssteuerung und domänenspezifische Dokumentation nach ISO26262 und ISO25119 während Entwicklung und Integration von sicherheitsrelevanten Systemen** 98

Thomas Wambera, Georg Macher, Bernhard Frohner

9 **Ein neuer Diagnose-Standard: ISO 20730 – electronic Periodical Technical Inspection** 108

Bernd Gottschalk

Prüfung von Fahrzeugassistenzsystemen

10 **From Development into the end-of-line – Calibration, functional testing and failure diagnosis of automated driver assistance systems on vehicle test benches** 119

Heinz Neidhart, David Delichristov, Selim Solmaz

Automatische Diagnoseentscheidungen

11 **Automatisierte Diagnoseprozesse in der Halbleiterindustrie** 131

Frank Bleich, Robert Amthor, Norbert Waleschkowski, Ronny Giera

Diagnose der Zukunft – Over the Air (OTA)

12 **Effiziente Umsetzung von Over the Air Anwendungen** 156

Udo Schifferdecker

13 **Herausforderungen der Ferndiagnose in Flotten mit gemischten Fahrzeugen** 166

Marjan Hanc, Michael Halbwirth

14 Smart Data for Smart Mobility 176
Stefan Mittermeier, Jan Bröcking.

15 Flottenüberwachung per Diagnoseleitstand 190
Roman Cunis

Diagnose der Zukunft – Security Konzepte

16 Neue Security Konzepte in der Diagnose 202
Wigbert Knape

Vorwort

Dieses Buch entstand anlässlich der 13. Tagung „Diagnose in mechatronischen Fahrzeugsystemen“ in Dresden und wendet sich gleichermaßen an Entwickler, Konstrukteure und Personen aus den Bereichen: Forschung, Entwicklung, Produktvalidierung, Qualitätsmanagement, Produktion und After Sales.

Die Tagung ist der Branchentreff für Experten rund um das Thema Diagnose in Fahrzeugsystemen. Seit über 10 Jahren treffen sich Fahrzeughersteller, Dienstleister, Zulieferer und Hochschulen in Dresden, um dafür die aktuellen Ansätze und Anforderungen aus theoretischer und praktischer Sicht zu diskutieren.

Die dabei behandelten Themen umfassen nicht nur bekannte Diagnosestandards, Transportprotokolle und Diagnosemethoden. Zusätzlich werden Herausforderungen und neue Möglichkeiten im Rahmen von Test, Prüfung und Diagnose diskutiert, die auf den Megatrends der kommenden Jahre basieren. Hierzu gehören unter anderem die Remotediagnose, neue E2E-Architekturen, die Methoden des Maschinenlernens und der künstlichen Intelligenz sowie zukünftige vernetzte Assistenzfunktionen des automatisierten Fahrens.

Insbesondere vor dem Hintergrund der sich stark wandelnden Infrastruktur bei Fahrzeugsystemen müssen heute etablierte Technologien und Methoden diskutiert, erweitert und neue Diagnose-, Test- und Prüfansätze entwickelt werden.

Anhand von aktuellen Entwicklungsberichten, Systemvorstellungen und Praxisbeiträgen wird der aktuelle Stand und die Trends für Forschung und Entwicklung im Themenfeld Diagnose, Test und Prüfung im Jahr 2019 vorgestellt. Neue innovative Technologien und Konzepte von zukünftig denkbaren Systemlösungen runden die Darstellungen ab.

Ein besonderer Dank gilt allen Autoren und Referenten, die mit ihren aktuellen und interessanten Beiträgen dieses Buch ermöglicht haben.

Dresden, im Mai 2019

Andreas Unger

Bernard Bäker

1 Fahrzeugdiagnose - Sternzeit 2025,76

Dr. Thomas Ringel, Leiter After-Sales Technik
Diagnose, Flashen, Security & Produktgruppe C/E/S-Klasse,
Daimler AG, Böblingen

Abstract

In the next few years the diagnostics of vehicles will change significantly. Vehicles will become an integral part of the Cloud and in addition to that the development of new High-Performance-Vehicle-Computers will offer complete new services. We will see a development coming from local and reactive workshop diagnostics to more central and actively influenced diagnostics. Diagnosis will become an essential pillar within the After-Sales business. It will enable all new business models we can't imagine at this very moment. But the increasing added value by software to a vehicle will raise new challenges. Today's computers in a network all have an administrator and vehicles in the near future may need something comparable. At least they will need extremely sophisticated security mechanisms to prevent misuse and fulfill regulatory requirements.

Kurzfassung

Die Diagnose von Kraftfahrzeugen wird sich in den kommenden Jahren signifikant verändern. Das Einbinden von Fahrzeugen in die Cloud und der Einsatz von Zentralrechnern in der Fahrzeugarchitektur werden völlig neue Möglichkeiten bieten. Wir werden uns von einer lokalen, reaktiven Werkstattdiagnose im Reparaturfall hin zu einer zentralen, proaktiven Diagnose entwickeln. Diagnose wird zu einem wesentlichen Standbein des After-Sales Geschäfts und ermöglicht völlig neue Geschäftsprozesse. Allerdings wird uns der zunehmende Wertschöpfungsanteil der Software in einem Fahrzeug auch vor neue Herausforderungen stellen. Normale Computer haben heute Administratoren und zukünftige Fahrzeuge benötigen vielleicht etwas Vergleichbares. Mindestens aber benötigen sie ausgeprägte Sicherheitsmechanismen, um Missbrauch zu vermeiden und regulatorische Anforderungen zu erfüllen.

1 Status quo in der Kraftfahrzeugdiagnose

Seit dem Einzug elektronischer Steuergeräte Anfang der neunziger Jahre in Kraftfahrzeuge, zunächst für die Regelung von Verbrennungsmotoren, haben sich diese in immer weitere Domänen des Fahrzeugs ausgedehnt. Am einfachsten kann man dies am Scheinwerfer erkennen. Während es früher die Batterie, der Schalter, die Leitungen und der Scheinwerfer waren so besteht die heutige Außenbeleuchtung aus einem hochkomplexen Geflecht unterschiedlichster Steuergeräte, die Geschwindigkeit, Lenkwinkel, Beladung, Lichtverhältnisse, Wischgeschwindigkeit, entgegenkommende oder vorausfahrende Fahrzeuge, Verkehrszeichen berücksichtigt und eine punktgenaue und optimale Beleuchtung errechnet und umsetzt. Fahrdynamische Sitze sind von ähnlicher Komplexität, die neben Wohlfühlmassagen auch die aktuelle Kinematik des Fahrzeugs berücksichtigen. Die Kehrseite all dieser neuen und schönen Funktionen ist aber die gestiegene Komplexität. Modere Fahrzeuge bestehen heute aus über hundert verschiedenen Steuergeräten, die alle in ein und dasselbe Kommunikationsnetz, bestehend aus verschiedenen Subnetzen, eingebunden werden müssen. Das Ganze wird nicht gerade dadurch vereinfacht, dass diese Steuergeräte von mehreren Dutzend unterschiedlichen Lieferanten entwickelt werden. Dramatisch zugenommen haben in den letzten Jahren auch die regulatorischen Anforderungen, so dass eine Vielzahl von Softwarevarianten für jedes Steuergerät existiert, um teils sich widersprechende Regularien unterschiedlicher Länder abdecken zu können. Die in den vergangenen Jahren stetig gewachsene Komplexität bindet zunehmend Kapazitäten und erhöht die Aufwände zur präventiven Fehlervermeidung..

2 Trends in der Kraftfahrzeugdiagnose

Es wird daher Zeit für einen Blick nach vorne, denn glücklicherweise haben sich auch Entwicklungen gezeigt, die helfen können nicht nur die Komplexität besser zu beherrschen, sondern darüber hinaus eine Vielzahl neuer Möglichkeiten eröffnen. Zentralrechner in Fahrzeugen können eine Vielzahl von Funktionen und Services zusammenführen und sozusagen eine Schnittstelle zu den herkömmlichen mechatronischen Systemen darstellen. Die AUTOSAR Adaptive Platform ergänzt diese Entwicklung und stellt Methoden bereit, Funktionen über das gesamte Fahrzeug zu verteilen, ohne sich auf ein bestimmtes Steuergerät eines bestimmten Lieferanten einschränken zu müssen. Dadurch kann man flexibler und schneller auf der einen Seite werden, indem man den Zentralrechnern regelmäßig neue Funktionen und Updates zukommen lassen kann – denn eine Online Vernetzung ist zukünftig eher Standard, denn die Ausnahme. Auf der anderen Seite kann man durch entschleunigte Änderungszyklen bei den mechatronischen Subsystemen mehr Stabilität hereinbringen, denn diese sind ja „nur“ noch für die Sensorik und Aktuatorik zuständig. Das Ganze dürfte übrigens auch die Wertschöpfungskette dramatisch verändern, denn der funktionale Mehrwert findet sich auf den Zentralrechnern. Die Hoheit über diese ist damit wettbewerbsdifferenzierend, wobei natürlich auch bei diesen ein erheblicher Anteil der Grundfunktionen hoffentlich durch Standards geprägt sein wird. Diese Aufteilung gibt einem auch völlig neue Möglichkeiten: Nehmen wir das Beispiel des hochautomatisierten Fahrens. Eine Strömung implementiert die Intelligenz in die Autos, die sich damit eigenständig in fremdem Terrain bewegen sollen. Eine mögliche andere Entwicklung ist aber die intelligente Stadt, die das Auto quasi fremdsteuert. Das Auto selbst benötigt dazu möglicherweise weniger eigene Intelligenz. Der Zentralrechner bietet die prinzipielle Möglichkeit, flexibel unterschiedliche regulatorische oder marktspezifische Ausprägungen bei überwiegend vergleichbarer Hardware problemlos zu implementieren.

3 Auswirkungen von Zentralrechnern in der Fahrzeugdiagnose

Aber diese neue Elektrik / Elektronik / Software Architektur benötigt natürlich auch eine signifikant andere Diagnose. Während die herkömmliche Diagnose der mechatronischen Systeme ebenso wie die gesetzlich vorgegebene Onboard-Diagnose OBD weiterhin benötigt werden, werden für den Zentralrechner weitergehende Diagnosemechanismen benötigt. Einerseits für den Zentralrechner selbst, denn er ist – simpel betrachtet auch wieder nur eine weitere Komponente im Fahrzeug, die man diagnostizieren, ein- und ausbauen sowie ersatzteilmäßig über mehrere Jahre versorgen muss. Andererseits auch für das Gesamtsystem, das sich hin zu einem komplexen Computernetzwerk, das mit der Außenwelt vernetzt ist, entwickelt. Fehlfunktionen, die ein Fahrer bemerkt, haben ihre Ursache nicht mehr notwendigerweise im Fahrzeug, sondern könnten auch aus Problemen mit der Interaktion zur Infrastruktur herrühren. Kann es daher sein, dass es neben dem Mechaniker zukünftig auch eines Fahrzeug-Administrators bedarf, der Logfiles analysieren kann und Einstellungen korrigiert? Dieses Berufsbild existiert in den Werkstätten noch nicht und zu glauben, dass alles remote repariert werden kann ist möglicherweise zu kurz gesprungen. Der Mechaniker am Fahrzeug vor Ort und ein zentraler Softwarespezialist müssen zukünftig vielleicht gemeinsam ein Fahrzeug reparieren. Sprachliche Barrieren mögen ergänzend dazu führen, dass es „den“ zentralen Spezialisten gar nicht geben könnte.

Mehr zentrale Rechenfunktionalität und vernetzte Fahrzeuge führen dann auch folgerichtig zu wichtigen Fragen bezüglich der Security. Virenscanner sind auf jedem guten PC heute installiert – Datenverlust kann ein wirtschaftliches Risiko bedeuten. Selbstfahrende Autos, die ferngesteuert werden könnten sind eine noch höhere Stufe des Risikos. Neben den zahlreichen Maßnahmen, die die Fahrzeughersteller ergreifen und bereits ergriffen haben, sind regulatorische Maßnahmen zur Sicherstellung dass eben genau dieses Risiko nicht nur reduziert, sondern gänzlich vermieden wird richtigerweise in Ausgestaltung zum Wohle und Schutz aller.

4 Bedeutungswandel der Diagnose

Last but not least ergeben sich auch neue Businessmodelle und Aufgabenschwerpunkte für den After-Sales, wenn man die Zentralrechner und ihre Diagnosefunktion richtig einsetzt. Wo wollen wir den Schwerpunkt hinlegen? Soll die Diagnosefunktion mehr im Fahrzeug oder mehr in der Cloud sein? Wir könnten dies vielleicht sogar flexibel je nach Region, Fahrzeug oder Kunde ändern. Die Möglichkeiten hierzu sind vermutlich unbegrenzt. Ganz sicher ist aber, dass man sich von einer eher reaktiven Werkstattdiagnose auf Basis einer Kundenbeanstandung hin zu einer proaktiven Diagnose im Backend entwickeln wird. Genau dieses ermöglicht eine Reihe neuer Geschäftsideen, so dass sich die Diagnose von einem bisher notwendigen Begleitprozess für Reparaturen und Kundenbeanstandungen hin entwickeln kann zu dem wesentlichen Stützpfeiler des After-Sales Geschäfts. Und genau das ist unsere Vorstellung von der Diagnose des Jahres 2025.

2 Monitoring of Powertrain Component Aging Using In-Vehicle Signals

Andreas Udo Sass, Enes Esatbeyoglu, Till Fischer, Volkswagen AG, Wolfsburg

Abstract

Predictive maintenance has become a future trend in modern vehicles. This requires the ability to monitor the current state of health of various components within vehicles. With increasing functionality the exchanged data between Electronic Control Units (ECU) is simultaneously growing rapidly. Observed vehicles show an aging in powertrain components which indicates clogging. Relevant signals of powertrain components can be identified and used for building a virtual signal reflecting the degree of clogging. In order to validate the chosen approach the degree of clogging is measured in certain intervals.

In this work, we present a method to detect powertrain component aging by using in-vehicle signals of prototypes. Unevenly spaced time series are preprocessed to generate comparable in-vehicle data. First, we cluster relevant signals and calculate statistical features of these signals. Thus, the dynamic in-vehicle database is reduced which enables us to analyze the signals more efficient. In addition, the chosen time clusters allow the representation of the signals as operating points. We use operating points for further aggregating in order to define centers of gravity. The movement of these centers reproduce the aging effect of the powertrain component represented by the measured values. The reliability of this method is evaluated using data from the test benches. Furthermore, our work reveals that the quality of the aging monitoring is dependent on the selection of the data aggregation.

Kurzfassung

Predictive Maintenance ist ein Zukunftstrend in modernen Fahrzeugen. Es wird die Möglichkeit benötigt den aktuellen Betriebszustand unterschiedlicher Komponenten zu beobachten. Mit erhöhter Funktionalität steigen auch die auszutauschenden Daten zwischen den Steuergeräten rapide. Die untersuchten Fahrzeuge weisen eine Alterung einer bestimmten Antriebskomponente auf. Relevante Signale dieser Komponenten werden benutzt, um daraus ein virtuelles Signal abzubilden, welches den Grad der Alterung definiert. Dieser Ansatz wird mit gemessenen Alterungswerten validiert.

In dieser Arbeit wird eine Methode präsentiert, die eine Alterung im Antrieb durch Analyse von Fahrzeugsignalen bestimmter Prototypen erkennt. Zeitreihen, die nicht äquidistant sind, werden vorverarbeitet für eine weitere Analyse. Zunächst werden relevante Signale gruppiert und statistische Merkmale berechnet. Dadurch wird die dynamische Datenbasis reduziert und eine effiziente Analyse ermöglicht. In den gewählten Zeitperioden werden die Betriebspunkte zusammengefasst. Diese Betriebspunkte werden zur weiteren Analyse benutzt, um so die Alterung in der Bewegung der Betriebspunkte zu erkennen. Diese Methode wird mit Daten vom Prüfstand evaluiert. Es wird gezeigt, dass die Qualität der Alterungsüberwachung von der Auswahl der Datenaggregation abhängig ist.

1 Introduction

In the life-cycle of vehicles a various amount of time-resolved data is generated. Information from Electronic Control Units (ECU) are transmitted via a CAN bus which creates a high amount of data during this process. In this work, we present a method to detect powertrain component aging by using in-vehicle signals. In order to achieve this, we analyze unevenly spaced time series to create a digital aging model of a powertrain component. Nevertheless, preprocessing of the dynamic non-equidistant time series is necessary to perform this process.

Furthermore, predictive maintenance has become an important feature in modern vehicles. In order to monitor such an aging component, we use CAN bus signals to monitor the aging process of a powertrain component. In our work an aging of an Exhaust Gas Recirculation (EGR) cooling system is analyzed. To achieve a ground truth of the aging degree the vehicle prototypes are investigated during aging tests in certain intervals.

In sense of predictive maintenance, [1] differentiates between Remaining Useful Life (RUL) prediction, deviation detection and supervised classification. Historical or real-time data can be used for these approaches. Sensors are used to estimate the RUL. The provided raw monitoring data are analyzed in [2]. With additional sensors the vibrations are used as a diagnostics tool [3, 4, 5]. Acoustic emission-based condition monitoring methods are presented in [6, 7]. Instead of estimating a RUL, a supervised classification gives recommendations concerning maintenance decisions [8].

By optimizing maintenance operations production costs can be reduced. Therefore, analysis in the industrial sector are made. An overview of rotary machinery systems in prognostics and health management is given in [9]. Different types of component, such as bearings, gears and shafts are compared concerning characteristics and common features. However, an incorrect maintenance and wrong diagnosis can rise the costs. This analysis of mal-functions and anomalies of time series are made in [10, 11]. An approach to find abnormal operating conditions for automotive braking stem is made in [12]. Furthermore, the cloud can be used to inform a developer or customer about abnormal condition [13]. Transfer rates between a car and the cloud are limited. Therefore, a feature selection and extraction is necessary from the input data to reduce the amount of transmitted data [14].

A special form of raw data are time-series. One sample consists of a value and an associated time-stamp. Time-series from different signals are complex. This work identifies and visualize the inter-relationships between the signals [15]. Our approach is using in-vehicle signals in form of time-series. The current study sought to elicit relevant signals for the monitoring process. The data is preprocessed and filtered for further analysis. A reduction of aggregated data provides the information for the following monitoring. A linear model of the featured data represents a digital data-driven aging degree from the dynamic in-vehicle signals.

To monitor the aging process, the given results were compared with the measured aging degree. Instead of the RUL, in this work the actual aging degree is provided. Different time intervals are chosen concerning the data aggregation. In summary, the contributions of the current study are the preprocessing of in-vehicle signals for further analysis, the feature reduction of relevant information concerning the aging process and a monitoring and predicting of an aging degree relating to the powertrain component.

2 Background

In this section, we describe in more detail the aging process and the data description regarding the in-vehicle signals. We then use this background information in order to monitor the aging process in Section 3.

2.1 EGR Cooling System Aging Process

The diesel engine has a compression-ignition. Due to the air compression inside the cylinder, the temperature rises to a point where the injected diesel fuel ignites itself. Diesel engines have a high efficiency and a resulting low fuel consumption (respecting the provided power). Subsequently, the carbon dioxide (CO2) emission is low. To keep the legal pollutant emission limit a recirculation of exhaust gas is applied.

The emissions of an internal combustion engine are the result of the interaction between pollutant formation and pollutant degradation in the combustion chamber and in the exhaust gas system. The resulting products of an ideal combustion of sulfur-containing diesel fuel are carbon dioxide (CO2), water (H2O) and sulfur dioxide (SO2). However, the combustion is not ideal due to local strong fluctuating air conditions, which creates nitrogen oxides (NOx), carbon monoxide (CO), hydrocarbons (HC) and particulate matter (PM). The EGR rate represents the ratio of recirculated exhaust gas mass flow based on the total mass flow for filling the cylinder. With increase in the EGR rate the nitrogen oxides emissions can be reduced till it's limit. On the one hand a cooled EGR enables the possibility to control and reduce NOx emissions from diesel engines by decreasing the combustion temperature [16, 17]. On the other hand, the higher EGR rate promotes a higher fouling in EGR coolers [18, 19]. Due to the fouling, the cooler performance as well as the EGR mass flow are negatively affected. The system has the possibility to use a bypass of the cooler to reduce the cooled exhaust gas flow. This reduces the hydrocarbon and carbon monoxide emissions [22]. The system has a bypass to enable EGR and simultaneously keep the mass flow uncooled if it is necessary. Furthermore, an EGR valve regulates the mass flow in various operating states.

The EGR cooler fouling is a complex process dependent on various factors. In addition to the condensation of particles-forming substances on the inner wall of the cooling pipes, it is also possible that water steam contained in the exhaust gas may also cause the start of a fouling process. To explain the structure of deposits via a longer time period the removal of deposits has to be considered as well as the mechanisms of formation processes. An additional catalyst in the EGR line can reduce the quantity of deposits [20]. The fouling is also influenced by the operating states of the engine [21].

2.2 Data Description

In this work we investigate dynamic in-vehicle data from prototypes driving a route designed for this aging purpose. While the EGR cooling system is aging, the associated aging degree is measured in certain intervals. An automotive vehicle communicates across the ECUs on its internal vehicle network (CAN bus). These information contain sensor and actor readings and internal parameters of control models. This time-series mentioned above are not equidistant and have a relative time stamp.

All signals on the CAN bus are received asynchronously because of different priorities on the CAN. In this work all used signal vectors have the same length. To this end, we apply an algorithm, which change the time stamp of a signal instead of the value to keep the originally signal characteristic. In addition, all time stamps from different signals have the same length and the same values, with an interval of 100 ms. To assure the time synchronism, these stamps are shifted to the next time slot of the unified, absolute, equidistant time slot pattern. A double time stamp is obsolete. This process is applied on all signals to get the same length of values (see **Fig. 1**). All measured values are not interpolated while the time stamp is changed during the procedure to get an equidistant time series of relevant signals.

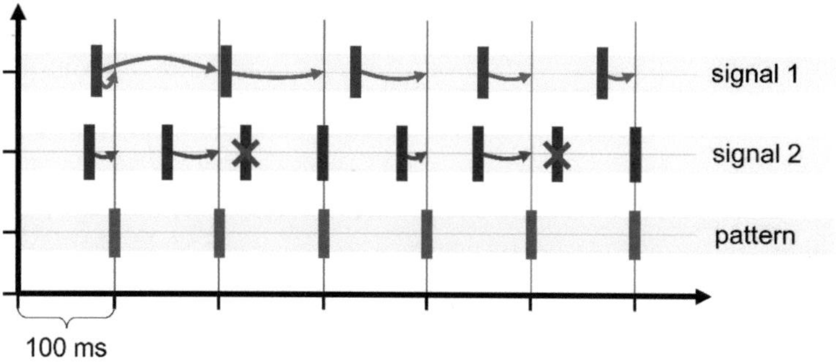

Fig. 1.: Example for the time synchronization principle for two signals with 100 ms time-slot pattern.

Unfortunately, it is unavoidable that some samples are not valid or contain corrupt values. These samples are filtered and associated signal values are deleted.

Concerning to Section 3.2 we describe a data-based model to discover the aging of the EGR cooling system. Expert knowledge about the aging process is necessary to select the relevant signals from all measured signals. This selection was realized by choosing signals from the ECU which generally represent the physical dependencies in the EGR system. Some of the relevant signals do not have a physical sensor and could only be calculated internally.

In this work, we analyze data from two vehicle prototypes and one test bench. Both vehicles have more than 89 mio. time equidistant samples for every signal. The test bench provides reproducible data, where the aging model could be validated.

3 Aging Discovery

In this section, we monitor the aging process. The analyzed prototypes have a clogging in the external EGR cooling system. The aging degree of the EGR cooling system is measured in certain intervals. This value is defined as the ratio between two measured air mass flows. The engine speed and the temperature has to be constant to get a comparable value of the aging degree. In the first step, the air mass flow is measured while the EGR valve is closed. Secondly, the maximum mass flow of the opened valve is measured. The aging degree is defined as mass flow ratio $\dot{m}_r$:

$$\dot{m}_r = \frac{\dot{m}_{f\_o}}{\dot{m}_{f\_c}} \tag{1}$$

$\dot{m}_r$: mass flow ratio, degree for EGR cooler aging

$\dot{m}_{f\_o}$: mass flow, EGR valve open

$\dot{m}_{f\_c}$: mass flow, EGR valve closed

The mass flow ratio shows inaccuracies regarding the measurement. These aging values are integrated into the monitoring system. **Fig. 2** shows the level of EGR cooling system aging for the data of the first prototype as a time series.

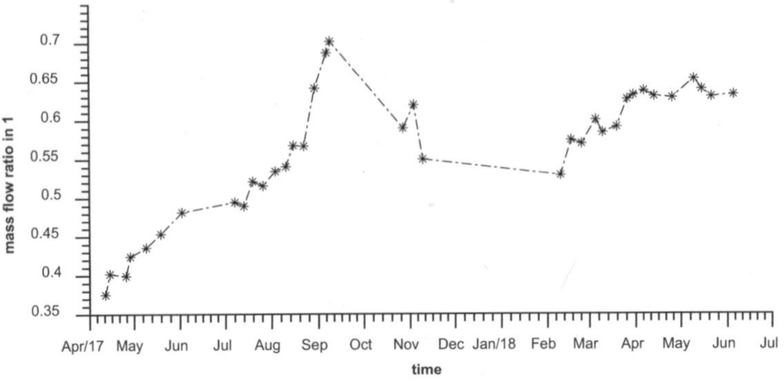

Fig. 2.: Measured EGR cooling system aging of one prototype (from automobile workshops).

In this work, we aim to realize a digital twin of the EGR cooling system referring to the aging. To achieve this the in-vehicle data has to be preprocessed. Afterwards, the filtering and feature extraction is applied. The extracted features are aggregated in time periods to compare the real aging effect of the measured data to the in-vehicle data. In a last step the filtered and aggregated features are used to reproduce the measured aging values.

The analyzed in-vehicle data has high-definition time samples. The CAN bus receives new samples every 100 ms, while the air mass flow ratio $\dot{m}_r$ is measured up to every week. To filter high dynamic driving conditions the in-vehicle data is aggregated in several time periods.

3.1 Signal Selection

Referring to the relevant signals regarding the EGR cooler aging, the signals have a high definition and long term changes are not visible in the time series. To achieve this, the statistical information of the signals is used. While in this case a simple plot of the time series doesn't give any information about aging or drifting (see **Fig. 3**), a simple moving average of the same signals may. All information in the vehicles is recorded automatically while driving. The deposits are increased with a higher age of the vehicle, while the cooling pipe is affected negatively. To compensate this phenomenon, the ECU increases the valve opening. The aging process can be referred to explicit signals. Those include the EGR mass flow and the EGR valve position. An aging in the EGR cooling system can only be observed if the EGR is using the cooling system, not the bypass.

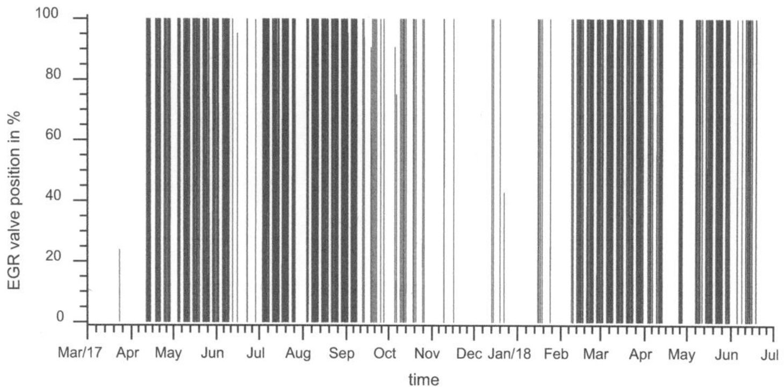

Fig. 3.: Time-series of the signal EGR valve position of the first prototype.

3.2 Aging Monitoring

Our approach is using relevant in-vehicle signals for the monitoring process. The aging process is observed in the EGR cooling system. Therefore, we filter the relevant signals according to these conditions. The results are two virtual signals, generated from EGR valve position and EGR mass flow. **Fig. 4** shows the importance of filtering the signals to identify the aging process. For an adequate filtering process, an equidistant signal is required. To achieve an appropriate filtering output, we need a signal base with a high resolution. Attending these rules, an aging effect is visible in the long-term view.

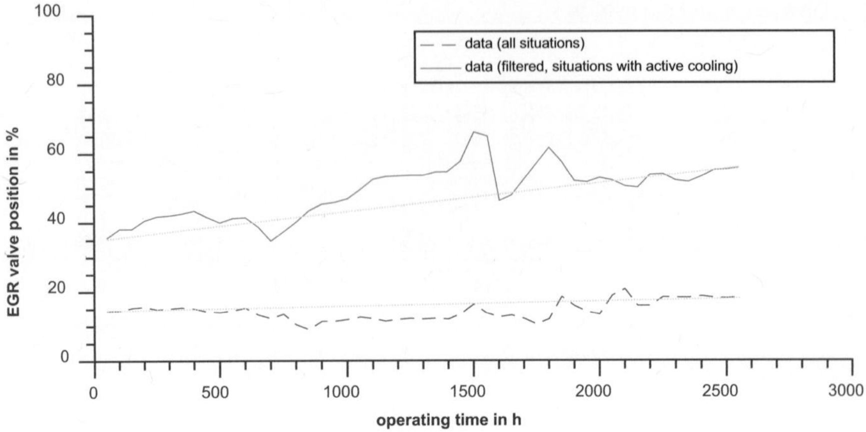

Fig. 4.: Moving average of the EGR valve position of the first prototype according the operating time in hours, the filtered moving average is calculated if the EGR cooling system is used. The dotted line indicates the trend of the signal.

Afterwards, the data is aggregated every several hours. The aggregation based on the usage of the EGR cooling system. In our work, we choose a time period of nine hours EGR cooling system using to make the results comparable to the workshop visits. After using the system nine hours, the data is aggregated. For this process, the center of gravity is calculated for the two virtual signals. **Fig. 5** shows, that the center of gravity for each aggregation is drifting.

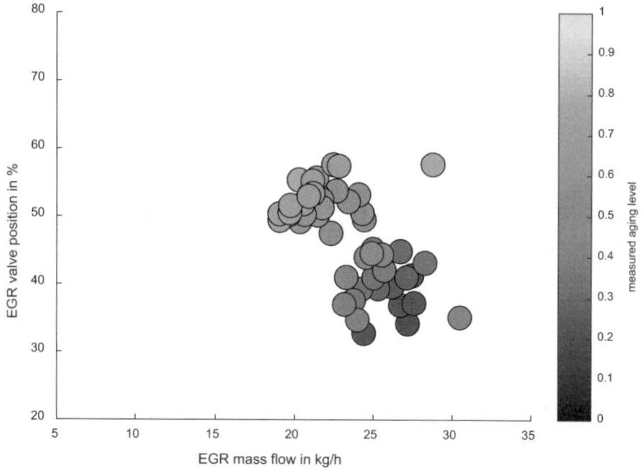

Fig. 5.: Center of gravity for the different aging degrees of the first prototype for a time period of nine hours

We calculate for every aggregation the center of gravity C. Gravity C dependents on the two selected signals mentioned above. The two coordinates of C are the mean values of the two selected signals. The center of gravity C is defined as following:

$$C = (x_{s1}, x_{s2}) \quad (2)$$
$$x_{s1} = mean(s1.values)$$
$$x_{s2} = mean(s2.values)$$

The following **Fig. 6** shows how the centers of gravity can be assigned to the EGR cooling system aging. The amount of points is dependent on the aggregation. The longer the period lasts, the less grid points are available. Regarding **Fig. 6**, one grid point represents nine hours of the EGR cooling system operating time. The grid points are drifting with an increasing age. Furthermore, a multiple linear regression of these grid points enables the possibility to model the aging degree by using in-vehicle signals.

A linear regression describes the relation between the dependent variable y and the independent variable x. The multilinear regression returns the vector b of coefficient estimates, y is dependent on the predictors X [23]. The model is defined as:

$$y = X\beta + e \tag{3}$$

y: $n \times 1$ vector of observations

X: $n \times p$ matrix of predictors

β: $p \times 1$ vector of parameters

e: $n \times 1$ vector of random errors

The multiple linear regression determines b as a estimation for β by minimizing the error vector with the least squares method. $\hat{y}$ estimates y and is defined as:

$$\hat{y} = Xb \tag{4}$$

The features of the two selected signals are used as predictors to estimate the grid values (aging degree). The original timestamps of the measurement intervals of the automobile workshop are used to predict an aging degree of the EGR component.

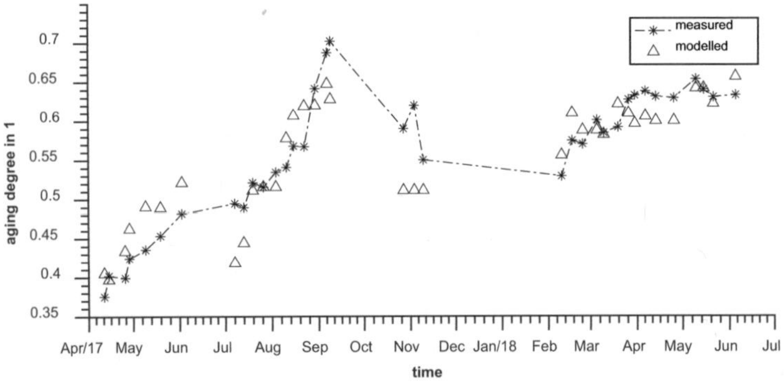

Fig. 6.: Monitoring the aging degree of the EGR cooling system for the first prototype. The time-series are aggregated and for every aggregation a modelled aging degree is given. The measurements of the workshops are also marked.

4 Results and Discussion

In this section, we present the results for our approach according the prediction of an aging degree depending on the period size of the in-vehicle data aggregation.

Various period sizes for the aggregation cause different result qualities in form of aging degree. The model generates a grid point for every aggregation. On the one hand, the shorter the period the more grid points are available. The scattering of the grid points is higher. But on the other hand, these short periods consider only a small part of the high-dynamic vehicle operation. Our approach calculates an aging degree in the given time-period. Consequently, the amount of modelled grid values is equal to the amount of time-periods for the analyzed vehicle.

The **Fig. 7** shows the root-mean-square error (RMSE) for various time periods and different data bases. In the given time period (between 0.2 and 150 hours) the modelled aging degree is compared to the measured ones. It is obvious, that a time period less than three hours reduces the quality enormously. Our approach calculates for the given time stamps of workshop visits the corresponding aging degree. The amount of data for very short time periods of the analyzed vehicles is too low to cover a representative amount of driving conditions to get a meaningful aggregation of the data. The test bench data shows no significant increase regarding the RMSE in the dynamic range up to a time period of one hour. Less than one hour the RMSE is increasing significant.

A very high time period considers only a small amount on grid points. Therefore, the aggregation uses a too high amount of values to calculate the aging degree.

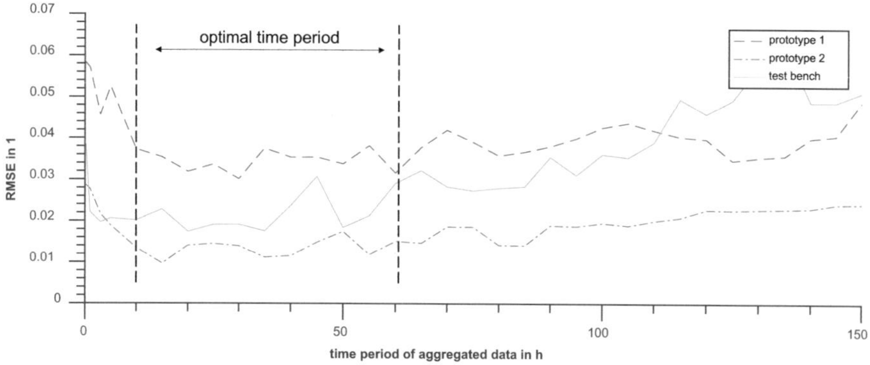

Fig. 7.: The RMSE of modelled aging degree regarding the workshop measurements for various time periods of different date bases including the optimal time period of the analyzed data.

5 Conclusion and Future Work

In this work we have first described how the EGR cooling system is aging. Consequently, we measured the aging degree in uncertain intervals in the workshop. This measured aging degree is used to calculate a model to get a digital data-driven aging degree for dynamic in-vehicle signals.

We have shown that the monitoring of the aging is dependent on the data aggregation. The quality of the predicted aging degree depends on the distribution of driving conditions. Furthermore, the data aggregation is necessary to get information concerning the component aging after a certain time period. The speed of the component aging is relevant for the chosen time period of the data aggregation. In this work the prototypes drive a route designed for this aging purpose. In the future a data aggregation of dynamic data of various driving conditions can be investigated. Beside using the mean value for data aggregation other statistical features may be of interest. Changing the time-slot pattern from 100 ms to another resolution can affect the monitoring.

The aging model of this work can be also used to predict an powertrain aging degree. A representative data basis has to be analyzed to get variety of modelled data to increase the quality of prediction. Furthermore, to find the relevant signals autonomously is interesting to get an unsupervised method for predicting powertrain aging.

Literatur

[1] Prytz, Rune. „Machine Learning Methods for Vehicle Predictive Maintenance Using Off-Board and on-Board Data“. Halmstad University, 2014.

[2] Tobon-Mejia, D.A., K. Medjaher, und N. Zerhouni. „CNC Machine Tool's Wear Diag-nostic and Prognostic by Using Dynamic Bayesian Networks“. Mechanical Systems and Signal Processing 28 (April 2012): 167–82.

[3] Goyal, Deepam, und B.S. Pabla. „Condition Based Maintenance of Machine Tools - A Review“. CIRP Journal of Manufacturing Science and Technology 10 (August 2015): 24–35.

[4] Teti, R., K. Jemielniak, G. O'Donnell, und D. Dornfeld. „Advanced Monitoring of Machining Operations“. CIRP Annals 59, Nr. 2 (2010): 717–39.

[5] Bediaga, Inigo, Xabier Mendizabal, Aitor Arnaiz, und Jokin Munoa. „Ball Bearing Damage Detection Using Traditional Signal Processing Algorithms“. IEEE Instrumentation & Measurement Magazine 16, Nr. 2 (April 2013): 20–25.

[6] Caesarendra, Wahyu, Buyung Kosasih, Anh Kiet Tieu, Hongtao Zhu, Craig A.S. Moodie, und Qiang Zhu. „Acoustic Emission-Based Condition Monitoring Methods:

Review and Application for Low Speed Slew Bearing“. Mechanical Systems and Signal Processing 72–73 (Mai 2016): 134–59.

[7] Papacharalampopoulos, A., P. Stavropoulos, C. Doukas, P. Foteinopoulos, und G. Chryssolouris. „Acoustic Emission Signal Through Turning Tools: A Computational Study“. Procedia CIRP 8 (2013): 426–31.

[8] Jardine, Andrew K.S., Daming Lin, und Dragan Banjevic. „A Review on Machinery Diagnostics and Prognostics Implementing Condition-Based Maintenance“. Mechanical Systems and Signal Processing 20, Nr. 7 (Oktober 2006): 1483–1510.

[9] Lee, Jay, Fangji Wu, Wenyu Zhao, Masoud Ghaffari, Linxia Liao, und David Siegel. „Prognostics and Health Management Design for Rotary Machinery Systems - Reviews, Methodology and Applications“. Mechanical Systems and Signal Processing 42, Nr. 1–2 (Januar 2014): 314–34.

[10] Carino, Jesus A., Miguel Delgado-Prieto, Jose Antonio Iglesias, Araceli Sanchis, Daniel Zurita, Marta Millan, Juan Antonio Ortega Redondo, und Rene Rome-ro-Troncoso. „Fault Detection and Identification Methodology Under an Incremental Learning Framework Applied to Industrial Machinery“. IEEE Access 6 (2018): 49755–66

[11] Carino, Jesus A., Miguel Delgado-Prieto, Daniel Zurita, Marta Millan, Juan Antonio Ortega Redondo, und Rene Romero-Troncoso. „Enhanced Industrial Machinery Condition Monitoring Methodology Based on Novelty Detection and Multi-Modal Analysis“. IEEE Access 4 (2016): 7594–7604.

[12] Magargle, Ryan, Lee Johnson, Padmesh Mandloi, Peyman Davoudabadi, Omkar Kesarkar, Sivasubramani Krishnaswamy, John Batteh, und Anand Pitchaikani. „A Simulation-Based Digital Twin for Model-Driven Health Monitoring and Predictive Maintenance of an Automotive Braking System“, 35–46, 2017.

[13] Shafi, Uferah, Asad Safi, Ahmad Raza Shahid, Sheikh Ziauddin, und Muhammad Qaiser Saleem. „Vehicle Remote Health Monitoring and Prognostic Maintenance System“. Journal of Advanced Transportation 2018 (2018): 1–10.

[14] Guo, Hong, Jacob A Crossman, Yi Lu Murphey, und Mark Coleman. „Automotive signal diagnostics using wavelets and machine learning“. IEEE transactions on vehicular technology 49, Nr. 5 (2000): 1650–62

[15] Gardner, Josh, Danai Koutra, Jawad Mroueh, Victor Pang, Arya Farahi, Sam Krassenstein, und Jared Webb. „Driving with Data: Modeling and Forecasting Vehicle Fleet Maintenance in Detroit“. ArXiv:1710.06839 [Cs], 18. Oktober 2017.

[16] Ladommatos, Nicos, Razmik Balian, Roy Horrocks, und Laurence Cooper. „The Effect of Exhaust Gas Recirculation on Combustion and NOx Emissions in a High-Speed Direct-Injection Diesel Engine“, 1996.

[17] Zelenka, Paul, Hans Aufinger, Walter Reczek, und Wolfgang Cartellieri. „Cooled EGR - A Key Technology for Future Efficient HD Diesels“, 1998

[18] Hoard, John, Mehdi Abarham, Dan Styles, Julia M. Giuliano, C. Scott Sluder, und John M. E. Storey. „Diesel EGR Cooler Fouling“. SAE International Journal of Engines 1, Nr. 1 (6. Oktober 2008): 1234–50.

[19] Bravo, Y., F. Moreno, und O. Longo. „Improved Characterization of Fouling in Cooled EGR Systems“, 2007

[20] Styles, Dan, Eric Curtis, Nitia Ramesh, John Hoard, Dennis Assanis, Mehdi Abarham, Scott Sluder, John Storey, und Michael Lance. „EGR Cooler Fouling – Visualization of Deposition and Removal Mechanis“, 2011

[21] Bravo, Yolanda, Carmen Larrosa, Cristina Arnal, und Valentina Gargiulo. „Untersuchung der Ablagerungsbildung bei AGR-Kühlern“. MTZ-Motortechnische Zeitschrift 76, Nr. 5 (2015): 36–41

[22] Eitel, Jochen, Wolfgang Kramer, und Rainer Lutz. „Abgasrückführung: Neue Abgaskühler reduzieren Emissionen von Dieselmotoren“. ATZ - Automobiltechnische Zeitschrift 105, Nr. 9, 2003

[23] Chatterjee, Samprit, Ali S Hadi, und others. „Influential observations, high leverage points, and outliers in linear regression“. Statistical science 1, Nr. 3 (1986): 379–93.

3 Maschinelles Lernen in der Onboard-Fahrzeugdiagnose – Eine Analyse potentieller Umsetzungsmöglichkeiten.

Peter Wolf, M.Sc., Dipl.-Ing. Karsten Schwericke, Andreas Schaumeier, M.Sc., Dipl.-Techn. Math. Axel Weckherlin, BMW AG, München; **Dipl.-Ing. Jens Richter, Dipl.-Ing. Andreas Unger, Prof. Dr.-Ing. Bernard Bäker**, TU Dresden, Dresden

Abstract

The application of machine learning models gets increasing traction in the industrial sector. In recent research, machine learning, especially neural networks, are utilized to train fault detection models using in-vehicle data. However, the majority of articles in this field limit the deployment of such models to computational devices with extensive resources. Resource constraints of electronic control units in current vehicles are rarely considered.

Therefore, in this work, we investigate potential possibilities to apply neural networks as diagnostic models in vehicles. For that, we consider four target devices of varying hardware and software infrastructure. We implement several neural networks of different complexity to get insights on the resource requirements and implementation processes. Using these findings, we derive recommendations to deploy neural networks as automotive onboard diagnostics models.

Kurzfassung

Die Methoden des maschinellen Lernens finden immer stärkere Anwendung in sämtlichen industriellen Bereichen. In wissenschaftlichen Beiträgen gibt es erste Anwendungen neuronaler Netze als Diagnosemodelle zur Fehlererkennung basierend auf fahrzeuginternen Daten. Die Umsetzung solcher Diagnosemodelle beschränkt sich in den meisten Fällen jedoch auf performante Recheneinheiten. Ressourcenbegrenzte Recheneinheiten oder Steuergeräte werden in den wenigsten Arbeiten betrachtet.

In diesem Beitrag werden daher potentielle Umsetzungsmöglichkeiten neuronaler Netze für die Onboard-Fahrzeugdiagnose analysiert. Dafür werden vier fahrzeugnahe Recheneinheiten unterschiedlicher Performanz, Hardware- und Software-Infrastruktur betrachtet. Auf jeder Recheneinheit werden mehrere neuronale Netze unterschiedlicher Komplexität implementiert und deren Anwendungsfähigkeit analysiert. Mit diesen Erkenntnissen können erste Empfehlungen zur Umsetzung datengetriebener Fahrzeugdiagnose durch neuronale Netze abgeleitet werden.

1 Einführung

Verteilte Funktionen [1], die Vernetzung des Fahrzeugs mit der Umwelt sowie das autonome Fahren sind Haupttreiber für eine immer weiter wachsende Komplexität aktueller und zukünftiger Fahrzeuge [2]. Diese Komplexität wirkt sich ebenfalls auf die zuverlässige Identifikation potentieller Fehler im Fahrzeug aus. Besonders in hochdynamischen Systemen mit zahlreichen untereinander agierenden Komponenten stößt die Diagnose anhand von regel- oder modellbasierten Methoden an ihre Leistungsgrenzen. Die Anzahl potentieller Fehlerquellen steigt, sodass auch die eigentlichen Muster, die zur Identifikation möglicher Fehlerquellen führen, immer komplexer werden [3]. Die Erkennung solcher Muster in Fahrzeugdaten anhand von analytischen Modellen, vordefinierten Regeln und hartkodierten Grenzwerten wird erheblich erschwert [2, 4]. Zusätzlich produzieren heutige Fahrzeuge enorme Mengen an Daten, die relevante Informationen zur Fehlererkennung enthalten. Aus diesem Grund rückt die datengetriebene Fahrzeugdiagnose in den Fokus wissenschaftlicher Arbeiten. Insbesondere Verfahren des maschinellen Lernens werden verstärkt untersucht [2, 3, 5-8]. Das Training und die Anwendung dieser Diagnosemodelle beschränken sich jedoch meist auf nichtfahrzeugspezifische und leistungsstarke Recheneinheiten, wie Server oder Workstations. Eine Anwendung im Fahrzeug bleibt aus.

Das Ziel dieses Beitrages ist deshalb, die Anwendung datengetriebener Diagnosemodelle, insbesondere neuronaler Netze (NNs), auf Recheneinheiten (REs) eines Serienfahrzeuges sowie fahrzeugnahen REs zu untersuchen. Ein tiefes NN zur Vorentflammungserkennung [3] dient als Ausgangsmodell und wird in unterschiedlich komplexen Varianten auf vier Steuergeräten bzw. steuergeräteähnlichen RE implementiert. Die gesamte Umsetzung wird sowohl quantitativ als auch qualitativ analysiert, sodass Empfehlungen für die Umsetzung datengetriebener Onboard-Fahrzeugdiagnose abgeleitet werden können.

Der Beitrag ist dabei wie folgt gegliedert: Kapitel 2 gibt einen Überblick über erste Arbeiten zur Umsetzung maschineller Lernverfahren in ressourcenbeschränkten RE und führt das Ausgangsmodell ein. Danach werden die NN-Typen, Möglichkeiten zu deren Komplexitätsreduktion sowie alle verwendeten RE in Kapitel 3 vorgestellt. In Kapitel 4 wird die Analyse sowie die Ergebnisse der Umsetzung vorgestellt. Kapitel 5 fasst die Arbeit abschließend zusammen.

2 Heutiger Stand datengetriebener Fahrzeugdiagnose

Neben den schon referenzierten Anwendungen von maschinellen Lernverfahren für die Fahrzeugdiagnose soll dieses Kapitel einen Überblick über weitere Anwendungen geben und das Basismodel dieser Arbeit vorstellen.

2.1 Bisherige Anwendung datengetriebener Fahrzeugdiagnose

Der generelle Einsatz von datengetriebener Diagnose in fahrzeugspezifischen Anwendungen findet schon seit längerer Zeit Beachtung. In der Mehrheit der Fälle werden Signalverläufe aus einzelnen Steuergeräten oder Bussen direkt aus dem Fahrzeug oder einer Simulation durch eine Datenvorverarbeitung in statische, statistische Merkmale konvertiert. Die resultierenden Merkmalsvektoren werden als Eingangsvektoren für maschinelle Lernverfahren verwendet. Während einige Arbeiten Fuzzy-Logik Ansätze oder einfache NNs einsetzen [9, 10], kann die Anzahl der Methoden sowie deren Kombination erheblich variieren. Die Bandbreite der Algorithmen erstreckt sich dabei von Support Vector Machines (SVMs) [11], der Diskriminanzfunktion, k-Nearest Neighbor Klassifikatoren und Gaussian Mixture Modellen [12] oder AdaBoost [13]. Des Weiteren werden auch mehrere Ansätze kombiniert, sodass NNs und Neuro-Fuzzy Inferenzsysteme [14] entstehen. Neben maschinellen Lernverfahren werden auch probabilistische Methoden, wie zeit-variierende Bayes Netze [15], angewendet. Obwohl diese Modelle auf fahrzeuginternen Daten angelernt werden, wird keiner der Ansätze auf fahrzeugnaher Hardware oder Steuergeräten implementiert.

Aktuellere Ansätze kombinieren Sensor- und Steuergerätedaten aus dem Fahrzeug mit Cloud-basierten tiefen NNs, um Erkenntnisse aus der gesamten Fahrzeugflotte zu integrieren [3, 16]. Eine autarke Selbst-Diagnose ist jedoch gerade bei sicherheitskritischen Komponenten oder Systemen unerlässlich, da eine kontinuierliche Cloud-Verbindung nicht garantiert werden kann. Deshalb ist der Einsatz der Modelle auch außerhalb der Cloud im Fahrzeug sicherzustellen.

2.2 Datengetriebene Diagnose in fahrzeugnaher Umgebung.

In nur wenigen Arbeiten werden die datengetriebenen Diagnosemodelle in einer fahrzeugnahen Umgebung implementiert. Der Begriff *fahrzeugnahe Umgebung* oder *RE* umfasst in dieser Arbeit aktuelle Seriensteuergeräte, Rapid Prototyping Plattformen oder ressourcenbeschränkte REs, welche direkt Fahrzeugdaten beziehen.

Bisherige fahrzeugnahe Anwendungen basieren größtenteils auf gesonderten Evaluations-Boards oder Rapid Prototyping Plattformen. Dabei werden Ursachen der Laufunruhe in Benzinmotoren unter Verwendung eines Evaluations-Boards mit eigens entwickeltem und auf NNs optimiertem Chip [17] sowie mit FreeScale Semiconductor MPC555 [18] umgesetzt. Angewandte Verfahren sind dabei rekurrente NNs [17] sowie SVMs [18]. Des Weiteren wird eine Rapid Prototyping Plattform zur Sensordiagnose durch NNs herangezogen [19].

Neben fahrzeugnahen REs werden Rechner mit Intel Architektur und Daten-Logger zur Identifikation von mechanischen Defekten durch einen Fuzzy Klassifikator [20] verwendet oder Entscheidungsbäume zur Erkennung von Getriebedefekten [21] eingesetzt. In beiden Fällen werden die Datenvorverarbeitung auf dem Rechner ausgeführt und aggregierte Daten an das Diagnosemodell weitergeleitet. Zusätzlich werden im kommerziellen Umfeld fertig entwickelte Plattformen für das autonome Fahren angeboten, die für eine Anwendung von NNs im Fahrzeug optimiert sind [22].

Nach bestem Wissen der Autoren konnte jedoch keine Arbeit identifiziert werden, in der eine Umsetzung datengetriebener Diagnosemodelle direkt auf Seriensteuergeräten und -infrastrukturen untersucht wird. Deshalb werden in dieser Arbeit mehrere Steuergeräte sowie eine weitere fahrzeugnahe Recheneinheit als Umsetzungsmöglichkeiten datengetriebener Diagnosemodelle analysiert. Ein schon vorgestelltes tiefes NN dient als Basis und wird zur Umsetzung in unterschiedlich starken Recheneinheiten in der Komplexität variiert. Das Modell wird im Folgenden vorgestellt.

2.3 Deep Automotive Diagnostics Network (DADN)

Als Ausgangsmodell der Analyse in dieser Arbeit wird das Deep Automotive Diagnostics Network (DADN) zur Vorentflammungserkennung in hochaufgeladenen Benzinmotoren verwendet [3]. DADN ist ein tiefes NN und ist konzipiert um Vorentflammungen (VEs) in hochdimensionalen und hochaufgelösten internen Signalen des Motorsteuergerätes zu erkennen. Die Signale werden in Zeitfenster (Instanzen) unterteilt und anschließend an das Netz übergegeben. Ein Zeitfenster bzw. die Eingangsmatrix besteht aus m Merkmalen und t Zeitschritten, wobei eine Vorentflammung identifiziert werden soll, wenn diese am Ende eines Zeitfensters auftritt. Das eigentliche Netz besteht aus vier Convolutional (CNN), zwei Long Short-Term Memory (LSTM) Schichten und einer Softmax-Schicht (vgl. Abbildung 1). Jede CNN-Schicht wird mit einem Filter der Größe $1 \times m$ gebildet und besteht aus 64 Feature Maps. Die LSTM-Schichten sind aus jeweils 96 Einheiten aufgebaut und geben die extrahierten Muster an die finale Softmax-Schicht weiter. Diese besteht wiederum aus 2 Neuronen, welche die Klassen (VE, keine VE) abbilden und eine Wahrscheinlichkeit der Zugehörigkeit einer Instanz zu einer Klasse ausgeben. Für weitere Informationen bezüglich tiefer NNs wird auf [23] verwiesen. In dieser Arbeit wird der VE-Datensatz in eine Vielzahl an Instanzen mit 242 Merkmalen und 50 Zeitschritten aufgeteilt.

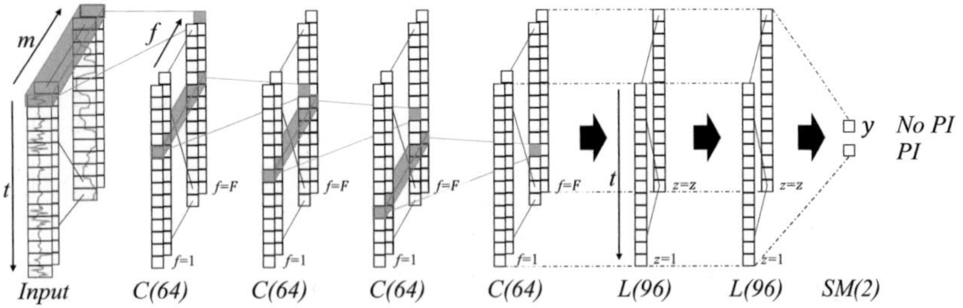

Abbildung 1: DADN bestehend aus 4 CNN (C), 2 LSTM (L) und einer Softmax (SM)-Schicht. Jede CNN-Schicht besteht aus 64 Feature Maps (f), jede LSTM-Schicht aus 96 Neuronen (z) und die Softmax-Schicht aus 2 Neuronen. Die Eingangsdaten (Input) sind Zeitfenster mit 242 Merkmalen (m) und 50 Zeitschritten (t) (vgl. [3]).

3 Umsetzung datengetriebener Diagnosemodelle

Die Umsetzung der NNs erfolgt auf vier unterschiedlichen und fahrzeugnahen REs. Da diese stark variierende Ressourcen aufweisen, kann eine erfolgreiche Ausführung von DADN nicht in allen Fällen garantiert werden. Die Komplexität wird folglich variiert, sodass eine Vielzahl von Modellen entsteht. In diesem Kapitel wird deshalb der Aufbau der verwendeten NN-Typen sowie Möglichkeiten, deren Komplexität zu reduzieren, zuerst betrachtet. Als Maß der Komplexität wird vereinfachend die Anzahl der Modellparameter verwendet, da diese, unter anderem, den Umfang der durchzuführenden Rechenoperationen bestimmt. Die jeweiligen RE sowie der Prozess zur Umsetzung der Modelle auf den REs werden im Anschluss vorgestellt.

3.1 Aufbau der verwendeten Typen neuronaler Netze

In dieser Arbeit fokussieren wir uns auf die Verwendung der in DADN angewendeten Typen sowie dem einfachsten NN-Typ. Diese sind CNNs, LSTMs und Feedforward-Netze (FFNs). Im Folgenden werden deren Unterschiede im Aufbau kurz erläutert und illustriert. Für eine detaillierte Beschreibung der Funktionsweise wird in den jeweiligen Absätzen auf weiterführende Literatur hingewiesen.

Feedforward-neuronale Netze. Dieser ursprüngliche Typ von NNs entsteht durch den Zusammenschluss einzelner künstlicher Neuronen zu einer Schicht und durch weitere Kombination mehrerer Schichten. Jedes Neuron einer Schicht ist dabei mit jedem Neuron der nachfolgenden Schicht verbunden. Diese Art der Verbindung ist eine Gewichtung einer Information und stellt einen zu lernenden Parameter dar. Jedem Neuron wird ein zusätzlich zu lernender Bias-Term zugeordnet, um die Aktivierungsfunktion aus dem Ursprung zu verschieben. Die Anzahl der zu lernenden Parameter für ein FFN ergibt sich somit zu:

$$n_{param,FNN} = \sum_{i} \left(n_{N,i-1} + 1\right) \cdot n_{N,i}, \tag{1}$$

wobei $n_{N,i-1}$ und $n_{N,i}$ die Anzahl der Neuronen in der Schicht $i-1$ und i sind. Die 0-te Schicht stellt die Eingangsmatrix dar. [24, S.283ff]

Convolutional neuronale Netze. Im Gegensatz zu FFNs besteht eine Schicht von CNNs aus Feature Maps (FM). Jede dieser FMs aggregiert und abstrahiert die Eingangsinformationen weiter zu höherwertigen Merkmalen. Ein solches Merkmal wird anhand einer Faltung extrahiert, in der wiederrum einen Filter oder Kernel verwendet wird. Der Filter beinhaltet die zu lernenden Parameter und wird auf einen definierten Ausschnitt der vorherigen Schicht angewendet. Das Ergebnis wird als einzelner Wert an die nächste FM weitergegeben. Jede FM teilt sich zudem einen zu lernenden Bias-Term. Die Anzahl der Parameter ergeben sich somit aus der Anzahl der FMs und der Größe der Filter. Die Gesamtanzahl zu lernender Parameter pro CNN-Schicht mit $n_{FM,i}$ FMs pro Schicht berechnet sich somit aus:

$$n_{param,CNN} = \sum_i n_{FM,i} \cdot (f_{width,i} \cdot f_{height,i} + 1), \quad (2)$$

wobei $f_{height,i}$ die Filterhöhe, $f_{width,i}$ die Filterbreite einer Schicht i ist. [23]

Long Short-Term Memory neuronale Netze. Dieser NN-Typ ist eine Art von rekurrenten NNs, welche vorherige Zeitschritte als weitere Informationsquelle nutzen können. Im Falle von LSTMs wird die Berücksichtigung vorheriger und aktueller Zeitschritte anhand von drei *Gates* (Forget-Gate, Input-Gate, Output-Gate) und einem Hidden-Cell State bestimmt. Jedes der Gates bzw. der Hidden-Cell State kann wiederum als einzelnes FFN mit Gewichten, Bias-Term und Aktivierungsfunktion gesehen werden. Die Anzahl der Parameter wird wie folgt berechnet:

$$n_{param,LSTM} = \sum_i 4 \cdot (n_{N,i-1} + n_{N,i} + 1) \cdot n_{N,i}, \quad (3)$$

wobei $n_{N,i-1}$ und $n_{N,i}$ die Anzahl der Neuronen der Schicht $i-1$ und i sind. Auch für LSTMs stellt die 0-te Schicht die Eingangsmatrix dar. [24]

Im Falle von DADN [3] beinhaltet der Anteil der 4 CNN-Schichten mit jeweils 64 FMs und einer Eingangsmatrix aus 242 Features bei einer Filterhöhe von 1 insgesamt 28.032 Parameter. Für den LSTM-Teil ergibt sich eine Parameteranzahl von 135.936 mit 64 FMs aus der 4-ten CNN-Schicht und 96 Neuronen in jeder LSTM-Schicht bei insgesamt 2 Schichten. Die Softmax-Schicht kann wie eine FFN Schicht behandelt werden, wobei jeder Datenpunkt der LSTM-Schicht (96 Einheiten x 50 Zeitschritte) mit jedem Neuron der Softmax-Schicht verbunden ist. Die gesamte Anzahl an Parametern für DADN resultiert zu 173.570 und ergibt sich aus den folgenden Einzelrechnungen:

$$n_{param,CNN1} = 64 \cdot (242 \cdot 2 + 1) = 15.552,$$

$$n_{param,CNN2-4} = \textstyle\sum_{i=2}^{4} 64 \cdot (64 \cdot 2 + 1) = 3 \cdot 4.160 = 12.480,$$

$$n_{param,LSTM1} = 4 \cdot \left((64 + 1) \cdot 96 + 96^2\right) = 61.824,$$

$$n_{param,LSTM2} = 4 \cdot \left((96 + 1) \cdot 96 + 96^2\right) = 74.112,$$

$$n_{param,Softmax} = (96 * 50 + 1) \cdot 2 = 9.602.$$

3.2 Möglichkeiten zur Reduktion der Modellkomplexität

Unter Berücksichtigung der Gleichungen 1-3 können die folgenden Stellgrößen zur Komplexitätsreduktion abgeleitet werden: Eingangsdaten ($n_{N,0}$), Schichttypen ($n_{param,\cdot}$), Anzahl der Schichten (i), Anzahl der Neuronen ($n_{N,i}$) bzw. FMs ($n_{FM,i}$) pro Schicht. Mit dieser Auswahl kann der Einfluss der NN-Typen sowie des verwendeten Datenumfangs auf die Güte der Modelle dargestellt werden. Pruning [26] oder die Verwendung von diskreten Gewichten [27] werden in diesem Beitrag nicht betrachtet, stellen jedoch weitere Möglichkeiten zur Komplexitätsreduktion dar.

Die Eingangsdaten können im Falle von DADN aufgrund des verwendeten Zeitfensters anhand zweier Dimensionen reduziert werden: Die **Anzahl** der **Merkmale** und die

Länge des Zeitfensters. Beide Parameter bestimmen die Anzahl der Verbindungen zur ersten Schicht des neuronalen Netzes (LSTM, FFN) sowie die Größe des Filters in der ersten Faltung (CNN). Eine Reduktion der Eingangsdaten führt jedoch zu einem Verlust von Informationen, die wichtig für eine korrekte Klassifikation sein können.

Die **Anzahl** der **Schichten** sowie Neuronen bzw. FMs pro Schicht beeinflussen den Umfang der auszuführenden Rechenoperationen sowie die Anzahl der zu speichernden bzw. lernenden Parameter. Die Parameter bestehen, wie in Kapitel 3.1 aufgeführt, aus Filtern, Gewichten und Bias-Termen. Vor allem bei LSTMs und FFNs bedingt die Verbindung aller Neuronen und Einheiten in nebenstehenden Schichten eine hohe Anzahl an Gewichten. Im Gegenzug hat die Reduktion der Schichten oder Neuronen einen Einfluss auf die Fähigkeit des NNs, eine ausreichend komplexe Funktion zu lernen, welche die Eingangs- auf die Ausgangsdaten abbildet.

Die **Schichttypen** der oben aufgeführten NNs bestimmen den Umfang und die Art der angewendeten Rechenoperationen im Diagnosemodell. Obwohl es sich bei diesen Operationen hauptsächlich um Matrixmultiplikationen und –additionen handelt, bedingt z. B. die Verbindung aller Neuronen in nachfolgenden Schichten von FFNs und LSTMs eine erhöhte Anzahl an Operationen sowie zu speichernden Gewichten. Des Weiteren können die zu lernenden Bias-Terme durch die Wahl von CNNs verringert werden, da diese pro FM geteilt werden.

3.3 Recheneinheiten

Um Abschätzungen bezüglich der Ressourcenanforderungen von NNs in fahrzeugnahen RE (hier: ECU_x) machen zu können, werden vier unterschiedlich performante RE betrachtet. Bei ECU_{low}, ECU_{mid} und ECU_{high} handelt es sich um im Fahrzeug verwendete Steuergeräte, wohingegen ECU_{pi} ein Raspberry Pi 3 Model B bezeichnet. Die Eigenschaften aller REs sind in Tabelle 1 aufgelistet. Die Umsetzung der einzelnen Modelle auf den jeweiligen $ECUs$ unterscheidet sich voneinander und wird im nächsten Abschnitt genauer beschrieben.

	ECU_{low}	ECU_{mid}	ECU_{high}	ECU_{pi}
Architektur	Embedded	Intel	Intel	ARM
Prozessor	160 Mhz	Intel Atom	Intel Atom	Cortex-A53
RAM	90kB	200MB (App)	4 GB	1 GB
Datenspeicher	<5 MB	>100GB	>100 GB	16Gb
Betriebssystem	Proprietäre Plattform	Linux-basierte proprietäre Plattform	Linux-basierte proprietäre Plattform	Linux + MS Azure IoT Runtime
SW-Umgebung	Lua	JavaScript	Python	Python

Tabelle 1: Auflistung der Eigenschaften der vier verwendeten Recheneinheiten.

3.4 Umsetzung der Modelle in den Recheneinheiten

Die Ausgangsbasis der Modelle für jede Recheneinheit ist DADN sowie die in der Komplexität variierten Submodelle. Diese wurden mit Keras[1] und Tensorflow[2] trainiert und liegen im Hierarchical Data Format (HDF5) vor. Je nach den Anforderungen der Ziel-RE und der verfügbaren Infrastruktur werden die Modelle umgewandelt und in ein Diagnosemodul integriert. Dabei werden die Gewichte und die Struktur der Modelle beibehalten. Das Diagnosemodul wird in dieser Arbeit als das Rahmenwerk gesehen, welches die Eingangssignale über Schnittstellen von einer Plattform im Betriebssystem (ECU OS) bezieht und die Entscheidung eines Diagnosemodells wiederum an die Plattform weitergibt. Das lauffähige Diagnosemodul beinhaltet somit das eigentliche Diagnosemodell. Das Modul wird als App bzw. Funktion auf einer Plattform im ECU OS implementiert. Für diesen Vorgang wurden drei unterschiedliche Prozesse angewendet (siehe Abbildung 2): Eine Anpassung der Modelle und Module an die Zielarchitektur (Prozess a.), eine direkte Verwendung der Modelle und Module ohne Anpassung (Prozess b.), sowie die automatisierbare *Internet of Things* (IoT) Infrastruktur basierend auf Microsoft Azure (siehe Prozess c.).

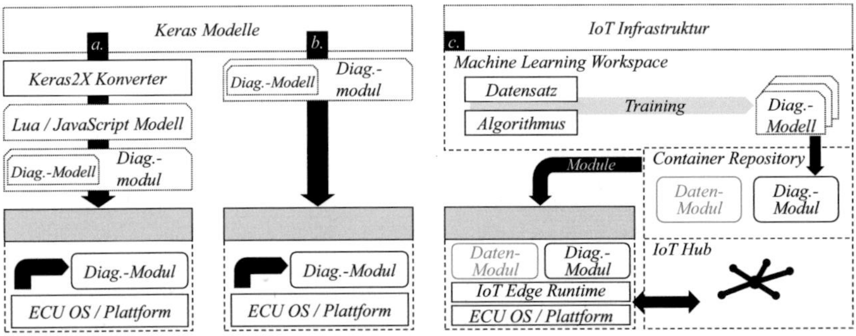

Abbildung 2: Prozesse zur Umsetzung der Diagnosemodelle auf vier Recheneinheiten. a. Konvertierung der Keras-Modelle zu Lua / JavaScript zur Integration in ein Diagnosemodul und Umsetzung auf einer proprietären Plattform. b. Direkte Verwendung der Keras-Modelle in Diagnosemodul und Umsetzung auf einer proprietären Plattform mit vorinstallierten Python Bibliotheken. c. Microsoft Azure IoT Infrastruktur mit Training der Keras Modelle, Erstellung von IoT Edge Modulen und Umsetzung der Module auf der IoT Edge Runtime.

Konvertierung (Prozess a. für ECU_{low} und ECU_{mid}): Ausgehend von den Keras-Modellen in Python werden die Modelle in die Programmiersprache der Zielarchitektur übersetzt (z. B. Lua für ECU_{low} bzw. JavaScript für ECU_{mid}). Die resultierenden Modell-Skripte bestehen aus den einzelnen Operationen der NN-Typen sowie deren Gewichten und Bias-Termen. Diese werden anschließend in das Diagnosemodul integriert, welche direkt in den REs ausgeführt werden können, ohne weitere Software-Bibliotheken zu benötigen. In dieser Arbeit wurden Simulations- bzw. Testaufbauten verwendet, um die Ausführung der hohen Anzahl an Modellen zu automatisieren. Die Eingangssignale werden entweder durch das ECU OS oder durch eine proprietäre Plattform zur Verfügung gestellt und von dem Diagnosemodul bezogen.

1) Martín Abadi et al. Tensorflow: Large-scale machine learning on heterogeneous systems, 2015

2) François Chollet et al. Keras. https://keras.io, 2015

Direkte Verwendung (Prozess b. für ECU_{high}): Die performanteste Plattform ist eine Linux-basierte Recheneinheit mit vorinstallierter Python Software-Umgebung. Aus diesem Grund können die Diagnosemodule direkt über eine proprietäre Infrastruktur oder das *Secure Shell*-Protokoll auf die Einheit übertragen und ausgeführt werden. Auch in diesem Fall werden die Eingangsdaten in Form von Signalen durch das ECU OS oder eine proprietäre Plattform für das Diagnosemodul zur Verfügung gestellt.

IoT Infrastruktur (Prozess c. für ECU_{pi}): Für die Umsetzung der Modelle im Raspberry Pi wurde die Microsoft Azure IoT Infrastruktur verwendet. Das eigentliche Steuergerät bzw. das Fahrzeug wird dabei als Gerät (engl. *Edge Device*) im IoT betrachtet. Die Modelle werden auf einer Server-Infrastruktur angelernt und versioniert. Mit dem angelernten Modell wird ein Diagnosemodul entwickelt, das wiederrum als Docker Container in einem Container Repository im Backend abgelegt ist. Sobald das Edge Device die Aufforderung zur Ausführung des Diagnosemoduls empfängt, werden die jeweiligen Container aus dem Repository heruntergeladen und ausgeführt. Durch die Kommunikation des Edge Devices mit einem IoT Hub können die Ergebnisse außerhalb des Fahrzeuges analysiert werden. Sämtliche auf dem Edge Device ausgeführten Prozesse, Kommunikation und Sicherheitsvorkehrungen werden von einer IoT Edge Runtime verwaltet. Die Eingangsdaten werden über ein weiteres Datenmodul bezogen.

4 Analyse potentieller Umsetzungsmöglichkeiten

Im Folgenden wird der Aufbau der durchgeführten Analyse näher erläutert. Anschließend werden die Ergebnisse vorgestellt und Empfehlungen für die Umsetzung datengetriebener Fahrzeugdiagnose durch NNs abgeleitet.

4.1 Aufbau der Analyse

Die Umsetzungsmöglichkeiten der NN-Modelle werden in zwei Schritten analysiert. Zuerst findet eine quantitative Untersuchung der Modelle und Recheneinheiten statt. Dafür wird die Lauffähigkeit der Modelle unterschiedlichster Komplexität auf den vier Recheneinheiten geprüft und miteinander verglichen. Im zweiten Schritt wird jede Umsetzungsmöglichkeit anhand qualitativer Kriterien bewertet. Durch die Trennung in eine quantitative und qualitative Analyse können die Anforderungen an Ressourcen und Intrastruktur getrennt voneinander betrachtet werden. Die Erkenntnisse aus beiden Teilen werden zur Ableitung der Empfehlungen für die Umsetzung datengetriebener Fahrzeugdiagnose verwendet.

4.1.1 Aufbau der quantitativen Analyse

In der quantitativen Analyse wird die Güte eines Diagnosemodells in Abhängigkeit der Komplexität der NNs gemessen. Die Lauffähigkeit jedes Modells wird auf jeder RE erprobt, um den potentiellen Lösungsraum und somit auch die maximal erreichbare Güte pro RE bestimmen zu können.

Die Komplexität der Modelle wird anhand der Modellparameter gemessen und durch die in Abschnitt 3.2 aufgeführten Stellgrößen beeinflusst. Diese sind die Anzahl der Merkmale in einem Zeitfenster, die Länge der Zeitfenster, die Anzahl der Neuronen bzw. Einheiten und FMs sowie die Art der Schichten im NN. Die Anzahl der Merkmale wird in vier Stufen aus der Menge $M_{Feat} = \{1;\ 0{,}5; 0{,}2; 0{,}1\}$ variiert. Die Länge der Zeitfenster wird ebenfalls in vier Stufen angepasst, wobei aus der Menge $M_{Zf} = \{50;\ 25; 12; 5\}$ gewählt wird. Die Menge der Neuronen und FMs besteht aus $M_N = \{64;\ 32;\ 16;\ 8;\ 4\}$. Die Typen der NN-Schichten umfasst CNNs, LSTMs und FFNs. Insgesamt ergibt sich eine Anzahl von 102 möglichen NNs.

Die Güte wird in dieser Arbeit durch einen gewichteten F_1-Score dargestellt, um das Ungleichgewicht der Klassen (VE vs. keine VE) zu berücksichtigen. Dabei wird die Genauigkeit und Trefferquote anhand der Klassenproportion im Datensatz kombiniert. Die Genauigkeit ist das Verhältnis aus den richtig positiven und allen positiven Klassifikationen. Die Trefferquote ist das Verhältnis der richtig positiven Klassifikationen und allen positiven Instanzen des Datensatzes. Der F_1-Score ist definiert durch:

$$= \sum_n 2 \cdot \omega_n \frac{Genauigkeit_n \cdot Trefferquote_n}{Genauigkeit_n + Trefferquote_n} \in [0{,}1], \tag{4}$$

wobei n der Klassenindex ist, $\omega_n = s_n/S$ das Verhältnis der Instanzen einer Klasse n, mit s_n als Anzahl der Instanzen der n-ten Klasse und S als gesamte Anzahl der Instanzen. Ein perfekter Klassifikator erreicht einen F_1-Score von 1.

4.1.2 Aufbau der qualitativen Analyse

Der qualitative Analyseteil beinhaltet eine relative Bewertung der einzelnen Umsetzungsprozesse aus Abschnitt 3.4 durch vier Kriterien. Jeder Prozess wird dabei pro Kriterium durch eine qualitative Diskussion in einer relativen Rangfolge angeordnet und anhand einer dreistufigen Skala (+ / o / -) beurteilt.

Als erstes Kriterium wird der **Erstellungsaufwand** eines datengetriebenen Diagnosemodells basierend auf NNs in der Ziel-RE herangezogen. Der Aufwand umfasst dabei den Prozess von einem fertigen Ausgangsmodell bis hin zu einem lauffähigen Diagnosemodul, welches auf die Ziel-RE übertragen werden kann.

Das zweite Kriterium bewertet den **Bereitstellungsaufwand** eines Diagnosemoduls auf dem Zielgerät. Dies ist eine relative Abschätzung des Aufwands, der nötig ist, um ein lauffähiges Skript auf dem Zielgerät als Diagnosemodul einzusetzen.

Mit **Overhead** als drittes Kriterium werden zusätzlich benötigte Bausteine verglichen, um die Lauffähigkeit eines Diagnosemoduls auf einem Zielgerät zu garantieren. Diese können zum Beispiel zusätzliche Bibliotheken oder Anwendungsschichten sein, die nur für das betrachtete Modul benötigt werden. Das Resultat eines hohen Overheads sind zusätzliche benötigte Ressourcen in der Ziel-RE.

Des Weiteren soll mit dem vierten Kriterium – der **Integration** – abgeschätzt werden, wie realistisch ein Prozess in aktuell bestehende Rahmenwerke integriert werden kann.

4.2 Ergebnisse der Analyse

Im Folgenden werden die Ergebnisse der quantitativen und qualitativen Analyse vorgestellt. In der quantitativen Analyse wird der F1-Score durch eine Evaluation im Backend unter Verwendung eines Test-Datensatzes berechnet. Die Variation der Komplexität wird mit diesen Ergebnissen kombiniert, um den Kompromiss aus F1-Score und benötigten Ressourcen aufzuzeigen. Jedem Diagnosemodul werden in den REs synthetische Daten zur Prädiktion bereitgestellt, da der Fokus auf der eigentlichen Lauffähigkeit liegt und die statistische Validierung schon abgeschlossen ist.

4.2.1 Quantitative Analyse

Alle 102 Modelle werden für die quantitative Analyse auf den einzelnen REs implementiert. Ein Diagnosemodul gilt dann als erfolgreich umgesetzt, wenn eine Prädiktion des Diagnosemodells ausgeführt werden kann. Sobald eine Prädiktion einen Speicherüberlauf bedingt oder die benötigte Rechenzeit die verfügbare Prozessorzeit übersteigt, gilt ein Modell als zu komplex. In diesem Fall wird der F1-Score des nächst geringer komplexen und lauffähigen Modells als obere Leistungsgrenze verwendet. Die Ergebnisse der quantitativen Analyse sind in Abbildung 3 – 5 dargestellt.

Lauffähigkeit. Die Lauffähigkeit der Modelle bzw. Module auf den einzelnen REs wird anhand der begrenzenden Linien in Abbildung 3 aufgezeigt. Aufgrund des geringen Arbeitsspeichers und Prozessorleistung von ECU_{low} können Modelle mit mehr als 400 Parametern nicht mehr ausgeführt werden. Diese Modelle stellen die in den Eingangsdaten (Merkmale, Zeitschritte) reduzierten Modelle dar. Die Ausführung endet mit einer Überschreitung der verfügbaren Prozessorzeit einer Prädiktion. Die nächstgrößere Einheit ECU_{mid} sowie auch ECU_{high} und ECU_{pi} sind in der Lage das genaueste Modell (DADN) auszuführen und erreichen damit den maximalen F1-Score von $0{,}893$.

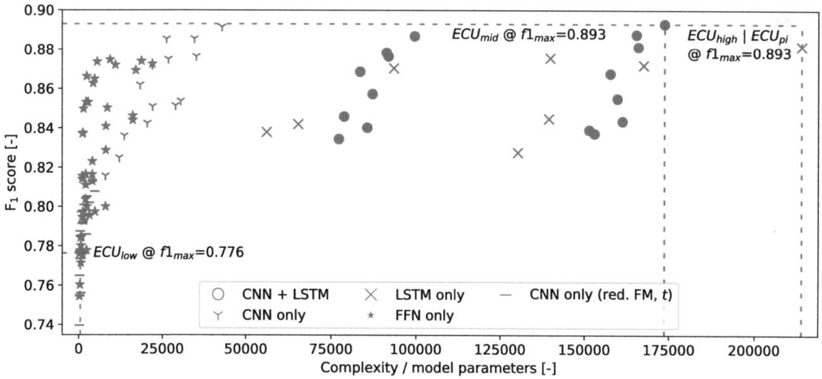

Abbildung 3: F1 score aller Modelle über deren Komplexität, die über die Anzahl der Modellparameter bemessen wird. Die verfügbaren Ressourcen der Steuergeräte bedingen eine Restriktion des maximal erreichbaren F1-Scores.

Anzahl der Merkmale. Der Einfluss der Merkmalsreduktion in den Eingangsdaten auf den F_1-Score sowie auf die Modellparameter wird in Abbildung 4 anhand von 12 Modellen mit 4 CNN-Schichten dargestellt. Im Falle von DADN ($4 \times$ CNN und $2 \times$ LSTM) wird der maximal erreichbare F_1-Score um 5,5% verringert, wenn nur 10% anstatt 100% der Merkmale verwendet werden. Die Anzahl der Parameter kann dabei um 7,2% reduziert werden und führt zum Beispiel auf ECU_{mid} zu einer Reduktion der Prädiktionszeit von 8,8%. Obwohl dies keinen überproportionalen Zusammenhang darstellt, ist die richtige Wahl der Eingangsdaten ein wirksames Mittel zur Komplexitätsreduktion.

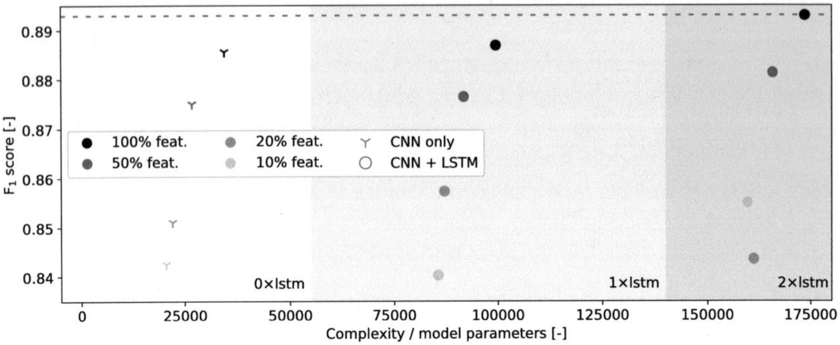

Abbildung 4: Einfluss der Variation von Eingangsdaten auf den F1 Wert ausgewählter Modelle mit 4 CNN Schichten. Die Komplexität der Modelle wird durch eine steigende Anzahl von Merkmalen sowie LSTM Schichten erhöht.

Typen und Anzahl der Schichten. Die Auswahl der Schichttypen sowie deren Anzahl haben den größten Einfluss auf die Modellkomplexität, insbesondere bei der Verwendung von LSTMs. Dieser Einfluss wird in Abbildung 5 anhand von 10 Modellen unter Verwendung von 100% der verfügbaren Merkmale beispielhaft dargestellt.

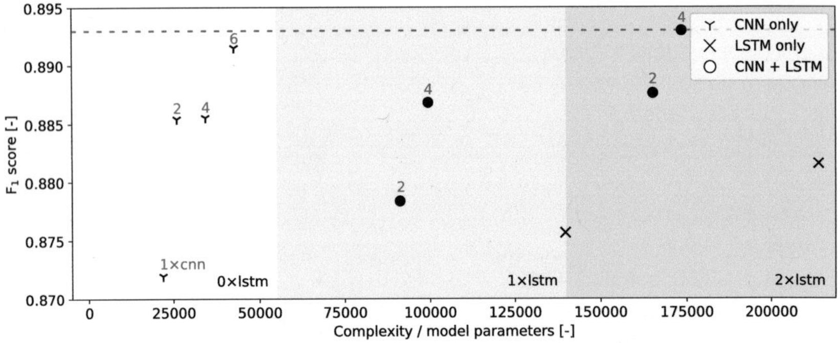

Abbildung 5: F_1-Scores ausgewählter Modelle unter Verwendung aller Merkmale. Die Modellkomplexität wird durch die Anzahl an CNN- und LSTM-Schichten variiert. Die Anzahl der CNN-Schichten ist mit jedem Modell notiert. Trotz des höchsten F_1-Score bei 4 CNN- und 2

LSTM-Schichten kann das Modell mit 6 CNN-Schichten vor allem in ressourcenbegrenzten Umgebungen bevorzugt werden.

Dabei können die folgenden Trends abgeleitet werden. Ein Modell bestehend aus reinen CNN-Schichten weist mit der gleichen Gesamtanzahl an Schichten am wenigsten Modellparameter auf. Die Prädiktion eines Modells ist selbst bei 6 CNN-Schichten schneller als bei einem NN mit nur einer LSTM-Schicht. Eine Steigerung der Anzahl der CNN-Schichten ermöglicht zudem eine Erhöhung des F_1-Score bis zu einem Optimum von 0,891 mit 6 CNN-Schichten. Mit jeder zusätzlichen LSTM-Schicht steigt die Parameterzahl in dieser Konfiguration durch die vollständige Verbindung aller Neuronen um über 60.000 Parameter. Dieser Anstieg bewirkt jedoch keinen erheblichen Sprung in der maximal möglichen Güte. Eine Auswahl von 6 CNN-Schichten führt zu einem ähnlich hohen F_1-Score wie die Kombination von 4 CNN- und 2 LSTM-Schichten zu DADN (0,893). Generell können LSTMs als eine naheliegende Lösung zur Klassifikation von Zeitserien gesehen werden. Nichtsdestotrotz, es kann gezeigt werden, dass CNNs für diese Art der Daten ebenfalls über geeignete Eigenschaften verfügen [3, 5] und somit zu einem besseren Kompromiss in einer ressourcenbegrenzten Umgebung führen. Des Weiteren bedingt die Verwendung von FFNs zwar weniger Parameter als LSTMs, jedoch reicht der F_1-Score (0,874) nicht an vergleichbare CNN-Modelle (vgl. Abbildung 3) heran.

4.2.2 Qualitative Bewertung

Die Erkenntnisse aus der qualitativen Analyse werden im Folgenden dargelegt. Eine Zusammenfassung der Analyse kann Tabelle 2 entnommen werden.

Der **Aufwand** zur **Erstellung** der Diagnosemodule wird mit den in Abschnitt 3.4 eingeführten Begrifflichkeiten bewertet. Während die HDF5-Modelle in Prozess b. und c. (direkte Verwendung und IoT Infrastruktur) direkt in das Diagnosemodul integriert werden können, benötigt Prozess a. (Konvertierung) einen weiteren Schritt zur Umwandlung der Modelle in ein leichtgewichtiges Skript, das keine externen Bibliotheken verwendet. Im Gegensatz dazu ermöglicht die IoT Infrastruktur (Prozess c.) eine automatisierte Erstellung der Diagnosemodule nach einer vorgegebenen Struktur. Durch die integrierte Verwaltung von Modellversionen kann die Aktualität der Modelle zusätzlich sichergestellt werden. Prozess c. stellt folglich die komfortabelste Lösung dar.

Bei der **Bereitstellung** der Modelle wirkt sich die gegebene Infrastruktur des IoT-Prozesses ebenfalls positiv auf den benötigten Aufwand aus. Durch die Definition eines Bereitstellungsmanifests, das die Zielarchitektur, die benötigten Docker-Container und Modellversionen enthält, kann das Diagnosemodul automatisiert bereitgestellt werden. Prozess a. und b. benötigen dabei mehr manuellen Aufwand oder eine eigens zu entwickelnde Infrastruktur, um eine ähnliche Flexibilität zu gewährleisten. Letzteres ist jedoch anzustreben, um eine Updatefähigkeit der Diagnosemodelle und –module auch noch nach Produktionsstart einer Fahrzeugreihe gewährleisten zu können.

Dahingegen ist der **Overhead** im Falle von Prozess a. mit Abstand am geringsten. Durch die Umwandlung der Modelle und Module in die Sprache der Zielarchitektur kann auf zusätzliche Bibliotheken oder Packages verzichtet werden, wodurch sich wiederrum der Bedarf an Speicher und Rechenzeit reduziert. Da für eine direkte Verwendung (Prozess b.) sowohl Tensorflow als auch Keras als Bibliothek notwendig sind, entsteht ein zusätzlicher Speicherbedarf im mittleren zweistelligen Megabyte-Bereich. Im IoT Prozess (c.) steigt dieser Bedarf noch weiter an, da sowohl eine IoT Edge Runtime, Docker, sowie weitere Python-Bibliotheken in dem Diagnosemodul-Docker Container notwendig sind.

Unter Berücksichtigung der oben aufgeführten Punkte lässt sich eine erste Abschätzung bzgl. der zukünftigen **Integration** in **bestehende Infrastrukturen** ableiten. Vor allem die für die Ausführung von Keras-Modellen benötigten Bibliotheken oder die zusätzliche IoT Edge Runtime (siehe Prozess b. und c.) sind in die meisten aktuell vorhandenen Steuergeräte im Fahrzeug entweder nicht oder nur mit hohem Aufwand (sowie Kosten) zu integrieren. Hinzu kommt, dass die Integration des Diagnosemoduls anhand von Prozess a. das Diagnosemodell und –modul an die Zielarchitektur anpasst. Somit ist das Potential der Integration eines Diagnosemoduls in bestehende Infrastrukturen anhand von Prozess a. am höchsten zu bewerten.

	a. - Konvertierung	**b. Direkt**	**c. IoT**
Erstellungsaufwand	-	o	+
Bereitstellungaufwand	o	o	+
Overhead	+	o	-
Integrationsfähigkeit	+	o	-

Tabelle 2: Qualitative Bewertung der einzelnen Prozesse zur Integration des Diagnosemodells und –moduls anhand der in Abschnitt 4.1.2 vorgestellten Kriterien.

4.3 Empfehlungen zur Umsetzung datengetriebener Fahrzeugdiagnose

Anhand der Erkenntnisse aus der quantitativen und qualitativen Analyse können Empfehlungen für die Umsetzung datengetriebener Fahrzeugdiagnose durch NNs abgeleitet werden. Diese werden hier in *initiale Überlegungen*, die *Auswahl der Modelle* und in die *Auswahl der Umsetzungsprozesse* aufgeteilt. Des Weiteren wird in diesem Abschnitt angenommen, dass Eingangsdaten und Zielgrößen zum überwachten Anlernen von datengetriebenen Diagnosemodellen ausreichend vorliegen. Die Eingangsdaten müssen ebenfalls an der Ziel-RE im Fahrzeug verfügbar sein.

4.3.1 Initiale Überlegungen

Vor der Auswahl eines Verfahrens sowie der Komplexitätsreduktion eines Modells kann eine sinnvolle Kombination mehrerer Diagnosen Potential zur Einsparung von Ressourcen bieten. Dabei ist anfangs zu berücksichtigen, ob mehrere Diagnosen anhand eines Modells abgebildet werden können. Hier sollte eine hohe Überschneidung der Eingangsdaten angestrebt werden, die zusätzlich in gleicher Art und Frequenz verarbeitet werden können. Somit kann die Anzahl der resultierenden Modelle schon zu Beginn der Modellentwicklung reduziert werden.

Zusätzlich spielt die Anordnung des Zielsteuergerätes eine wichtige Rolle. Die Verfügbarkeit relevanter Eingangsdaten für das Ableiten einer Diagnose kann eventuell an mehreren Orten gewährleistet sein. Beispielsweise sind einige Sensorsignale sowohl in einem direkt verbundenen Steuergerät als auch an einem Gateway verfügbar. Unter anderem spielen die Kritikalität, Latenzzeiten sowie Buslasten bei der Auswahl des Zielsteuergerätes eine Rolle. Zum Beispiel erfordern sicherheitskritische Anwendungen eine hochfrequente Überwachung und somit eine dezentrale Diagnose. Im Gegensatz dazu kann eine Diagnose von weniger kritischen Anwendungen durch sporadische Abfragen ausreichen, sodass eine zentrale Diagnose möglich ist.

4.3.2 Auswahl der Modelle

Zu aller erst soll darauf hingewiesen werden, dass die Wahl des maschinellen Lernverfahrens von jedem zu diagnostizierenden System / Fall abhängt. Falls zum Beispiel eine niedrige Frequenz der Überwachung ausreicht und nur statische Daten berücksichtigt werden, kann auf weniger komplexe Verfahren (z. B. logistische Regression) zurückgegriffen werden. In dieser Arbeit wurden jedoch hochdimensionale und hochfrequente Zeitserien betrachtet, sodass eine Wahl von CNNs und LSTMs als sinnvoll erscheint [3]. Die Empfehlungen sind deshalb auch auf die Anwendung dieser NNs sowie FFNs begrenzt.

Vor allem bei Umgebungen mit begrenzten Ressourcen wird empfohlen, die oben aufgeführten Stellgrößen der Komplexitätsreduktion zu beachten. Dabei ergibt sich meist ein Kompromiss aus Komplexität bzw. benötigten Ressourcen und der Güte eines Modells. Zu Beginn sollte die geringste Komplexität eingestellt und solange gesteigert werden, bis die gewünschte Güte erreicht ist.

Gerade bei den Eingangsdaten ist auf eine sinnvolle Auswahl zu achten. Für DADN wurden Merkmale anhand der statistischen Relevanz selektiert, wobei die optimale Menge letztendlich bei 242 von 1681 initial verfügbaren Merkmalen lag. Eine solch hohe Anzahl bedingt jedoch sehr komplexe Modelle und folglich einen hohen Ressourcenbedarf. Um diese Zahl weiter zu reduzieren, ist eine Auswahl in Zusammenarbeit mit Experten des zu diagnostizierenden Systems zwingend notwendig. Dies hilft dabei Merkmale zu identifizieren, die unabhängig, einzigartig und ausdrucksstark sind.

Bei der Wahl der Schichttypen ist die Art der Eingangsdaten der hauptsächlich zu berücksichtigende Faktor. Für statische Daten kann in vielen Fällen auf FFNs zurückgegriffen werden, wohingegen für komplexere Daten (z. B. Zeitserien) CNNs oder LSTMs zu bevorzugen sind. Vor allem bei hochfrequenten und hochdimensionalen internen Steuergerätegrößen konnte gezeigt werden, dass eine Anwendung von CNNs anstatt LSTMs einen vergleichbaren F_1-Score bei geringerer Komplexität ermöglicht.

Die Anzahl der Schichten sowie die Größe jeder Schicht (Anzahl Einheiten / Neuronen / FMs) ermöglichen das Lernen einer ausreichend umfangreichen Funktionen zur Abbildung der Eingangs- auf die Ausgangsdaten. Die Wahl dieser Parameter variiert pro Diagnosefall und muss spezifisch optimiert werden. Ein typisches Verfahren zur Parameteroptimierung ist eine *Rastersuche* (engl. *grid search*). Dafür werden alle Kombinationen von Parametern aus einem vorher definierten Parameterraum gebildet und zum Training eines Modells herangezogen. Die Parameterkombination des Modells mit der höchsten Güte wird final verwendet. Durch eine sinnvolle Wahl der Parametermengen kann der Parameterraum bewusst auf maximal verfügbare Ressourcen angepasst werden.

Bei ausreichender Güte können weitere Verfahren zur Reduktion, wie Pruning oder eine Diskretisierung der NN-Gewichte, herangezogen werden. In diesem Fall soll auf weiterführende Literatur für Pruning [26] und bitweise NNs [27] verwiesen werden.

4.3.3 Auswahl des Umsetzungsprozesses

Bei der Auswahl des Umsetzungsprozesses spielen, unter anderem, die Verfügbarkeit der Infrastruktur sowie die Anwendungsumgebung eine Rolle. In Serienfahrzeugen sind die verfügbaren Ressourcen meist stark begrenzt, sodass viele Bibliotheken nicht vorinstalliert sind. Deshalb empfiehlt sich eine Übersetzung der Diagnosemodelle in effiziente Skripten, welche mit Standard-Bibliotheken arbeiten (siehe Prozess a.). Im Gegensatz dazu ist es in prototypischen Anwendungen oft möglich, Rapid Prototyping bzw. Linux-basierte Plattformen zu verwenden, welche über höhere Ressourcen verfügen. Hier steht eine hohe Flexibilität und schnelles Testen im Vordergrund, sodass wenig Aufwand zur Übersetzung und Implementierung von Vorteil ist (siehe Prozess c.). Den Mittelweg bietet meist der Einsatz in Testflotten mit mehreren Fahrzeugen. Hier können zusätzliche Geräte (z. B. Daten-Logger) eingesetzt werden, welche über einen gewissen Ressourcenvorhalt sowie Linux-basierte Plattformen verfügen und das Vorinstallieren eigener Bibliotheken zulassen (siehe Prozess b.).

5 Zusammenfassung und Ausblick

In diesem Beitrag wurden potentielle Umsetzungsmöglichkeiten datengetriebener Onboard-Fahrzeugdiagnose analysiert. Dafür wurde ein Ausgangsmodell zur Vorentflammungserkennung basierend auf neuronalen Netzen so in der Komplexität variiert, dass es auf unterschiedlichen ressourcenbegrenzten und fahrzeugnahen Recheneinheiten umgesetzt werden kann. Insgesamt wurden 102 Modelle, drei Steuergeräte und eine weitere fahrzeugnahe Recheneinheit sowie drei Integrationsprozesse berücksichtigt und analysiert. Damit konnte die Lauffähigkeit neuronaler Netze als Diagnosemodelle in fahrzeugnahen Recheneinheiten getestet und bestätigt werden. Zusätzlich konnten Empfehlungen zur zukünftigen Umsetzung datengetriebener Onboard-Fahrzeugdiagnose basierend auf neuronalen Netzen abgeleitet werden.

Zukünftige Untersuchungen befassen sich mit der Erweiterung der Analyse in zwei Schritten. Zuerst sollen weitere Verfahren zur Komplexitätsreduktion, wie Pruning oder bitweise neuronale Netze, integriert werden. In einem zweiten Schritt sollen die Diagnosemodule reale Daten beziehen, sodass die Diagnosemodelle in realen Szenarien im Fahrzeug statistisch validiert werden können.

Literatur

[1] M. Revfi und M. Koch, "Serviceorientierte Diagnose und OTA – die Porsche-Diagnosearchitektur der Zukunft", S.13-26, Diagnose in mechatronischen Fahrzeugsystemen XII, TUDpress, Dresden, 2018

[2] Richter et al., "Automatisierte Generierung von Diagnosemodellen", S.166-183, Diagnose in mechatronischen Fahrzeugsystemen XII, TUDpress, Dresden, 2018

[3] Wolf et al., "Pre-ignition Detection Using Deep Neural Networks: A Step Towards Data-driven Automotive Diagnostics", S.176-183, IEEE International Conference on Intelligent Transportation Systems (ITSC), Maui, 2018

[4] Wolf et al., "Diagnose in vernetzten Fahrzeugsystemen – Eine Technologieanalyse", S.255-273, Diagnose in mechatronischen Fahrzeugsystemen XI, TUDpress, Dresden, 2017

[5] N. Guennemann und J. Pfeffer, "Predicting defective engines using convolutional neural networks on temporal vibration signals", Proceedings of Machine Learning Research, S.92-102, 2017

[6] B. Schlegel; B. Sick, "Design and optimization of an autonomous feature selection pipeline for high dimensional, heterogeneous feature spaces", IEEE Symposium Series on Computational Intelligence (SSCI), Athen, 2016

[7] Prytz et al., "Predicting the need for vehicle compressor repairs using maintenance records and logged vehicle data", Engineering Applications of Artificial Intelligence, Vol. 41, S.139-150, 2015

[8] T.C. Müller, "Neuronale Modelle zur Offboard-Diagnostik in komplexen Fahrzeugsystemen", unv. Dissertation, Technische Universität Braunschweig, 2011

[9] Guo et al., "Automotive Signal Diagnostics Using Wavelets and Machine Learning", IEEE Transactions on Vehicular Technology, Vol. 49, S.1650-1662, 2000

[10] Moosavi et al., "Artificial neural network-based fault diagnosis in the AC–DC converter of the power supply of series hybrid electric vehicle", IET Electrical Systems in Transportation, Vol. 6, S.96-106, 2016

[11] Wang et al., "An intelligent approach for engine fault diagnosis based on Hilbert–Huang transform and support vector machine", Applied Acoustics, Vol. 75, S.1-9, 2014

[12] Namburu et al., "Application of an Effective Data-Driven Approach to Real-time time Fault Diagnosis in Automotive Engines", IEEE Aerospace Conference, 2007

[13] Chen et al., "Driving Behavior Analysis Based on Vehicle OBD Information and AdaBoost Algorithms", International MultiConference of Engineers and Computer Scientists, Hong Kong, 2015

[14] Gonzales et al., "Vehicle Fault Detection and Diagnosis combining AANN and ANFI", 7th IFAC Symposium on Fault Detection, Supervision and Safety of Technical Processes, Barcelona, 2009

[15] Guo et al., “A Novel Fault Diagnosis for Vehicles Based on Time-varied Bayesian Network Modeling”, Chinese Control and Decision Conference (CCDC), Mianyang, S.1504-1508, 2011

[16] Jeong et al., “An Integrated Self-Diagnosis System for an Autonomous Vehicle Based on an IoT Gateway and Deep Learning”, applied sciences Journal 8(7), 2018

[17] Tawel et al., “Custom VLSI ASIC for Automotive Applications with Recurrent Networks”, IEEE International Joint Conference on Neural Networks, Anchorage, 1998

[18] E. Gani und C. Manzie, “Misfire-misfuel classification using support vector machines”, Journal of Automobile Engineering 221(9), S.1183-1195, 2007.

[19] H. Zhang und W. Li, ”A New Method of Sensor Fault Diagnosis Based on a Wavelet Packet Neural Network for Hybrid Electric Vehicles“, International Congress on Image and Signal Processing, BioMedical Engineering and Informatics, Datong, 2016

[20] Jaramillo und C.V.I. Narváez, “Vehicle Online Monitoring System Based on Fuzzy Classifier“, 3rd International Conference on Advances in Vehicular Systems, Technologies and Applications, Seville, 2014

[21] Praveenkumar et al., “Pattern Recognition based On-line Vibration Monitoring System for Fault Diagnosis of Automobile Gearbox“, Measurements, Vol. 117, S.223-242, 2017

[22] SAE, “Nvidia’s new Level 2+ autonomy platform is making cars safer today“, online unter URL: https://www.sae.org/news/2019/01/nvidia%E2%80%99s-new-level-2-autonomy-platform-is-making-cars-safer-today, 2018 [Stand: 12.03.2018]

[23] Duda et al., “Pattern Classification”, Wiley-Interscience, Ney York, 2000

[24] LeCun et al., ”Deep Learning“, Nature, Vol. 521, Nr. 7553, S.436-444, 2015

[25] Gers et al., ”Learning to forget: continual prediction with LSTM“, IEEE International Conference on Artificial Neural Networks, S.850-855, Edinburgh, 1999

[26] R. Reed, ”Pruning algorithms - a survey“, IEEE Transactions on Neural Networks, Vol. 4, Nr. 5, S.740-747, 1993

[27] M. Kim und P. Smaragdis, ”Bitwise Neural Networks“, 31st International Conference on Machine Learning, Lille, 2015

4 Strukturlernen von Bayes-Netzen als Grundlage automatisiert erstellter Diagnosemodelle

Dipl.-Ing. Jens Richter, Dipl.-Ing. Andreas Unger, Prof. Dr.-Ing. Bernard Bäker, TU Dresden, Dresden; **Peter Wolf, M.Sc.**, BMW AG, München

Abstract

Vehicle diagnostics continues to evolve. The driving forces behind this development are changed circumstances such as highly networked vehicles or the increasing number of vehicle variants. These are only two impacts that require an adaptive diagnostic method. Therefore the diagnostic method must also have a high degree of transparency for the user. This contribution takes up these requirements and presents a comprehensive concept for data-driven diagnostics using automatically generated Bayesian networks (aBM). As a case study, we evaluate aBM on a real world dataset for preignition detection in a high pressure turbocharged petrol engine. We further compare our approach against four data-driven state-of-the-art baselines. The results show, that aBM is a promising approach with a similar quality of prediction and an improved transparency in decision making.

Kurzfassung

Die Fahrzeugdiagnose entwickelt sich kontinuierlich weiter. Treibende Kräfte hierfür sind veränderte Begebenheiten wie z. B. hochgradig vernetzte Fahrzeuge oder der zunehmende Variantenreichtum der Fahrzeuge. Dies sind nur zwei Aspekte die eine adaptive Diagnosemethode verlangen. Dadurch bedingt muss die Diagnosemethode ebenso ein hohes Maß an Transparenz für den Anwender besitzen. Dieser Beitrag greift diese Anforderungen auf und stellt ein datengetriebenes Gesamtkonzept für die Diagnose mittels automatisiert erstellter Bayes-Netze (aBM) vor. Der Nachweis der Leistungsfähigkeit von aBM erfolgt anhand aufgezeichneter Fahrzeugdaten für die reale Problemstellung: Vorentflammung im hochaufgeladenen Ottomotor. Für eine objektive Beurteilung dienen vier weitere datengetriebene Verfahren als Referenz. Es kann gezeigt werden, dass aBM bei ähnlicher Güte der Prädiktion in der Entscheidungsfindung besser nachzuvollziehen ist. Damit ist aBM eine vielversprechende Alternative zu bisherigen Diagnoseansätzen.

1 Einführung

1.1 Motivation

Die Fahrzeugdiagnose befindet sich in einem grundlegenden Wandel. Die Gründe hierfür sind vielseitig. Ein treibender Faktor ist die zunehmende Vernetzung des Fahrzeuges mit seiner Umwelt (Car2X). Diese ermöglicht heute schon innovative Funktionen und ist essenziell für die Zukunftsvision autonomes Fahren. Infolge kann jedoch das Fahrzeug nicht mehr als abgeschlossenes System betrachtet werden, vielmehr muss es im Sinne der End-to-End Diagnose als Teil eines Systemverbunds diagnostiziert werden. Außerdem nimmt der Grad der Vernetzung innerhalb des Fahrzeuges zu. Heutige Applikationen greifen auf einen umfangreichen Verbund von Aktoren und Sensoren zu, sodass auch hier komplexere Zusammenspiele respektive Fehlerbilder entstehen können, die nicht ausschließlich die unmittelbare Peripherie des ausführenden Steuergerätes betreffen. Derartige Fehlerbilder können mitunter erst nach Markteinführung auftreten und müssen dennoch zeitnah durch die Fahrzeugdiagnose abgedeckt werden. Somit wird eine flexible Anpassungsfähigkeit der Diagnose abverlangt, die einen kontinuierlichen Lernprozess erfordert.

Neben der internen und externen Vernetzung stellt die Anzahl an Varianten eines Fahrzeuges eine weitere Herausforderung dar. Jede Ausprägung der Ausstattung sollte in der Diagnose Berücksichtigung finden. Da dies manuell nicht zu bewerkstelligen ist, setzt dies einen beschleunigenden Automatismus voraus.

Gleichzeitig bietet heute u. a. die externe Vernetzung die Möglichkeit diagnoserelevante Daten während der Fahrt in bisher ungekanntem Maße zu erfassen und zu verarbeiten. Die Basis für eine sukzessive Adaption der Fahrzeugdiagnose ist demnach gegeben.

Regelbasierte Verfahren, wie die etablierte Geführte Fehlersuche (GFS), sind jedoch in ihrer jetzigen Form dem geschilderten Wandel nicht gewachsen. Daher besteht die Notwendigkeit in der Entwicklung von neuen Verfahren. Zielführend erscheinen datengetriebene Methoden [1], die eine automatisierte Erstellung von Diagnosemodellen ermöglichen. Dieser Beitrag stellt mit automatisierte Bayes-Netz-Modellierung (aBM) einen vielversprechenden Lösungsansatz auf Grundlage von Bayes-Netzen (BN) vor.

Im nachfolgenden Abschnitt werden grundlegende Begrifflichkeiten geklärt und bisherige Bestrebungen auf dem Gebiet der automatisiert erstellten Diagnosemodelle dargelegt. Kapitel 2 erläutert daraufhin die wesentlichen Bestandteile und Zusammenhänge des vorgeschlagenen Ansatzes. Der Nachweis der Methode wird in Kapitel 3 anhand eines realen Diagnoseszenarios geführt. Den Abschluss bildet Kapitel 4 mit einer Zusammenfassung und einem Ausblick auf weitere vorhandene Potenziale.

1.2 Automatisiert erstellte Diagnosemodelle

Um das Potenzial automatisiert erstellter Diagnosemodelle (DM) einschätzen zu können, wird im Anschluss zunächst der Begriff Diagnosemodell eingeführt.

Das Diagnosemodell weist jedem Eingangsvektor E (bestehend aus: Signalen, Symptomen, Umweltbedingungen, ...) eine Zielgröße Y (z. B. Fehlerursache oder Gesundheitszustand) zu. Ein gutes Diagnosemodell genügt dabei dem Anspruch auf:

1) Eine hohe Präzision bei der Zuweisung;
2) Eine Zuweisung, die für den Nutzer transparent ist (Nachvollziehbarkeit);
3) Eine flexible Anpassbarkeit im Hinblick auf neue Funktionen, Bauteile oder Fehlerbilder;
4) Integration von Diagnosewissen aus unterschiedlichen Quellen (Expertenwissen, Entwicklungsdaten, Laufzeitdaten).

Insbesondere 3) spricht für eine automatisierte Generierung des DMs, da eine manuelle Anpassung der Modelle, aufgrund der Variantenvielfalt und Vernetzung im Kfz, nicht zu bewerkstelligen ist. Folglich besteht das Ziel in der Entwicklung einer Methode, die weitestgehend selbständig anhand elektronisch bearbeitbarer Daten ein DM erlernt. Prädestiniert hierfür sind datengetriebene Ansätze aus dem Bereich des maschinellen Lernens (ML). Eine Auswahl an bekannten Umsetzungen im Automobilbereich wird im Folgenden vorgestellt.

1.2.1 Beispiele datengetriebener Diagnose im Automobilbereich

Inzwischen ist ML eine verbreitete Herangehensweise in der Entwicklung neuer DMs im Automobilbereich. Zahlreiche Anwendungen in verschiedensten Domänen des Fahrzeugs sind Beleg für deren zunehmende Bedeutung. Unter anderem werden *Support Vector Machines* für die Prognose der Lebensdauer von Lithium-Ion-Batterien [2], die Echtzeitfehlerdiagnose von Verbrennungsmotoren [3], die Überprüfung hydraulischer Bremsen [4] oder zur Analyse einer fehlerhaften Rekuperation in Hybridfahrzeugen [5] eingesetzt. Weitere interessante Entwicklungen basieren auf Modellen mit künstlichen Neuronen, die sich an der Funktionsweise des menschlichen Gehirns orientieren. Beispielsweise konzipierte Müller ein *Artificial Neural Network* (NN), für die Diagnose von Reparaturfällen im Service [6]. Wolf gelang die Identifizierung von Vorentflammungssequenzen im hochaufgeladenen Ottomotor durch eine Kombination aus *Convolutional NNs* und *Long Short-Term Memory NNs* [7].

Obwohl die genannten Verfahren bisweilen sehr gute Diagnoseergebnisse liefern, besitzen sie im Hinblick auf die unter Abschnitt 1.2 genannten Anforderungen Nachteile. Sie fungieren wie eine Blackbox, wodurch die Nachvollziehbarkeit der Entscheidungsfindung nicht gegeben ist. Außerdem ist aus demselben Grund das Einbringen von weiterem ergänzendem Diagnosewissen erschwert, da eine selektive Manipulation dieser DM kaum durchführbar ist.

In dem hier vorgestellten Konzept aBM ist das BN das zentrale Element. Der Vorteil von Bayes-Netzen ist ein hohes Maß an Transparenz und somit die Kompensation der oben genannten Nachteile. Ein ähnlicher Ansatz zur Modellierung des Verbrennungsmotors verfolgt Guo [8]. Jedoch ist sein zugrunde liegender Datenumfang deutlich geringer, sodass die Umsetzung nicht den Nachweis für ein reales Datenaufkommen im Fahrzeug erbringt. Außerdem ist sein Ansatz für die Verarbeitung von Zeitserien ungeeignet, da er nicht die Modellierung eines dynamischen BNs vorsieht.

Das anschließende Kapitel widmet sich der detaillierten Vorstellung des entwickelten Konzeptes.

2 Gesamtkonzept automatisierte Bayes-Netz-Modellierung

Das entwickelte Gesamtkonzept (s. Abb. 1) dient dem Zweck der automatisierten Erstellung eines Diagnosemodells auf Basis von BNs. Kernbestandteile sind die Datenvorverarbeitung (DV) sowie das Erlernen des BNs. Ersteres ermöglicht das effiziente Lernen komplexer Fehlermuster, die sich in der Struktur des BNs wiederfinden. Letzteres liefert das BN zur Diagnose von Fehlerbildern. Um die Qualität des BNs sicherzustellen, wird es am Ende der Prozesskette validiert. Solange die erzielte Güte unzureichend ist, kann mittels einer veränderten Parametrierung der Kernelemente mitunter eine Verbesserung herbeigeführt werden. Bei hinreichender Güte wird die Kombination aus DV und BN als DM zur Anwendung gebracht.

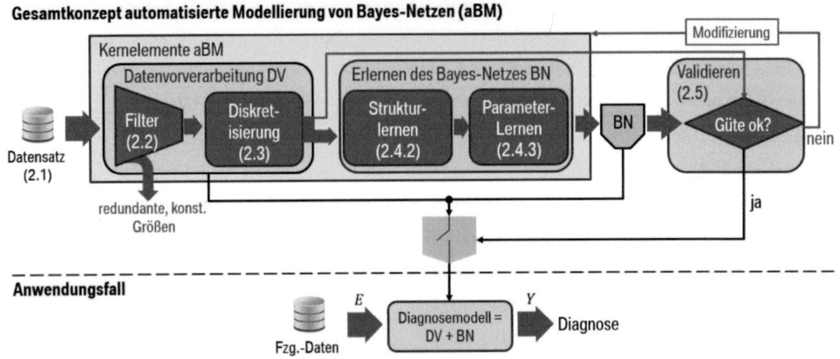

Abbildung 1: Gesamtkonzept zur automatisierten Erstellung von Bayes-Netzen

In den folgenden Abschnitten werden die einzelnen Bestandteile des Gesamtkonzeptes ausführlicher erläutert.

2.1 Datensatz

Als Basis für das Strukturlernen eines BNs dient ein vollständiger Datensatz $\boldsymbol{D}$, der das nötige Systemwissen als eine Menge von N Beobachtungen $\boldsymbol{D} = \{D_1, D_2, \ldots, D_N\}$ der Systemgrößen bereitstellt. Die Vollständigkeit des Datensatzes meint zum einen, dass sämtliche Systemcharakteristiken in den Beobachtungen enthalten sind und zum anderen, dass alle Größen in jeder Beobachtung einen definierten Wert aufweisen. Sollten einzelne Beobachtungen unvollständig sein, werden diese in einem weiteren Schritt der DV entweder entfernt oder durch eine Abschätzung aus den verbliebenen Beobachtungen vervollständigt [9]. Im Folgenden wird von einem vollständigen Datensatz ausgegangen. Jede darin enthaltene Größe (Signal, Umweltbedingung, DTC, ...) wird als eine Zufallsgröße aufgefasst.

2.2 Filter

Der Filter soll in erster Linie die Laufzeit des Strukturlernens durch eine sinnvolle Reduktion des Datenvolumens verringern. Hierzu wird die Menge aller Zufallsgrößen $\boldsymbol{X} = \{X_1, \dots, X_n\}$ eingegrenzt auf eine Menge von Größen, die zueinander nicht redundant sind. Das verwendete Maß für die Ähnlichkeit zweier Zufallsgrößen $X_i, X_j \epsilon \boldsymbol{X}$ ist der Korrelationskoeffizient $\rho_{i,j}$. Er wird für jede Kombination der Zufallsgrößen nach der Formel:

$$\rho_{i,j} = \frac{Cov(X_i, X_j)}{\sqrt{Var(X_i)\, Var(X_j)}}; \; -1 \leq \rho_{i,j} \leq 1 \tag{1}$$

berechnet und als Betrag in der quadratischen, symmetrischen Matrix

$$R = \begin{pmatrix} 1 & \cdots & |\rho_{1,n}| \\ \vdots & \ddots & \vdots \\ |\rho_{n,1}| & \cdots & 1 \end{pmatrix} \tag{2}$$

festgehalten. Ist hierbei die Varianz einer Größe gleich Null, so wird die entsprechende Größe direkt herausgefiltert, da sie keinerlei Informationsgehalt für die Diagnose bietet. Ist $|\rho_{i,j\neq i}|$ in R nahezu gleich Eins, kann eine der Größen X_i, X_j ohne nennenswerten Informationsverlust entfernt werden, da zwischen X_i und X_j eine beinahe lineare Abhängigkeit besteht. Dem Anwender obliegt es einen Schwellwert des Betrags des Korrelationskoeffizienten F_s festzulegen. Ist $|\rho_{i,j\neq i}| \geq F_s$, werden die zwei Signale X_i und X_j als linear abhängig betrachtet (s. Abschnitt 3.3).

2.3 Diskretisierung

Die Diskretisierung kontinuierlicher Werte ist eine übliche Vorgehensweise im Zusammenhang mit dem Strukturlernen, da viele der verfügbaren Strukturlernalgorithmen nicht in der Lage sind effizient mit kontinuierlichen Werten umzugehen [10]. Entscheidend sind im Zuge dessen die Intervallgrenzen und die Anzahl an diskreten Intervallen m_i einer Größe. Wird die Anzahl an Intervallen zu hoch gewählt, nehmen die Anzahl benötigter Parameter (bedingte Wahrscheinlichkeiten) sowie die Laufzeit der Strukturlernverfahren drastisch zu. Wiederum eine grobe Diskretisierung bewirkt einen starken Informations- und letztlich Qualitätsverlust der Prädiktion. Deswegen gilt es eine geeignete Parametrierung zu finden, die in Abhängigkeit der erzielten Güte beim Validieren über mehrere Iterationen gefunden werden kann. Die Intervallgrenzen resultieren aus einem Ansatz nach Hartemink [11], der den Erhalt der Transinformation zwischen Zufallsgrößen anstrebt. Jede Zufallsgröße X_i wird zu Beginn in K diskrete Intervalle gleicher Größe unterteilt. Im Anschluss werden mit jeder Iteration jeweils zwei benachbarte Intervalle einer Größe vereint. Dies geschieht fortwährend bis eine vorgegebene Anzahl diskreter Intervalle m erreicht ist. Es werden immer die benachbarten Intervalle vereint, welche den Verlust der gesamten Transinformation

$$gI(k+1)|_{X_i} - gI(k)|_{X_i} \tag{3}$$

minimal halten, wobei $gI(k)|_{X_i}$ die Summe aller paarweisen Transinformationen zwischen X_i und den zu prädizierenden Größen $Y_i \in \boldsymbol{Y} \subseteq \boldsymbol{X}$ (Fehlerursachen, Fehlereintritt, ...) für k Intervalle ist. Die paarweise Transinformation $I(X_i, Y_i)$ ergibt sich aus dem Zusammenhang:

$$I(X_i; Y_i) = E\left[log \frac{P(X_i|Y_i)}{P(X_i)}\right].$$

Als Richtwert für eine adäquate Anzahl an Intervallen m_i für X_i kann die Abhängigkeit von $gI(k)|_{X_i}$ ausgewertet werden. Hierbei wird $m_i$möglichst gering gewählt, sodass $gI(m_i)|_{X_i}$ in etwa noch $gI(K)|_{X_i}$ entspricht (s. Abschnitt 3.3).

2.4 Erlernen des Bayes-Netzes

Das Erlernen eines BNs erfolgt in zwei Schritten. Zunächst muss durch das sogenannte Strukturlernen die zugrundeliegende Struktur erfasst werden, bevor im Anschluss das Parameterlernen die bedingten Wahrscheinlichkeiten $P(X_i|Pa(X_i))$ bestimmt. Bevor auf diese Schritte eingegangen wird, liefert der nächste Abschnitt wesentliche Grundlagen zum Verständnis eines Bayes-Netzes.

2.4.1 Grundlagen Bayes-Netze

Ein Bayes-Netz BN ist ein graphisches Modell zur kompakten Darstellung der gemeinsamen Wahrscheinlichkeitsverteilung $P(X_1, ..., X_n)$ einer Menge an Zufallsgrößen in Form eines gerichteten, azyklischen Graphen $G = (\boldsymbol{V}, \boldsymbol{A})$ ([12], S.13).

Jeder Zufallsvariable $X_i \in \boldsymbol{X}$ wird in G ein Knoten $v_i \in \boldsymbol{V}$ zugewiesen. Maßgeblich für die Struktur des Bayes-Netzes sind die gerichteten Kanten $a_i \in \boldsymbol{A}$. Besteht zwischen zwei Knoten ein stochastischer Zusammenhang, wird dies in G durch eine gerichtete Kante (Pfeil) zum Ausdruck gebracht, sofern dabei kein zyklischer Graph entsteht. Die Menge aller Knoten, die eine gerichtete Kante hin zu einem Knoten v_i besitzen, bezeichnet man als Elternknoten $Pa(v_i) \in \boldsymbol{V} \backslash \{v_i\}$ von v_i (z. B. Abb. 2: $Pa(X_2) = \{X_1\}$). Sind die Elternknoten jedes Knotens bekannt, ist die Struktur des BNs definiert. Unmittelbar aus der Struktur folgen die benötigten bedingten Wahrscheinlichkeiten $P(v_i|Pa(v_i))$, welche eine Inferenz bzw. Prädiktion mittels BN zulassen. Diese werden in sogenannten bedingten Wahrscheinlichkeitstabellen (CPTs) hinterlegt und müssen geschätzt oder aufgezeichneten Systemdaten entnommen werden.

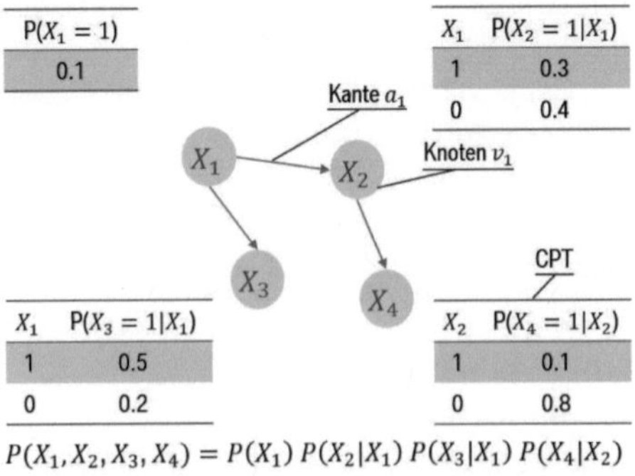

Abbildung 2: Beispiel für die Repräsentation der gemeinsamen Wahrscheinlichkeitsverteilung $P(X_1, ..., X_n)$ durch ein Bayes-Netz

Je nach Struktur ergeben sich unterschiedliche bedingte Wahrscheinlichkeiten, die wiederum für eine unterschiedliche Präzision der Prädiktion sorgen. Daher werden Verfahren benötigt, welche die geeignetste Struktur identifizieren können. Von derartigen Verfahren handelt der kommende Abschnitt.

2.4.2 Erlernen der Struktur des Bayes-Netzes

Ziel des Strukturlernens ist es aus allen möglichen Graphen G denjenigen zu finden, der für jede Variable X_i die optimale Elternmenge bereithält und somit aufgetretene Beobachtungen des Systems bestmöglich erklärt. Um diesen zu ermitteln, nutzt dieser Beitrag *Hill Climbing* HC. Dabei handelt es sich um ein Score-based Verfahren, welches durch die schrittweise Manipulation der Struktur eines Initialgraphen einen Endgraphen anstrebt, der den gewählten Score (z. B.: Bayesian Information Criterion BIC, Bayesian Dirichlet likelihood-equivalence BDe, Akaike Information Criterion AIC) maximiert. Diese Methode wurde aufgrund ihrer Vorzüge im effizienten Umgang mit einer Vielzahl an Zufallsgrößen und umfangreichen Datensätzen selektiert. Der Pseudocode des Algorithmus ist in Abbildung 3 nachvollziehbar. Die darin enthaltene Manipulation des Graphen kann durch löschen, umkehren oder einfügen einer gerichteten Kante herbeigeführt werden, sofern kein zyklischer Graph entsteht.

Um einem lokalen Maximum zu entkommen, existieren diverse Strategien. Ein Neustart des HCs mit einem veränderten G_0 ist eine Option. Entweder wird G_0 zufällig neu gewählt oder G_{best} des vorherigen Durchlaufs wird geringfügig manipuliert und als Startgraph übergeben. Letztgenanntes kommt hier zur Anwendung.

HC Algorithm Strukturlernen mittels Hill Climbing

```
function hc(G0, D)                                  // Initialgraph G0, Datensatz D
    Gi = Gbest = G0
    bRun = True
    while bRun
        for manipulation in allPossibleManipulations(Gi)
            G* = manipulate(Gi, manipulation)
            if score(G*, D) > score(Gbest, D)
                Gbest = G*
        if Gbest = Gi
            bRun = False
        else Gi = Gbest
    return Gbest
```

Abbildung 3: Pseudocode des HC-Algorithmus

Da die Möglichkeiten legitimer Manipulationen mit zunehmender Menge an Zufallsgrößen erheblich werden, nimmt die Laufzeit des HCs stark zu. Außerdem sind für die Prädiktion der Zielgrößen die stochastischen Zusammenhänge der Eingangsgrößen unerheblich (aufgrund der D-Separation s. [13], S.69). Deswegen kann das Strukturlernen auf das unmittelbare Umfeld der Zielgrößen beschränkt werden. Das sogenannte *Local Hill Climbing* LHC macht von diesem Umstand Gebrauch. Im Kontext dieses Beitrages wird das Vorgehen des Verfahrens für lediglich eine Zielgröße $Y \in \boldsymbol{X}$ erläutert. Nichtsdestotrotz kann es auch im Falle mehrerer Zielgrößen Anwendung finden. Zu Beginn besteht die Menge an Größen $\boldsymbol{W}$ nur aus Y und einer Größe $X_i \in \boldsymbol{X}$ des Eingangsvektors. Wenn X_i Elternknoten von Y ist, verbleibt X_i in $\boldsymbol{W}$, andernfalls wird X_i aus $\boldsymbol{W}$ entfernt. Ob X_i Elternknoten von Y ist, folgt aus dem HC für $\boldsymbol{W}$ und $\boldsymbol{D}$. Nacheinander wird mit jeder Iteration eine der restlichen Eingangsgrößen $\boldsymbol{W}$ hinzugefügt, wobei $\boldsymbol{W}$ nach Anwendung des HCs immer Y und alle Elternknoten von Y enthält. Auf diese Weise ergibt sich nach Durchlauf aller Eingangsgrößen die lokale Struktur von Y. Abbildung 4 zeigt den Pseudocode von LHC.

LHC Algorithm Strukturlernen mittels local Hill Climbing

```
function lhc(D, X, Y)                    // Datensatz D, Zufallsgrößen X, Zielgröße Y
   Pa(Y) = {}
   for Xi in X\{Y}
      W = {Y} ∪ {Xi} ∪ Pa(Y)
      G0 = noEdge(W)                     // Graph ohne Kanten G0 mit W
      G = hc(G0,D)
      Pa(Y) = getParents(G)
   GY = buildDAG(Pa(Y), Y)
   return GY
```

Abbildung 4: Pseudocode des LHC-Algorithmus für eine Zielgröße $Y \in \boldsymbol{X}$

2.4.3 Erlernen der Parameter des Bayes-Netzes

Sobald die Struktur des BNs bekannt ist, kann in einem zweiten Schritt begonnen werden die Parameter des BNs zu bestimmen. Hierfür hat sich *Maximum Likelihood Estimation* (MLE) als effektiver Algorithmus bewährt. Für den hier vorliegenden Fall von multinomialen Zufallsgrößen werden die Wahrscheinlichkeiten über Häufigkeiten im Datensatz ermittelt. Zum Beispiel ergibt sich für $P(X_2 = 0|X_1 = 1)$ aus Abb. 1:

$$P(X_2 = 0|X_1 = 1) = \frac{M[X_2=0, X_1=1]}{M[X_1=1]} = 0.7\,,$$

wobei $M[z]$ die Anzahl an Beobachtungen (Abtastungen) im Datensatz ist, welche die Instanziierung $z \in Z$ einer Zufallsgröße Z erfüllen (vgl. [13], S.724). Nach dem Erlernen der Parameter kann das BN für die Prädiktion eingesetzt werden. Zum Zweck der Absicherung des BNs vor einem Produktiveinsatz, erläutert der folgende Abschnitt den Vorgang des Validierens.

2.5 Validieren des erlernten Bayes-Netzes

In diesem Schritt findet die Beurteilung des BNs statt. Aus diesem Grund gibt es ein vorab definiertes Gütemaß, das die Prädiktion des DMs für einen separaten Validierungsdatensatz bemisst. Durch den Validierungsdatensatz stellt das DM seine Fähigkeit zur Verallgemeinerung der erlernten Zusammenhänge des Trainingsdatensatzes unter Beweis. Bei Nichterfüllung der geforderten Güte, kann eine Verbesserung durch eine veränderte Parametrierung der Kernelemente herbeigeführt werden.

Die Wahl des Gütemaßes ist abhängig von der Art der Zielgröße. Handelt es sich um eine kontinuierliche Zielgröße ist z. B. der Root Mean Square Error (dt. Wurzel der mittleren Fehlerquadratsumme) ein probates Mittel. Für eine Klassifikation eignen sich andere Metriken, wie z. B. die Gesamtgenauigkeit, die das Verhältnis aus korrekten Prädiktionen zu allen Prädiktionen bildet. Speziell für Problemstellungen in denen der Anteil einer Klasse der Zielgröße stark gegenüber dem der anderen Klassen überwiegt, ist es sinnvoll weitere Metriken in Betracht zu ziehen. Infrage kommt der F_1-Score. Er kombiniert Sensitivität Se_l und Relevanz Re_l der l-ten Klasse. Die Sensitivität ist die Summe aller korrekten Prädiktionen für die l-te Klasse bezogen auf alle Abtastungen des Datensatzes, die zur l-ten Klasse zugehörig sind. Die Relevanz ist die Summe aller korrekten Prädiktionen für die l-te Klasse bezogen auf alle Abtastungen, die als l-te Klasse prädiziert wurden. Der $F_{1,l}$-Score für die l-te Klasse folgt aus:

$$F_{1,l} = 2\,\frac{Se_l \cdot Re_l}{Se_l + Re_l}. \tag{4}$$

Die gewichtete Summation der F_1-Scores mehrerer Klassen kann als Gütemaß für die Validierung verwendet werden. Sie ergibt sich durch:

$$F_1 = \sum_{l=1}^{L} \omega_l \cdot F_{1,l}\ , \tag{5}$$

wobei L der Anzahl an Klassen entspricht und ω_l das Verhältnis aus allen Instanzen der l-ten Klasse zu der Gesamtanzahl an Instanzen des Datensatzes ist. Der reelle Wertebereich des F_1-Scores bewegt sich zwischen Null und Eins. Dabei gilt für das perfekte DM: $F_1 = 1$ und für das schlechteste DM: $F_1 = 0$.

3 Fallbeispiel der Fahrzeugdiagnose

Das vorgestellte Gesamtkonzept für aBM wird anhand eines Demonstrationsbeispiels erprobt und hinsichtlich der Eignung bewertet. Zunächst wird die konkrete Problemstellung geschildert sowie der verwendete Datensatz beschrieben. Im Anschluss wird die Parametrierung von aBM dargelegt. Eine belastbare Einschätzung zu der Leistungsfähigkeit von aBM erfordert den Vergleich zu anderen datengetriebenen Ansätzen. Deswegen werden diese daraufhin vorgestellt und in ihrer Charakteristik kurz dargelegt. Die Diskussion der Ergebnisse aus der Gegenüberstellung bildet den Abschluss des Kapitels.

3.1 Problemstellung Vorentflammung im hochaufgeladenen Ottomotor

Der aktuelle Trend in der Entwicklung von Verbrennungsmotoren führt zu hochaufgeladenen Aggregaten. Diese weisen gelegentlich unkontrollierte Entzündungen (Vorentflammungen (VEs)) des Kraft-Luftstoff-Gemisches auf, die noch vor Ende des Verdichtungshubes auftreten. Daraus resultiert häufig ein intensives Motorklopfen mit ausgeprägten Amplituden des Druckverlaufes im Verbrennungsraum. Schon wenige dieser Motorklopfer können den Motor erheblich schädigen oder gar zerstören. Deswegen besteht ein gesteigertes Interesse an einem adäquaten Diagnosemodell zur frühzeitigen Erkennung einer Vorentflammungssequenz (s. Abb. 5). Es sollte den Anforderungen aus Abschnitt 2.1 genügen und bestenfalls neue Erkenntnisse zu den Einflussfaktoren einer VE beisteuern.

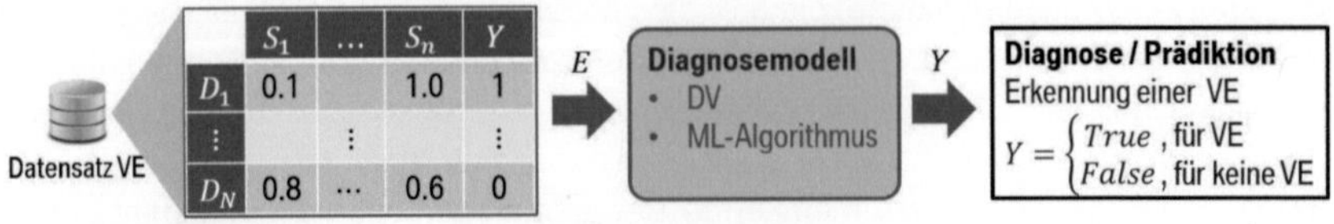

Abbildung 5: Diagnosemodell zur Erkennung einer VE

3.2 Datensatz VE

Der Datensatz ist die Essenz aus mehr als 1600 Testfahrten einer Fahrzeugflotte mit gleichem Aggregat. Da eine VE ein seltenes Ereignis darstellt, wurde deren Eintreten durch Maßnahmen (Kraftstoffgemisch, Betriebspunkte des Verbrennungsmotors) provoziert. Die umfangreichen Aufzeichnungen umfassen Zeitserien einer Vielzahl von Steuergerätesignalen die im engeren Zusammenhang mit einer VE stehen. In Summe sind es $n = 242$ normierte Signale $S_i \in [0,1]$, die mit einer Frequenz von $20\ Hz$ abgetastet wurden. Bei besagter Frequenz beinhaltet der Datensatz $N \approx 108\ k$ Abtastungen. Die nötige Information über das zeitliche Auftreten einer VE stammt aus der Auswertung des Schwingungssignals eines Klopfsensors. Letztendlich sind daraufhin 1645 Abtastungen mit einem Indikator für eine VE versehen wurden. Da jede VE eine Zeitspanne umfasst, die ihren Beginn vor den erfassten Schwingungen des Klopfsensors hat und das Setzen des Indikators einer zeitlichen Unschärfe unterliegt, sind nach Sichtung der Signalverläufe kleine Zeitbereiche vor und nach dem Indikator ebenfalls als VE gekennzeichnet. Insgesamt stehen somit 27965 Abtastungen mit einer VE ($VE = True$) 80295 Abtastungen im Normalfall ($VE = False$) gegenüber. Der gesamte Datensatz ist in drei Segmente unterteilt: Trainingsdatensatz TrD (70 %), Validierungsdatensatz VaD (15 %) und einen Testdatensatz TeD (15 %), der den Anwendungsfall repräsentiert.

3.3 Parametrisierung der automatisierten Bayes-Netz-Modellierung

Filter

Im ersten Schritt wird der Schwellwert F_S des Filter (s. Abschnitt 2.2) ausgelegt. Dass zwei Signale mit $|\rho_{i,j \neq i}| \approx 1$ durchaus einen ähnlichen Informationsgehalt aufweisen, zeigt Abbildung 6 links. Abbildung 6 rechts (b) stellt den Zusammenhang zwischen der Anzahl gefilterter Signalen und F_S dar. Daraus geht hervor, dass selbst für große Werte F_S im Datensatz noch viele Signale gefiltert werden. Somit weisen viele Signale linear Abhängigkeiten zueinander auf. Da die Laufzeit des Strukturlernens (LHC) exponentiell mit der Anzahl an Signalen steigt, kann mittels F_S ein Kompromiss aus Effizienz und Genauigkeit des Verfahrens geschaffen werden. Für den hier gewählten Initialwert $F_S = 0.95$ reduziert sich die Laufzeit auf die Hälfte der Laufzeit von $F_S = 1$. Die entstehenden Verluste in der Genauigkeit der Prädiktion (F_1-Score) sind in dem Fall moderat (s. Abb. 6 rechts (a)).

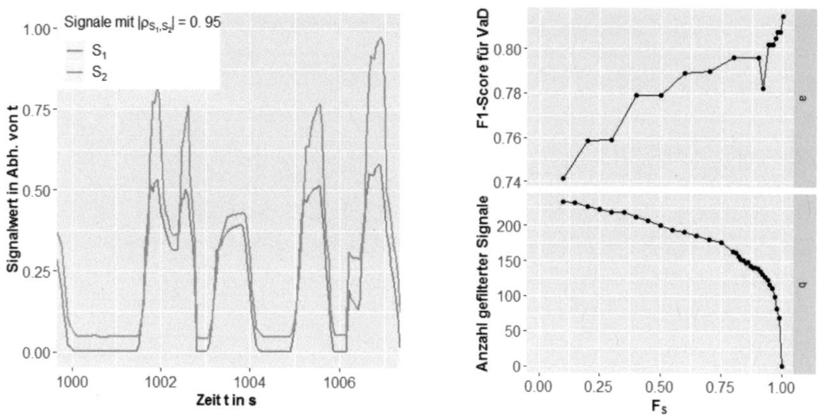

Abbildung 6: links: Zeitlicher Verlauf „ähnlicher" Signale; rechts: (a) F_1-Score in Abh. von F_S für VaD (statisches BN und unveränderte Diskretisierung), (b) Anzahl gefilterter Signale in Abhängigkeit von F_S

Diskretisierung

Die Diskretisierung der Signale erfolgte gemäß Abschnitt 2.3. Jedes Signal erhielt m_i Intervalle, wobei m_i möglichst klein gewählt ist und

$$gI(m_i)|_{X_i} \geq q \cdot gI(K)|_{X_i} \quad (6)$$

mit $q = 0.95$ gilt. Abbildung 7 links verdeutlicht den Verlauf $gI(k)|_{X_1}$ für eine Größe X_1. Daraus wird ersichtlich, dass mit Bedingung (6) noch genügend Informationsgehalt vorhanden ist. Gleichzeitig wird die Anzahl an Intervallen gegenüber dem Initialwert von 50 erheblich gesenkt, sodass eine zu hohe Anzahl an Parametern vermieden wird. Wird die Anzahl der Parameter zu hoch benötigt das BN mehr Speicherplatz und das BN neigt zur Überanpassung auf den Trainingsdatensatz. Abbildung 7 rechts zeigt inwieweit q die Anzahl der Parameter von G beeinflusst, wenn der Graph G nur aus der binären Zielgröße Y und lediglich drei weiteren Größen von $\boldsymbol{D}$ besteht. Bei $q \approx 1$ sind mehr als $100\ k$ Parameter zu erkennen. Da $\boldsymbol{D}$ insgesamt aus ca. $108\ k$ Beobachtungen besteht, wären in diesem Fall keine aussagekräftigen Parameter bzw. bedingte Wahrscheinlichkeiten zu erwarten.

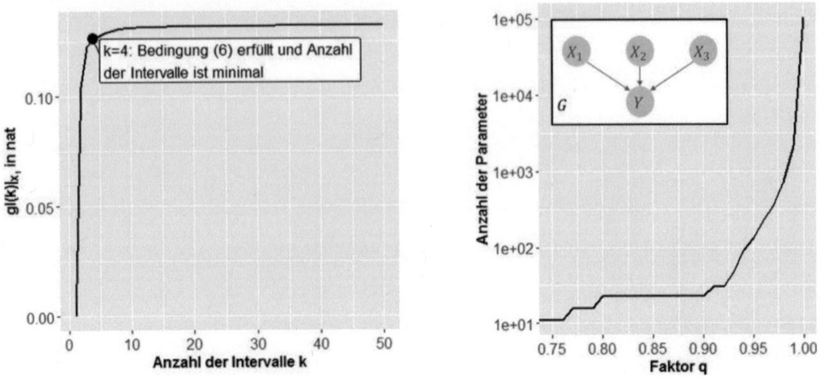

Abbildung 7: links: Gesamte Paarweise Transinformation $gI(k)|_{X_1}$ zwischen X_1 und der Zielgröße Y; rechts: Einfluss des Faktors q auf die Anzahl der Parameter von G

Strukturlernen

Nach Abschluss der Diskretisierung kann die Struktur des BNs erlernt werden. Mit einer Zielgröße ist die Anwendung von LHC (s. Abschnitt 2.2.4) angebracht. Da es sich im Datensatz um Zeitserien handelt, ist der Einsatz eines dynamischen BNs r-ter Ordnung naheliegend. Der Ablauf des Lernprozesses bleibt hiervon nahezu unberührt, lediglich die vorhandenen Größen des Datensatzes VE erhalten einen zeitlichen Bezug ($X_{i,k}$) und werden ergänzt durch die Größen $X_{i,k-v}$, mit $v = 1, 2, \dots, r$. Infolge entsteht ein neuer Datensatz $\boldsymbol{D}^*$. Jede Abtastung von $\boldsymbol{D}^*$ repräsentiert ein Fenster eines gleitenden Fensters, welches sich über den Datensatz mit der Fenstergröße $r + 1$ und der Schrittweite eins bewegt.

Aus den Resultaten der Prädiktion einer VE für den Validierungsdatensatz mit verschiedenen BNs (unveränderte Diskretisierung und Filterung) ergeben sich die Ordnung des BNs sowie die angewendete Score-Funktion. Die gemittelten Ergebnisse der Variation sind in Abbildung 8 zu sehen. Daraus geht hervor, dass ein BN 10-ter Ordnung ausreichend ist, da mit zunehmender Ordnung keine nennenswerte Verbesserung des F_1-Scores erzielt wird. Weiterhin kann der BIC als geeignetster Score für das Strukturlernen entnommen werden. Allerdings sind die Unterschiede in den Verläufen der Scores marginal und unterliegen leichten Schwankungen in den Trends, weil das Strukturlernen beim LHC einem gewissen Zufall unterliegt. Der Zufall resultiert aus der in Abschnitt 2.4.2 geschilderten Strategie einem lokalen Optimum zu entkommen.

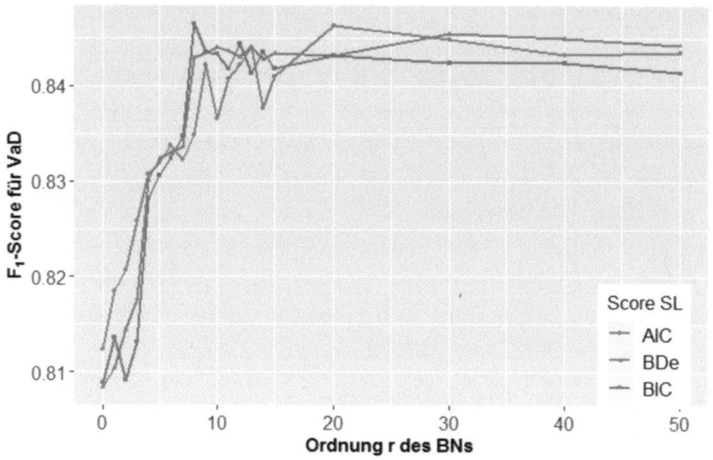

Abbildung 8: Ergebnisse der Variation der Ordnung des BNs und des Scores für das Strukturlernen

Zusammengefasst liegt folgende Parametrisierung für aBM vor:

- $F_s = 0.95$ für den Filter,
- Diskretisierung unter Bedingung (6) und minimaler Anzahl diskreter Intervalle für alle Größen,
- ein dynamisches BN 10-ter Ordnung,
- BIC als Score-Funktion für das Strukturlernen des BNs.

Diese Konfiguration von aBM und eine Auswahl weiterer Vergleichsalgorithmen werden hinsichtlich ihrer Leistungsfähigkeit bewertet. Zuvor erfolgt eine kurze Vorstellung der Vergleichsalgorithmen.

3.4 Vergleichsalgorithmen

Für die Gegenüberstellung wurden andere Algorithmen aus dem Bereich des MLs gewählt. Dabei kann Bezug auf die Veröffentlichung von Wolf et al. [7] genommen werden, da derselbe Flottenversuch die Datengrundlage für die Erkennung einer VE bereitstellt. Verwendet wurden u. a. der *Linear Support Vector Classifier* (L-SVC), die *Logistische Regression* (LR), der *Random Forest* (RF) und *DADN* (Deep Automotive Diagnostics Network). Letzteres ist die Kombination aus einem *Convolutional NN* und einem *Long Short-Term Memory NN*. *DADN* operiert auf den Rohdaten der Signale des gleitenden Fensters. Hingegen *RF* und *L-SVC* lernen auf der Basis transformierter Signale, die aus der Hauptkomponentenanalyse aller Zeitfenster des Trainingsdatensatzes hervorgehen. Nähere Informationen zu den Vergleichsalgorithmen können [7] entnommen werden.

3.5 Testumgebung

Die Implementierung und Erprobung von aBM erfolgte auf einem Rechner mit folgender Ausstattung: zwei Rechenkernen mit je 2.6 GHz Taktung (Intel Core i5-3320M), 8 GByte DDR3 Arbeitsspeicher und Windows 7 als Betriebssystem. Der Quellcode ist in der Programmiersprache R unter der Version 3.5.1 verfasst. Grundlage der Algorithmen *HC*, *LHC* und *MLE* ist die R-Bibliothek *bnlearn* [14, 15].

3.6 Ergebnisse und Potenziale

Der angestellte Vergleich für die verschiedenen Diagnosemodelle (*aBM*, *DADN*, *L-SVC*, *RF*, *LR*) beruht auf den gestellten Anforderungen an ein DM (Kapitel 1.2). Ganz wesentlichen Einfluss auf die Beurteilung haben demnach die Präzision der Prädiktion und die Nachvollziehbarkeit der Diagnose.

Präzision

Die Präzision wird mittels F_1-Sore (s. Gleichung (5)) für den Testdatensatz TeD quantifiziert. Zusätzlich sind für eine detailliertere Betrachtung die Relevanz und die Sensitivität für das Auftreten (*Y = True*) und das Ausbleiben (*Y = False*) einer VE aufgeführt. Die Effizienz Eff, die das Verhältnis aus durchgeführten Prädiktionen zu allen Beobachtungen von TeD darstellt, ist als Unterscheidungskriterium von aBM* im Vergleich zu den restlichen Algorithmen angegeben. Dabei ist *aBM** dasselbe Diagnosemodell wie *aBM*. Jedoch werden für *aBM** nur Prädiktionen zugelassen, die mit einer Wahrscheinlichkeit größer als 0.85 getroffen wurden. Dadurch nimmt die Effizienz ab. Hingegen ist für die Präzision ein Anstieg zu erwarten. Die ermittelten Resultate sind in Tabelle 1 zusammengetragen. Die Effizienz ausgenommen haben die eingetragenen Werte ihren Ursprung in [7] und wurden, um *aBM* sowie *aBM** ergänzt.

		DADN	RF	LR	L-SVC	aBM	aBM*
F_1-*Score*$_{TeD}$		0.90	0.79	0.85	0.84	0.85	**0.93**
Effizienz		**1.00**	**1.00**	**1.00**	**1.00**	**1.00**	0.65
Relevanz	*Y = True*	0.76	0.57	0.66	0.64	0.66	**0.88**
	Y = False	**0.95**	0.88	0.93	0.94	0.88	0.94
Sensitivität	*Y = True*	**0.85**	0.67	0.82	0.83	0.66	0.58
	Y = False	0.91	0.83	0.85	0.84	0.93	**0.99**

Tabelle 1: Übersicht des Vergleichs der verschiedenen Diagnosemodelle für den Testdatensatz

Aus Tabelle 1 geht hervor, dass DADN die weiteren Ansätze im Punkt Präzision dominiert, wenn der vollständige Testdatensatz ($Eff = 1$) prädiziert wird. Das liegt an dem geschickten Zusammenspiel von CNN und LSTM. Dies befähigt DADN selbst in längeren Zeitserien charakteristische Muster für die Prädiktion zu erkennen. Das Prädiktionsvermögen von LR, L-SVC und aBM ist in Bezug auf den F_1-Score nur geringfügig verschieden. Im Detail sind LR und L-SVC bezüglich der Sensitivität von *Y = True* dem Vorgehen mit aBM überlegen. Für die Sensitivität von *Y = False* stellt aBM wiederum den Bestwert aller Verfahren mit $Eff = 1$. Lediglich RF unterliegt im Großteil der Kriterien immer. Die Resultate von aBM* sind wie erwartet gegenüber aBM stark verbessert. Da nur die „sicheren" Entscheidungen getroffen werden, entfallen viele der zuvor fehlerhaften Prädiktionen zu Lasten der Effizienz.

Sollte für die Prädiktion eines der Eingangssignale temporär oder dauerhaft nicht verfügbar sein, kann nur das BN von aBM weiterhin genutzt werden. Je nach Signifikanz des fehlenden Signals ist die Präzision der Prädiktion hiervon beeinträchtigt.

Außer der Erkennung einer VE, sind die ursächlichen Muster von Interesse. Im Gegensatz zu den restlichen Methoden ist dasselbe BN in der Lage die Wahrscheinlichkeiten $P(X_i|Y = True)$ zu bestimmen. Damit dient es sowohl der Erkennung einer VE als auch der Ergründung ihrer Ursachen.

Nachvollziehbarkeit

Durch die Verwendung eines Bayes-Netzes ist die Nachvollziehbarkeit der Prädiktionen von aBM mit der Darstellung als Graph unmittelbar gegeben. Darin sind die Größen mit signifikantem Einfluss auf das Eintreten einer VE direkt ersichtlich, wodurch das Systemverständnis vertieft wird.

Ferner ist die Inferenz, die zu einer Prädiktion führt, durch die vorliegenden Wahrscheinlichkeiten intuitiv verständlich. Prinzipiell kann die LR anhand einer Analyse der Regressionskoeffizienten die Einflussgrößen der Prädiktion ebenfalls aufzeigen. Weil es sich in dem Fall um aggregierte Größen einer Hauptkomponentenanalyse handelt, haben sie keinerlei physikalische Bedeutung, womit die Interpretierbarkeit dieser Signale nicht gegeben ist. Des Weiteren kann eine LR keine Zusammenhänge zwischen den Eingangsgrößen abbilden. Hingegen beinhaltet ein BN auf Basis des HCs potentiell sämtliche azyklische Systemzusammenhänge. Der RF besteht aus mehreren Entscheidungsbäumen, die jeder für sich eine nachvollziehbare graphische Struktur besitzen. Da die Prädiktion des RFs auf der mehrheitlichen Prädiktion der enthaltenen Entscheidungsbäume basiert, muss demnach eine große Menge an Entscheidungsbäumen eingesehen werden. In Anbetracht der Vielzahl an Entscheidungsbäumen ist das nicht realistisch. Erschwerend kommt auch hier die vorherige Hauptkomponentenanalyse hinzu. Die Algorithmen DADN und L-SVC sind ohne weitere Bestrebungen in ihrem Zuweisungsvorgang nicht nachvollziehbar. Sie agieren aus Sicht des Anwenders wie eine Blackbox.

Anpassbarkeit und Integration von Diagnosewissen aus weiteren Quellen

Gegebenenfalls muss das Diagnosemodell um neue Komponenten, Signale, Fehler-, Wissensquellen oder andere Rahmenbedingungen erweitert werden. Diese Möglichkeit besteht unter Verwendung von aBM. Die bereits erlernte Struktur des BNs kann teilweise oder komplett als Ausgangsgraph für das Strukturlernen an HC oder LHC übergeben werden. Auf dieser Grundlage wird ein neuer Graph berechnet, der die hinzugefügte Größe integriert. Den übrigen Verfahren der Gegenüberstellung bleibt nur das erneute Lernen des kompletten DMs.

Aufgrund der sehr guten Nachvollziehbarkeit eines BNs, ist das Einbeziehen von Expertenwissen unproblematisch. Der Experte kann mit seiner Erfahrung die erfassten

Zusammenhänge des BNs beurteilen und gegebenenfalls gezielt in die Struktur des Graphen eingreifen. Das anschließende Parameterlernen stellt ein Update der Wahrscheinlichkeiten sicher, bevor die Validierung die Wirksamkeit des Eingriffs prüft. Ein derartiges Vorgehen ist, aufgrund der Blackbox-Charakteristik oder Hauptkomponentenanalyse, für die anderen Verfahren ausgeschlossen.

4 Zusammenfassung und Ausblick

Dieser Beitrag stellt mit aBM ein neuartiges Gesamtkonzept zur automatisierten Erstellung eines Diagnosemodells auf Basis von Bayes-Netzen vor. Hierfür wird zu Beginn über die veränderten Herausforderungen und Möglichkeiten der Fahrzeugdiagnose die Notwendigkeit eines automatisiert erstellten Diagnosemodells motiviert. Die darauffolgenden Anforderungen an ein Diagnosemodell legen den Einsatz von datengetriebenen Verfahren nahe. Eine Recherche zu bereits vorhandenen datengetriebenen Ansätzen offenbart deren Schwachstellen, die durch das Bayes-Netz als Kernelement von aBM kompensiert werden sollen. Die darauffolgenden Schilderungen erläutern detailliert die Bestandteile von aBM und wesentliche Grundlagen eines BNs. Der Nachweis der Leistungsfähigkeit von aBM wird für ein reales Szenario der Fahrzeugdiagnose erbracht. Es zeigt sich, dass die Präzision der Prädiktion von aBM in der Lage ist mit ähnlichen Verfahren aus dem Bereich des maschinellen Lernens mitzuhalten. Gegenüber den Vergleichsalgorithmen besitzt das BN ein hohes Maß an Transparenz. Die damit eihergehende Nachvollziehbarkeit und Möglichkeit zur selektiven Adaption ist von den Vergleichsalgorithmen unerreicht. Somit stellt aBM eine vielversprechende Alternative zu bisherigen Methoden der Fahrzeugdiagnose dar, die weitere vertiefende Forschungsbemühungen rechtfertigt.

Konkret sollte ein neuer Bestandteil für aBM in Erwägung gezogen werden, der unausgewogenen Datensätze behandelt. In der Fahrzeugdiagnose ist davon auszugehen, dass Fehlerfälle selten auftreten. Dadurch überwiegen in den Datensätzen meist die Normalfälle gegenüber den Fehlerfällen. Datengetriebene Methoden neigen infolge bei der Prädiktion tendenziell eher zu den Normalfällen. Um dem zu begegnen existieren verschieden Techniken (Oversampling, Undersampling, ...), die als fester Bestandteil von aBM etabliert werden könnten.

Weiterhin erscheint ein intelligenterer Filter erstrebenswert. Derzeit verfolgt er die Verbesserung der Laufzeit des Strukturlernens durch ein Entfernen redundanter Informationen. Perspektivisch könnte er zusätzlich den Datensatz von irrelevanten Informationen bereinigen. Denkbar wäre z. B. ein Wrapper-Ansatz.

Die darauffolgende Diskretisierung geschieht ohne Berücksichtigung des zeitlichen Bezugs von dem dynamischen Bayes-Netz. Sie hat jedoch maßgeblichen Einfluss auf die Präzision der Prädiktion. Daher gibt es aktuell Bestrebungen die Diskretisierung in das Strukturlernen einzubeziehen [10].

Für das Strukturlernen selbst können weitere Algorithmen erforscht werden, die womöglich effizienter Strukturen mit einem höheren Score finden. Vielversprechend erscheint die Verknüpfung lokaler Strukturen nach Scanagatta [16].

Literatur

[1] P. Wolf et al., “Diagnose in vernetzten Fahrzeugsystemen – Eine Technologieanalyse“, Diagnose in mechatronischen Fahrzeugsystemen XI, Dresden, S.255-273, 2017

[2] A. Nuhic et al., “Health diagnosis and remaining useful life prognostics of lithium-ion batteries using data-driven methods”, Journal of Power Sources, Band: 239, S.680-688, 2013

[3] S. M. Namburu et al., “Application of an Effective Data-Driven Approach to Real-time time Fault Diagnosis in Automotive Engines“, IEEE Aerospace Conference, Big Sky, S.1-9, 2007

[4] R. Jegadeeshwaran et al., “Fault diagnosis of automobile hydraulic brake system using statistical features and support vector machines”, Mechanical Systems and Signal Processing, Band: 52-53, S.436-446, 2015

[5] C. Sankavaram, “Fault Diagnosis in Hybrid Electric Vehicle Regenerative Braking System”, IEEE Access, S.1225-1239, 2014

[6] T.C. Müller, “Neuronale Modelle zur Offboard-Diagnostik in komplexen Fahrzeugsystemen”, unv. Dissertation, Technische Universität Braunschweig, 2011

[7] P. Wolf et al., “Pre-ignition Detection Using Deep Neural Networks: A Step Towards Data-driven Automotive Diagnostics”, 21. ITSC, Maui, S.176-183, 2018

[8] W. Guo, “A novel fault diagnosis for vehicles based on time-varied Bayesian network modeling”, 23. CCDC, Mianyang, 2011

[9] Harel, “Multiple Imputation for Incomplete Data in Epidemiologic Studies“, American Journal of Epidemiology, Band: 187, S.576-584, 2017

[10] Y. Chen, “Learning discrete Bayesian networks from continuous data”, Journal of Artificial Intelligence Research, Band: 59, S.103-132, 2017

[11] A. Hartemink, “Principled computational methods for the validation discovery of genetic regulatory networks”, PhD Thesis, MIT, 2001, S.91-100

[12] R. Nagarajan et al., „Bayesian Networks in R with Applications in Systems Biology “, Springer, New York, 2013

[13] D. Koller et al., “Probabilistic graphical models: principles and techniques”, S.786-790, MIT Press, 2009

[14] M. Scutari, “bnlearn - an R package for Bayesian network learning and inference”, online unter URL: http://www.bnlearn.com/documentation/man/impute.html, [Stand 10.03.2019]

[15] M. Scutari, “Learning Bayesian networks with the bnlearn R package”, S.1-22, Journal of Statistical Software, 2010

[16] M. Scanagatta, “Advancements in Bayesian network structure learning”, PhD Thesis, Università della Svizzera Italiana, 2018

5 OTX (Open Test sequence eXchange format) in der Praxis: Produktive Nutzung in Entwicklung, Produktion, Vertrieb und im Fahrzeug

Sven Conradi, **Thomas Falschebner**, Dr. Ing. h. c. F. Porsche AG, Weissach

Abstract

As part of the product development process of motor vehicles, electronic control units and their operating software are installed and updated in repair shops and various production plants. During the customer support process, software updates are performed over-the-air in front of the customer by central control units in the vehicle. As a result, ECUs have to be configured and put into operation. In addition, data collection and remote repair services are offered to the customer.

For all these tasks, diagnostic procedures with a very high degree of coverage for functional requirements have been implemented independently by different departments of the company. These departments use different technical solutions, which are not at all compatible with each other. This not only leads to redundant multiple developments, but also to the loss of knowledge across department borders. The result is a significantly increased effort for development and validation of diagnostic procedures for all involved departments.

To meet these challenges, Porsche has implemented a cross-departmental solution based on OTX technology. The OTX tool chain and processes were established, which enable the use of identical, centrally created OTX modules by all departments of the company. Among other things, the new Porsche 911 will be put into operation and tested in production with OTX modules.

This article presents the implemented OTX strategies and their advantages. Furthermore, technical and organizational solutions established at Porsche based on ISO-compliant standard components in on- and off-board usage are presented.

Kurzfassung

Im Rahmen des Produktentstehungsprozesses moderner Kraftfahrzeuge werden Steuergeräte und deren Betriebssoftware unter Anderem in (Entwicklungs-) Werkstätten sowie unterschiedlichen Produktionswerken installiert oder aktualisiert. Beim Kundenbetreuungsprozesses werden Software-Aktualisierungen sogar Over-the-Air vor

Kunde durch zentrale Steuergeräte im Fahrzeug durchgeführt. In Folge dessen müssen Steuergeräte konfiguriert und in Betrieb genommen werden. Darüber hinaus werden dem Kunden Datensammel- und Remote Reparaturdienste angeboten.

Für all diese Umfänge wurden bisher in verschiedenen Unternehmensbereichen unabhängig voneinander Diagnose-Abläufe mit einem sehr hohen Überdeckungsgrad funktionaler Anforderungen implementiert. Die Organisationseinheiten greifen dabei auf unterschiedlichste Lösungen zurück, welche untereinander nur eingeschränkt oder gar nicht kompatibel sind. Dadurch entstehen nicht nur redundante Mehrfachentwicklungen, sondern es geht auch gewonnenes Wissen über Bereichsgrenzen hinweg verloren. Die Folge ist ein deutlich erhöhter Aufwand zur Entwicklung und Absicherung der Diagnose-Abläufe für alle involvierten Unternehmensbereiche.

Porsche hat zur Bewältigung dieser Herausforderungen eine ressortübergreifende Lösung umgesetzt, welche gesamtheitlich auf der OTX-Technologie basiert. Es wurden OTX-Toolkette und Prozesse etabliert, welche die Nutzung der identischen, zentral erstellten OTX-Abläufe über alle Unternehmensbereiche ermöglicht. Unter anderem wird der neue 911 in der Produktion mit OTX-Abläufen in Betrieb genommen und geprüft.

Dieser Beitrag stellt die umgesetzten OTX-Strategien und deren Vorteile dar. Des Weiteren werden technische und organisatorische Lösungen der bei Porsche etablierten Lösung auf Basis ISO-konformer Standardkomponenten im On- und Offboardeinsatz dargestellt.

1 Fahrzeugdiagnose in der Praxis

Die Fahrzeugdiagnose deckt bei Porsche ein sehr breites Spektrum von Anwendungsgebieten ab und trägt maßgeblich zur Entwicklung, Produktion und Kundenbetreuung der Fahrzeuge bei. Durch die verteilten Standorte der Unternehmensbereiche und den darin teilweise autarken Organisationseinheiten duplizieren sich Handlungsfelder für die Fahrzeugdiagnose.

Zur finalen Anwendung der Diagnose am Fahrzeug ist es notwendig, mehrere Datenobjekte zu entwickeln, abzusichern und bereitzustellen. Folgende Darstellung verdeutlicht diesen allgemeingültigen Diagnose-Entwicklungsprozess:

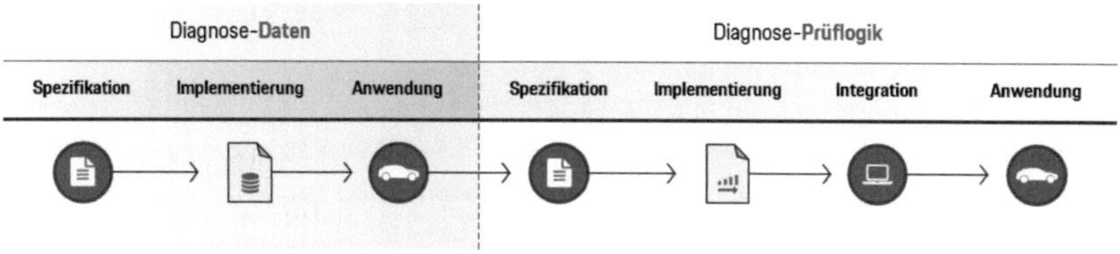

Abbildung 1: Allgemeingültiger Diagnose-Entwicklungsprozess

Grundsätzlich lassen sich die notwendigen Datenobjekte in die zwei Domänen Daten und Prüflogik unterteilen. Für Diagnose-Daten hat sich das Format ODX mittlerweile etabliert und ist auch bei Porsche bereichsübergreifend im Einsatz. Diese Diagnose-Daten beschreiben die diagnostischen Zugriffsmöglichkeiten der Fahrzeuge. Auf Basis dieser Daten kann im Rahmen nachgelagerter Prozessschritte die Prüflogik entwickelt werden, welche die Diagnose-Daten zur Kommunikation mit dem Fahrzeug verwenden. Diese Prüflogik wird dann durch diverse Diagnose-Tools im Rahmen deren Anwendung ausgeführt. Dieser Gesamtprozess wird mehrfach über den Produktentstehungsprozess hinweg im Rahmen von prozessual definierten Regelschleifen iteriert.

2 Prozessuale Integration von OTX

Die zuvor beschriebene Prüflogik ist in vielen eingesetzten Tools, analog den Diagnose-Daten, in Form von Diagnose-Abläufen ebenfalls datengetrieben. Neben dem Kontext der Steuergeräte-Inbetriebnahmen sind auch für Over-the-Air Diagnose-Anwendungen Abläufe ein zentraler Bestandteil der Prüflogik-Implementierung.

Durch heterogene Toollandschaften zwischen den verschiedenen Unternehmensbereichen werden individuell und unabhängig voneinander Diagnose-Abläufe entwickelt. Die zugrundeliegenden Anwendungsfälle und Vorgaben der Ablaufinhalte sind zu großen Teilen komplett oder mindestens partiell identisch. Diese sind zwischen den verschiedenen Tools aufgrund unterschiedlicher Technologien, Konzepte und anderen Faktoren gar nicht oder nur eingeschränkt austauschbar. Folgende Abbildung verdeutlicht diese Situation:

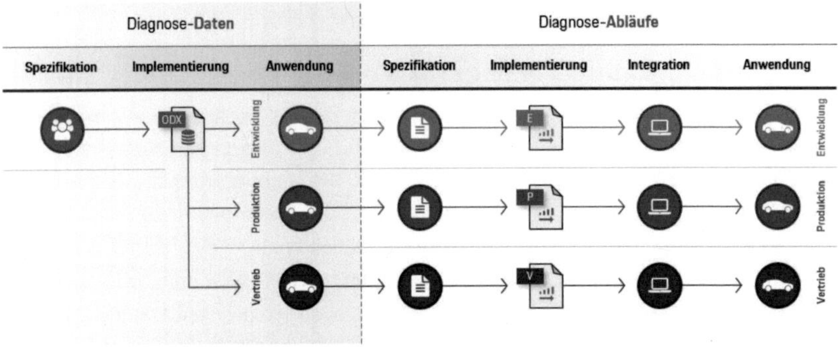

Abbildung 2: Diagnose-Entwicklungsprozess ohne OTX

Aus der Darstellung geht deutlich hervor, dass Optimierungspotentiale hinsichtlich der bereichsübergreifenden Zusammenarbeit bei der Entwicklung von Diagnose-Abläufen bestehen. Es finden beispielsweise redundante Mehrfachentwicklungen statt und es ist nicht sichergestellt, dass Ergebnisse und Erkenntnisse aus der Entwicklung in Produktion und Vertrieb überführt werden.

Die Diagnose-Daten werden bereits im ISO-standardisierten Format ODX zentral entwickelt und für die verschiedenen Unternehmensbereiche zum Einsatz bereitgestellt.

Diese Herangehensweise hat sich im Rahmen der letzten Jahre durch eine merkliche Prozessoptimierung bestätigt.

Das ISO-standardisierte Format OTX soll nun für die Diagnose-Abläufe verwendet werden, um auch in dieser Domäne Synergien zu generieren. Folgende Abbildung verdeutlicht dies:

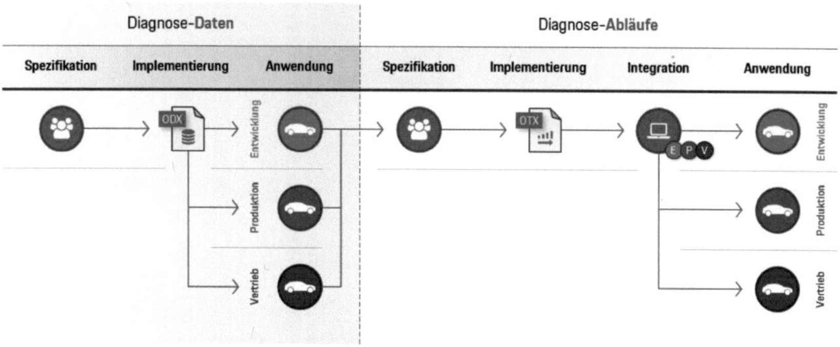

Abbildung 3: Diagnose-Entwicklungsprozess mit OTX

Zur Sicherstellung der benötigten Funktionsumfänge der zentral entwickelten OTX-Abläufe in allen Zielumgebungen müssen Anforderungen der verschiedenen Unternehmensbereiche vor der Implementierung spezifiziert werden. Nach der Bereitstellung der implementierten Abläufe auf Basis aller Anforderungen werden diese dann bezüglich den Prüfsystem-Schnittstellen im Rahmen einer zentral organisierten Integrationsklausur abgesichert.

3 Technische Integration von OTX

3.1 OTX als Datenformat

Ein weiteres technisches Ziel von OTX bei Porsche ist die Verwendung als prozessübergreifendes Single-Source-Format. Folgende Abbildung verdeutlicht dies:

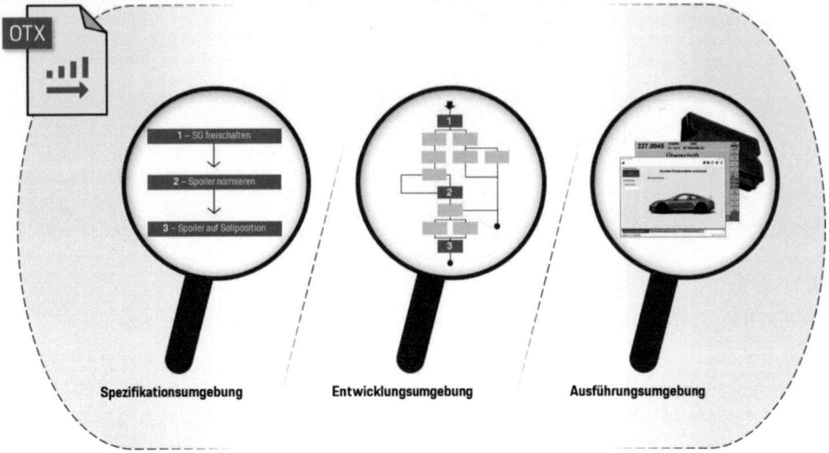

Abbildung 4: OTX als prozessschrittübergreifendes Single-Source-Format

Mit dem Single-Source-Prinzip werden die Anforderungen an die Implementierung der Diagnose-Abläufe direkt im Format OTX abgelegt. Eine speziell dafür entwickelte Spezifikationsumgebung reduziert das für einen Spezifizierer komplexe OTX-Datenmodell auf die relevanten Anteile für die Spezifikation. Diese werden hauptsächlich in OTX-Compound-Nodes abgelegt.

Nachträglich werden diese Compound-Nodes, welche funktionale Anforderungen, aber keine funktionalen Umfänge enthalten, dann ausimplementiert, sodass die OTX-Abläufe laufzeitfähig werden. Dieser Prozessschritt wird durch Implementierer mit detailliertem Implementierungs-Know-How durchgeführt.

Die eigentlichen Vorteile von Single-Source entstehen im Rahmen der Erkenntnisgewinnung und dem Rückfluss der Informationen. Im Rahmen von Erstinbetriebnahmen der OTX-Abläufe mit den entsprechend verantwortlichen Personen (unter Anderem insbesondere den Spezifizierern) werden in der Praxis sehr häufig Änderungsanforderungen an die OTX-Abläufe identifiziert. Diese können direkt in den OTX-Abläufen vorgenommen und gemeinsam verifiziert werden. Hat dies Auswirkungen auf die spezifikationsrelevanten Umfänge in den OTX-Abläufen wird dies sofort für alle Projektbeteiligten transparent und kann bestätigt werden.

Durch die Beseitigung des Medienbruchs zwischen Spezifikation und Implementierung ist somit zu jedem Zeitpunkt sichergestellt, dass die aktuelle Spezifikation auch umgesetzt ist und deren funktionale Implementierung ausgeführt wird.

Im Falle eines vorhandenen Medienbruchs lässt sich häufig das Verhalten beobachten, dass die einmalig erstellten Spezifikationen im Nachgang nicht mehr überarbeitet werden und die Implementierung langfristig von dieser abweicht. Besonders die immer kürzer werdenden Entwicklungsprozesse und steigenden Mitarbeiterzahlen von Automobilherstellern machen diese Herausforderung des Informationsrückflusses in die Spezifikation größer.

3.2 Integration von OTX in bestehende Diagnose-Tools

Zur Ausführbarkeit von Diagnose-Abläufen im Format OTX muss eine entsprechende Laufzeitumgebung in die bestehenden Diagnose-Tools integriert werden. Die folgende Abbildung stellt diese Integration schematisch dar:

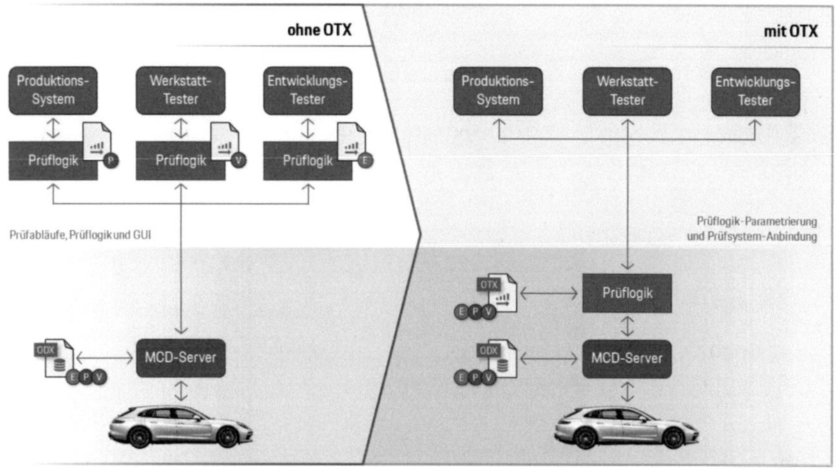

Abbildung 5: Integration von OTX in bestehende Diagnose-Tools

Bestehende Prüfsysteme haben bereits einen MCD-Server zur Verarbeitung von ODX Diagnose-Daten integriert. Die bestehende proprietäre Prüflogik verwendet dieses Software-Modul zur Diagnose-Kommunikation mit Steuergeräten in Fahrzeugen und anderen Testaufbauten.

Mit der Integration von OTX wird das Abstraktionsniveau im gesamten Diagnose Tool-Stack zusätzlich um die Prüflogik abstrahiert. Diese Prüflogik im Format OTX wird dann durch ein einheitliches Software-Modul verarbeitet, welches durch die bestehenden Tools angebunden wird. An dieser technischen Schnittstelle steigt das Abstraktionsniveau und umfasst insbesondere die durch diverse OTX-Extensions ISO-standardisierten und schnittstellenrelevanten Umfänge. [1], [2]

Die schnittstellenrelevanten OTX-Umfänge sind insbesondere:

- Prozedur-Parameter zur individuellen Vorgabe des Ablauf-Verhaltens und Rückgabe von Einzel-Ergebniswerten
- Context-Variablen zur Umgebungswert-Vorgabe
- State-Variablen zur Informationsausgabe zur Laufzeit
- Test-Result-Handling-Umfänge zur strukturierten Ergebnisablage
- Screen-Signaturen und Dialog (HMI-Extension) zur Anwender-Interaktion
- Device-Signaturen für den Zugriff auf externe Systeme und Software-Module

Folgende Darstellung stellt die relevanten Schnittstellen eines OTX-Ablaufs nach außen schematisch dar:

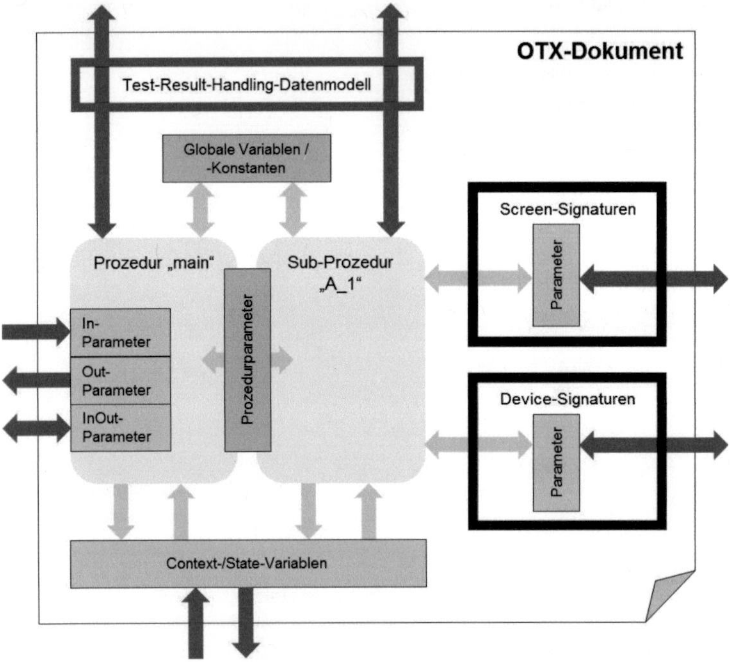

Abbildung 6: Schnittstellenrelevante Objekte eines OTX-Ablaufs

3.3 Sicherstellung der Austauschbarkeit von OTX-Abläufen

Aufgrund unterschiedlicher Rahmenbedingungen der jeweiligen Unternehmensbereiche bestehen individuelle Anforderungen an die übergeordnete Ablaufsteuerung. Aus diesem Grund müssen die OTX-Abläufe eine zielführende Granularität besitzen. Basis zur Festlegung der Granularität ist, dass jedes OTX-Modul eigenständig eine definierte Aufgabe ohne Abhängigkeiten zu anderen Modulen implementieren muss.

Folgende Abbildung zeigt am Beispiel einer Steuergeräte Inbetriebnahme eine mögliche Modularisierung:

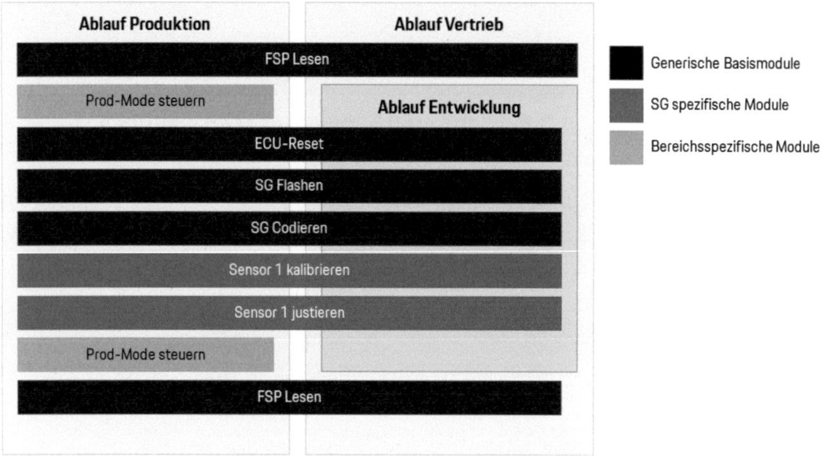

Abbildung 7: OTX-Ablauf-Modularisierung

Die austauschbaren OTX-Module lassen sich grundsätzlich folgende drei Arten differenzieren:

- Die generischen Basismodule werden steuergeräte- und bereichsübergreifend bereitgestellt und zur Verwendung für ein bestimmtes Steuergerät individuell parametriert und angebunden.
- Die steuergerätespezifischen Module werden bereichsübergreifend verwendet, beinhalten aber für dieses Steuergerät spezifische Implementierungen, welche auch nur im Kontext dieses Steuergerätes bereitgestellt werden.
- Die bereichsspezifischen Module werden nur in bestimmten Bereichen eingesetzt und sind auch teilweise gar nicht übergreifend verwendbar, da Funktionen nur bereichsspezifisch freigeschaltet sind. Auch sie werden im Kontext des Steuergerätes bereitgestellt, aber nur in einzelnen Bereichen verwendet.

Nicht nur OTX-Abläufe müssen zur Austauschbarkeit eine zielführende Granularität haben, sondern auch die OTX-Datenobjekte. Diese zentral erstellten Umfänge dürfen daher nur die gemeinsame Übermenge an funktionalen Inhalten transportieren. Die folgende Abbildung verdeutlicht die Abgrenzung des austauschbaren Umfangs:

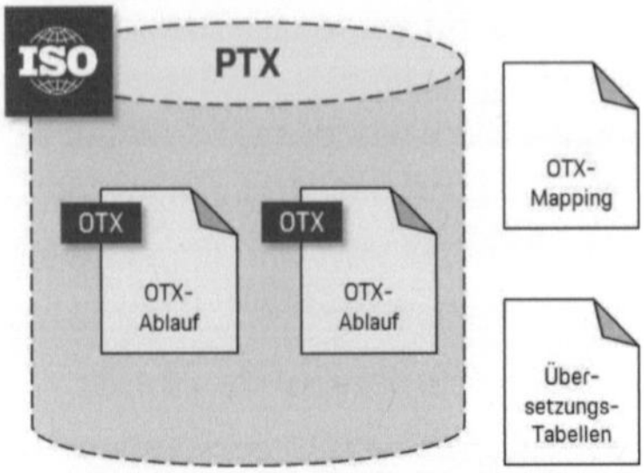

Abbildung 8: OTX-Datenobjekte

Lediglich die ISO-standardisierten OTX-Dateien werden in einem PTX (Packed OTX) bereitgestellt und verteilt. Dieses PTX enthält qualifizierte und abgesicherte Prüflogik.

Nicht ausgetauscht werden die Datenobjekte, welche neben den OTX-Abläufen an sich notwendig sind, damit die OTX-Abläufe vollumfänglich in der Zielumgebung ausführbar sind. Diese Umfänge bestehen aus:

- OTX-Mapping zur Anbindung der Laufzeit-Schnittstellen eines OTX-Ablaufs an externe Systeme und Software-Module der Zielumgebung
- I18n-Übersetzungstabellen zur Vorgabe von durch den OTX-Ablauf generierten und ausgegebenen Texten

In der ISO13209 wird ebenfalls ein Software-Modul zur Anbindung externer Systeme in Form der domänenspezifischen Interface-Adapter aus Abbildung 9 beschrieben:

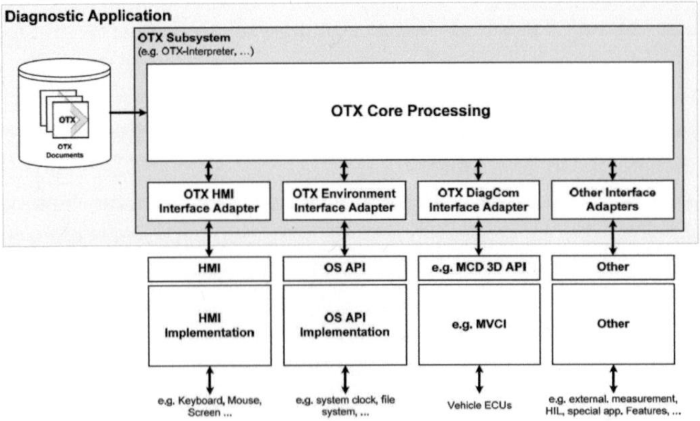

Abbildung 9: Anbindung von OTX-Abläufen an externe Systeme [1]

Die Abstraktionsschicht muss Teil der Adapter und damit auch des Software-Moduls zur OTX-Ablauf-Ausführung sein. Die Interface-Adapter binden den eigentlichen Ablauf an eine konkrete Software-Schnittstelle von externen Implementierungen an. Das

OTX-Mapping konfiguriert diese Interface-Adapter mit konkreten Inhalten, welche beispielsweise die HMI-Implementierung dann verarbeiten kann.

In folgender Abbildung wird dieses Konzept an einem konkreten Beispiel zur HMI-Abstraktion dargestellt:

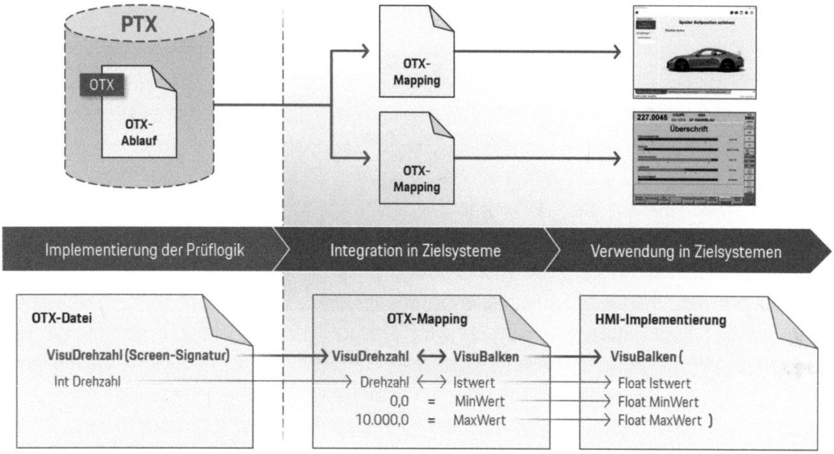

Abbildung 10: Beispiel zur OTX-Integration mittels OTX-Mapping

Der austauschbare OTX-Ablauf enthält lediglich die allgemeingültigen HMI-Umfänge aus Sicht der Prüflogik. In diesem Beispiel ist es die Drehzahl im HMI-Kontext.

Die tatsächliche Darstellung in den verschiedenen Zielsystemen weicht aufgrund unterschiedlicher Anforderungen stark voneinander ab. Daher unterscheiden sich auch die Schnittstellen der jeweiligen HMI-Implementierungen voneinander. Für jede Zielumgebung mit unterschiedlicher HMI-Implementierung muss es daher jeweils ein OTX-Mapping geben. Die konkreten Inhalte zur Visualisierung werden im OTX-Mapping zugewiesen. Dabei können Parameter teilweise statisch vorgegeben werden, aber auch dynamisch an Parameter des OTX-Ablaufs gebunden werden. Diese ändern sich dann zur Laufzeit, sodass für den Anwender die Drehzahl auf dem Bildschirm visualisiert und ständig aktualisiert wird.

Literatur

[1] ISO/TC 22/SC 3, “Road vehicles - Open Test sequence eXchange format (OTX)”, 2012

[2] ASAM e.V., “ASAM OTX: Expanded extensions interface definition”, 2017

6 Remote Engineering – Direkte und effiziente Fehleranalyse durch Experten der Fahrzeugdiagnose

Christian Weiner, Softing Automotive Electronics GmbH, München
Markus Steffelbauer, Softing Automotive Electronics GmbH, München

Kurzfassung

Die global verteilte Entwicklungsprozesslandschaft der OEMs und ihrer Zulieferer steht durch aktuelle technologische und legislative Herausforderungen vor enormen Herausforderungen. Die parallele Validierung und Freigabe von aus Entwicklungssicht vergangenen wie auch aktuellen und zukünftigen Fahrzeugplattformen mit entsprechenden Softwareständen unter Aufrechterhaltung wettbewerbsbedingter essentieller Innovationszielen fordert auch von der Tool- und Prozesslandschaft ein völlig neues Level an Flexibilität. Hierbei erfordern besonders sogenannte "Liegenbleiber" im gesamten Produktlebenszyklus eine besondere Aufmerksamkeit durch das Management. Solche Fälle können für Standardprobleme mit vertretbarem Testaufwand noch beherrscht werden, insbesondere sicherheitskritische oder abgasrelevante Sachverhalte führen jedoch schnell zu Produktions- oder Auslieferungsstopps. Durch diese zeitliche Sensibilisierung des Gesamtprozesses ist eine schnelle und direkte Fehleranalyse und Anpassung ein unabdingbares Hauptziel. Wie hierbei technische Lösungen der Diagnosesoftware und -hardware rund um die Standards ODX und OTX ihren Beitrag liefern können, soll im Kern in diesem Beitrag skizziert werden. Ein besonderer Schwerpunkt liegt hierbei auf dem Ausbau und der Nutzung des Entwicklungsnetzwerkes zur effektiven und effizienten Lösung von Fehlerfällen.

1 Effizienzansprüche bei wachsender Diversifikation

Nie stand das Produktportfolio eines Automobilherstellers so unter Druck wie in der aktuellen Dekade. Sowohl die Auffächerung der Antriebsforschung und -entwicklung als auch die zunehmenden funktionalen E/E-Umfänge sowie fortschreitende Vernetzungs- und Digitalisierungsansprüche sind nur ein paar Themen, die zu einer deutlich gestiegenen Anzahl und Komplexität von Testfällen führen. Zudem gibt es Faktoren, die verdeutlichen, dass der Produktlebenszyklus eines Fahrzeugs aufgrund verschiedenster IT-Teilsysteme zunehmend kürzer wird und deren Entwicklung einen agilen und dynamischen Ansatz erfordert [1].

Im Rahmen der vorhandenen globalen Entwicklungslandschaft (siehe Abbildung 1) mit kohärenten Prozessinseln und den dazugehörigen Toolketten sind Mechanismen gefragt, welche es ermöglichen, schnell und effizient neue Hard- und Softwarekonfigurationen zu prüfen. Dabei muss stets die Erfüllung gesetzlicher Normen sowohl bezüglich des Prozesses als auch der Dokumentation gewährleistet bleiben. Hierbei steht besonders das Verlangen nach Automatisierung im Vordergrund – ist jedoch im Hinblick auf den Entwicklungsgegenstand ‚Fahrzeug‘ nur eingeschränkt erreichbar.

Je nach Reifegrad des Prüflings ist das benötigte Expertenwissen und manuelles Handling entsprechend größer und damit zeit- und kostenintensiver. Die Inbetriebnahme von frühen Prüfaufbauten fordert teils den Transfer von Mensch und/oder Material. Das Gleiche kann auch im Ernstfall in den der Entwicklung nachgelagerten Bereichen erforderlich sein. Hierbei sind wiederum die Kenntnis und Voranalyse des Sachverhaltes unabdingbar, um gute Entscheidungen für entsprechende Maßnahmen zu treffen.

Durch diesen Bedarf erhält die Diagnose eine zentrale, aber auch kritische Rolle, da aufgrund der immanenten Fähigkeiten und dem vorhandenen Know-how eine effizienten Problemanalyse und -behebung erwartet wird.

Aufgrund der bereits geschilderten steigenden Anforderungen an die Effizienz entsteht unweigerlich der Maximalanspruch, die Diagnose jeder Zeit und von jedem Ort aus durchführen zu können – „Remote Engineering".

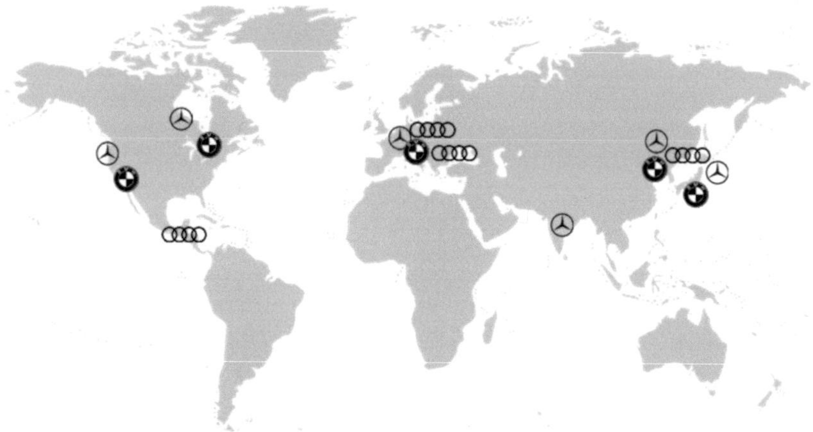

Abbildung 1: Grobe Darstellung der Hauptentwicklungsstandorte Daimler AG [2], BMW Group AG [3], Audi AG [4]

2 Anwendungsfälle und Technologien des Remote Engineering rund um die Diagnosekommunikation

Diesen Anspruch zu erreichen erfordert eine Vielzahl technischer Hilfsmittel und Lösungsansätze, um jedem Anwendungsfall gerecht zu werden. Wie solche Lösungen aussehen können und inwiefern die intelligente Verwendung der vorhandenen Standards zur Diagnosekommunikation hierbei eine Rolle spielen, wird im Folgenden skizziert. Hierfür werden zunächst relevante Anwendungsfälle im Bereich der Fahrzeugentwicklung sowie ihre Anforderungen an die Diagnosefunktion definiert. Hieraus abgeleitet ergeben sich eine Reihe von Grundanforderungen und Herausforderungen, welche durch die möglichen Ferndiagnoselösungen im Entwicklungsnetzwerk gemeistert werden müssen. Inwieweit aktuell diskutierte und teils implementierte Hilfsmittel hierfür geeignet sind und welche Lösung am besten zu welchem Anwendungsfall passt, rundet die Ausführung ab. Zu beachten ist, dass hier lediglich eine Best-Practice Betrachtung als „Enabler“ für Diagnose-Technologien im Remote Engineering gegeben wird, eine echte Lösung ist nur unter genauer Betrachtung der Randbedingungen im Projekt möglich.

2.1 Anwendungsfälle und ihre Anforderungen an die Diagnose

Die betrachteten Anwendungsfälle sind alle im Bereich der Teilsystem- und Fahrzeugvalidierung angesiedelt und setzen damit eine gewisse Integrationsstufe voraus. Die Auswahl ist dadurch begründet, dass entsprechende Aufbauten einen hohen Kostenfaktor im Bereich Logistik- und Transfer verursachen. Einzelne Komponenten und Steuergeräte sind deutlich leichter zu allokieren und damit ist nicht zwingend eine Dienstreise der Experten zur Validierung und Unterstützung der Fehleranalyse notwendig. Nichtsdestotrotz gibt es auch Anwendungen des Remote Engineering, welche diese Transferzeiten und Logistik der Einzelkomponenten signifikant verkürzen würden.

Anwendungsfall 1: Zugriff auf ein Testbrett

Sogenannte „Testbretter“ verfolgen unter anderem das Ziel, eine schnelle Testmöglichkeit zu bieten, um beispielsweise eine funktionierende Steuergeräteprogrammierung nachzuweisen. Des Weiteren werden Identifikationsdaten und die Fähigkeit zur Fehlerspeicher-Erfassung geprüft. Kurzum steht die Vorbereitung der Daten für nachfolgende Entwicklungsphasen sowohl für die Steuergerätesoftware selbst als auch die Diagnoseabläufe im Fokus. Dies ermöglicht, dass in den nachgelagerten Integrationsschritten bis zum Fahrzeug Probleme dieser Art vermieden werden können.

Anwendungsfall 2: Prüfstände

Prüfstände im Allgemeinen sind durch ihre zunehmende Auslastung besonders wichtige und zeitkritische Elemente im Entwicklungsprozess. Es müssen verlässlich verschiedenste Abläufe automatisiert von Stunden bis hin zu Tagen am Prüfling durchgeführt werden. Hierbei ist insbesondere die Ansteuerung von unterschiedlichen Parametern und Auswertung von Messwerten im Fokus. Aber zur Vor- und Nachbereitung und Dokumentation müssen entsprechend auch die verbauten Hard- und Softwareelemente aktualisiert bzw. getauscht und erfasst werden. Hierbei leistet die Diagnosekommunikation mit ihren Toolketten und Daten einen wichtigen Beitrag und muss sich stabil in die vorliegende Steuerungs- und Automatisierungslandschaft integrieren. Ein Fehler in diesem Zusammenspiel kann zu Ausfällen der Prüfanlage führen, was wiederum mit hohen Kosten verbunden ist. Im Ernstfall kann ein Start-of-Production (SOP)-Termin durch einen solchen Sachverhalt verzögert werden.

Anwendungsfall 3: Vorbereitung und Durchführung einer Dauererprobungsfahrt

Erprobungsfahrten sind für die verschiedensten funktionalen Sachverhalte weiterhin essenziell notwendig, um eine Freigabe zu erzielen. Dafür werden die Prüffahrzeuge in einer Versuchswerkstatt vorbereitet und Steuergeräte verbaut, getauscht, aktualisiert und codiert (Ablauf Abbildung 2). Diese Stände werden nach Eingang und vor Herausgabe entsprechend ausgelesen und zentral abgespeichert. Je kürzer die Durchlaufzeit in dieser Phase der Vorbereitung, desto schneller können verschiedenste Szenarien geprüft und Dauererprobungen gestartet werden. Gerade bei frühen Entwicklungsständen ist jedoch ein Aufenthalt von Tagen bis hin zu Wochen in dieser Werkstatt notwendig, denn die Probleme der Inbetriebnahme sind hier vielfältig. Fehlerhafte Diagnoseabläufe zur Aktualisierung und Codierung können wie auch auf der Seite der Steuergeräte-Software zu dringlichen Expertenanalysen führen – besonders wenn der SOP näher rückt. Direkt nach der Aktualisierung in der Werkstatt wird ein erster grober Eindruck über den Prüfling auf einer Einfahrbahn generiert. Hier wird die Erfassung von Messdaten und Diagnosegrößen mittels Off-Board Diagnosekommunikation zur Einschätzung angewendet.

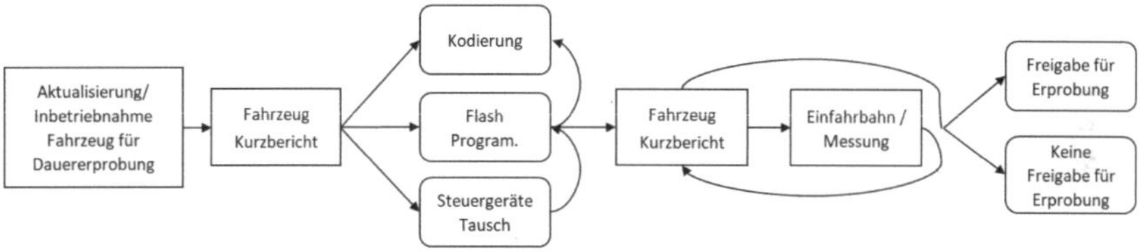

Abbildung 2: Grober Diagnoseablauf einer Fahrzeugaktualisierung für die Dauererprobung

3 Definitionen, Einschränkungen, Herausforderungen und Lösungen des Fernzugriffs

Die Begriffe „Remote Diagnostics“ und „Software/Firmware-over-the-air” sind im Wesentlichen durch den Abschnitt „Aftersales/Service“ des Produktlebenszyklus von Fahrzeugen geprägt. Sie verfolgen zwar im Kern ähnliche Ziele wie das Remote Engineering, haben jedoch deutlich andere Erwartungen und erweiterte Herausforderungen, besonders im Thema Sicherheit und Datenmanagement.

„Remote Engineering“ bezeichnet die Verknüpfung von Experten und Testmaterial innerhalb des gegebenen Rahmens eines Entwicklungsnetzwerks. Es wird daher im Folgenden nicht auf die Aspekte der Sicherheit zur Abschirmung des Fernzugriffs eingegangen. Zudem umfasst das „Engineering“ weitaus mehr Tätigkeiten als Diagnose und Analyse.

3.1 Fernzugriff und Entwicklungsnetzwerk

Der Fernzugriff auf einen Prüfgegenstand ist für diese Arbeit in verschiedenen Ausprägungen zu betrachten. Er meint im Grundsatz die Punkt-zu-Punkt-Verbindung des Experten mit dem Testsystem, also die Befähigung, Diagnosen und Analysen ortsunabhängig durchzuführen. Innerhalb des Entwicklungsnetzwerkes gilt die Hoheit der Firmen-IT, welche in den meisten Fällen langwierige Prozesswege für signifikante Änderungen in der Domänenstruktur vorhält.

Es lassen sich damit folgende Fälle abgrenzen:

- **W/LAN innerhalb eines Bereiches**
  Beispielsweise eine Produktions- oder Werkstatthalle als Teil eines Werks
- **W/LAN innerhalb eines Standortes**
  Beispielsweise ein Entwicklungsstandort München
- **Standortübergreifende Verbindungen**
  Beispielsweise Ingolstadt und Neckarsulm
- **Zugriffe von außerhalb der Firmen-Domain**
  Beispielsweise eine Testfahrt weit außerhalb des Firmengeländes, oftmals Verwendung von UMTS

Je nach Bedarf des Fernzugriffs müssen somit von der Lösung unterschiedlichste Mechanismen zur Überwindung der Hürden im Netzwerk unterstützt werden. Konkret betrifft dies das Verbindungsmanagement und das Session Handling. Paketverluste und Störungen müssen je nach Anwendungsfall dem Nutzer kenntlich gemacht werden, um entsprechend reagieren zu können – Datenkonsistenz ist eine der Hauptanforderungen. Ist diese nicht gewährleistet, wirkt sich der Fernzugriff negativ auf die Effizienz der Arbeitsschritte aus.

3.2 Einschränkungen der Ferndiagnose/-analyse

Die Grenzen der Netzwerk- und IT-Technologien liegen der Erfahrung nach vor allem im Bereich der Hardwaremanipulation. Ein Steuergerätetausch ist hierfür ein ideales Beispiel. Sobald eine solche Interaktion aufgrund eines Defektes oder einer Anforderung im Konfigurationsmanagement für einen Prüfablauf erforderlich ist, ist ein direkter Zugang zum Prüfaufbau unumgänglich. Des Weiteren ist eine manuelle Manipulation von Aktuatoren wie der Lenkung oder die Prüfung von Parametrierungen, etwa des Kofferraumdeckels oder der Fensterheber, nur äußerst aufwändig aus der Ferne durchführbar. Langfristig gesehen entstehen durch Anforderungen des After Sales und neuer Funktionalitäten wie dem autonomen Fahren Bedarfe, solche Aufgaben zunehmend fernsteuerbar zu bearbeiten.

Ein zusätzlicher Aspekt, der die Ferndiagnose- und Analysefähigkeiten einer Lösung beeinflusst, ist die Notwendigkeit der externen Stromzufuhr. Entwicklungswerkzeuge haben vor allem hohe Ansprüche an ihre Performanz und sind daher alles andere als „low-powered devices". Was im Hinblick auf eine Telematik-Einheit im Flottenmanagement von Anfang an ein-designed ist und deshalb keine signifikanten Probleme erzeugt, gilt es somit im Entwicklungsbereich dringlich zu beachten.

Des Weiteren müssen arbeits- sowie datenschutzrechtliche Randbedingungen jederzeit im Firmenumfeld eingehalten werden – dies darf unter keinen Umständen durch den Fernzugriff auf Prüfaufbauten gefährdet sein.

Zusammengefasst schränken folgende Punkte das Remote Engineering ein oder stellen es vor kostspielige Herausforderungen:

- Hardwaremanipulationen
- I/O Steuerung & Auswertung
- Batteriemanagement
- Arbeitsrecht & Datenschutz

3.3 Technische und administrative Herausforderungen

Wie bereits angesprochen gibt es rund um das Thema Entwicklungsnetzwerk und dessen Architektur Problemstellungen im Zusammenhang mit der Firmen-IT und der entsprechenden Umsetzung. Die folgende Aufzählung verdeutlicht zusätzliche Hürden des Remote Engineering, welche durch Systemintegratoren berücksichtigt werden müssen:

- Multi-Client/-Session Handling
  Der gleichzeitige Zugriff von mehreren Experten oder Testabläufen auf ein und dieselbe Diagnose-Testressource ist vor allem für die Synchronisation von Daten und das Pakethandling eine technische, im Hinblick auf die Zugriffsrechte und deren Verwaltung eine administrative, Herausforderung.
- Lizenzmanagement
  Softwarebasierte Lösungen sind weitestgehend mit Lizensierungsmechanismen ausgestattet, welche eine Fernzugriffslösung teils bewusst nicht unterstützen.
- Netzwerk-Latenzen
  Verbindungsabbrüche, Time-outs sowie die Dauer der Datenübermittlung führen zu ineffizienten oder auch teils kritischen Zuständen. Je nach Kapazität des Entwicklungsnetzwerks können der erhöhte Datenverkehr und eine steigende Anzahl an Geräten im Netzwerk zu Engpässen führen.

- Software Konfigurations- und Datenmanagement
  Je nach Lösung müssen Datenstände von Fahrzeug und Diagnose im verteilten System synchronisiert werden, um einen reibungslosen Prüfablauf zu gewährleisten. Best-Practice ist es hier, eine Zentralisierung und Versionierung dieser Inhalte durchzuführen und im Idealfall automatisiert vor dem Testvorgang zu prüfen.
- Sicherheit
  Die Überwindung von Sicherheitsmechanismen ist ein vielschichtiges Problem, welches aufgrund wachsender Anforderungen an die IT-Sicherheit eines Fahrzeugs zu Hindernissen in den Prüfabläufen führt. Zunächst müssen die entsprechenden domainspezifischen Anforderungen, wie beispielsweise eine Nutzerauthentifizierung oder ein Proxy-Handling, durchgeführt werden. Der Zugriff auf das Testsystem selbst hat je nach Lösungsarchitektur weitere Berechtigungsroutinen zu durchlaufen. Zu guter Letzt bleibt die Authentifizierung und Überwindung der Fahrzeugsicherheit. Hierbei gibt es nach aktuellem Stand verschiedenste Implementierungsstrategien, welche bereits im Falle des direkten Fahrzeugzugriffs in den frühen Entwicklungsstadien zu Stillstand führen. Hierbei kann ein Zertifikatshandling beispielsweise den Prozess signifikant stören, sollte es hier zu Divergenzen zwischen Steuergerät und Diagnoseauthentifizierung kommen.

All diese administrativen und technischen Herausforderungen können oder sollten durch eine Systemarchitektur für das Remote Engineering gelöst werden. Jede Einschränkung und Fehleranfälligkeit aufgrund dieser Faktoren führt zu signifikantem Effizienzverlust und macht daher den Fernzugriff unbrauchbar.

3.4 Lösungen rund um die Standards der Diagnosekommunikation

Im Rahmen diverser Gespräche mit Entwicklungsabteilungen rund um das Thema Diagnose sowie auf Konferenzen gibt es bereits Lösungsansätze, die das Remote Engineering etablieren könnten oder bereits zu Teilen umgesetzt haben. Diese werden im Folgenden ergänzt um Erkenntnisse aus der Toolentwicklung der Firma Softing Automotive Electronics GmbH.

Lösung 1: Zugriff via Remote Desktop Protocol Applikation (RDPA)

Der wohl meistgenannte und praktizierte Lösungsvorschlag für den Fernzugriff auf ein Testsystem mit am Prüfaufbau verbundener Diagnose ist die Verwendung sog. RDPAs oder auch Screen Share Applikationen. Diese Funktionalität ist mittlerweile fester Bestandteil sowohl von Betriebssystemen (Beispiel Windows) als auch Kommunikationstools (Beispiel Skype), wird aber auch über andere Anbieter wie „Team Viewer" angeboten. Einfach und effektiv werden Bildschirminhalte geteilt oder sogar zur Steuerung frei gegeben. Bei RDPAs ist es sogar möglich Dateien fast nahtlos von dem eigenen System zum Fernsystem zu kopieren. Die Bedienung ermöglicht die Nutzung des gesamten Desktops des freigegebenen Rechners.

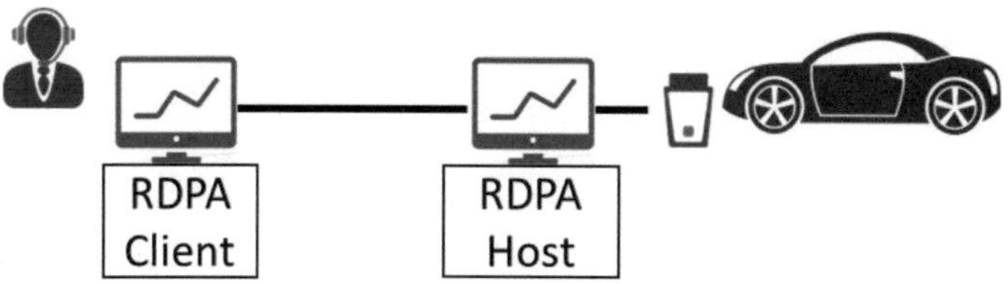

Abbildung 3: Schema Systemaufbau der RDPA Lösung

Vorteile dieser Lösungen ist klar die einfache Handhabung und schnelle Bereitstellung. Nachteile ergeben sich jedoch im Bezug auf Datenschutz sowie der Geheimhaltung. Das „Need-to-Know"-Prinzip, welches sich im Bereich vieler Großkonzerne als Informationsrichtlinie etabliert hat, wird signifikant verletzt. Einschränkend ist es zwar möglich nur einen Bereich oder ein Fenster auf dem entfernten System frei zu geben, dennoch ist hier keine vollständige Sicherheit möglich.

Des Weiteren ist für diese Lösung ein zweiter Desktop erforderlich, welcher als Host für die Übertragung auftreten kann. Daher stellen lediglich PC-artige Devices mit einer Bildschirmanbindung potenzielle Plattformen (Desktop PC/ Laptop) für RDP-Anwendungen dar.

Lösung 2: Bereitstellung eines Vehicle Communication Interfaces (VCI) im Entwicklungsnetzwerk

Eine weitere Lösung, welche insbesondere von VCIs der neueren Generation unterstützt wird, ist die Bereitstellung dieser Geräte im Firmennetzwerk. Hierdurch können je nach angewandtem Protokoll entsprechend langsamer oder schneller Daten übertragen werden. Neuere VCIs unterstützen bereits eine W/LAN-Verbindung (Feature vor allem für den Produktionsbereich) oder sind wie gewohnt über ein separates USB-Kabel an den Rechner mit der Tester-Applikation verbunden (industrieüblicher Einsatz in der Entwicklung).

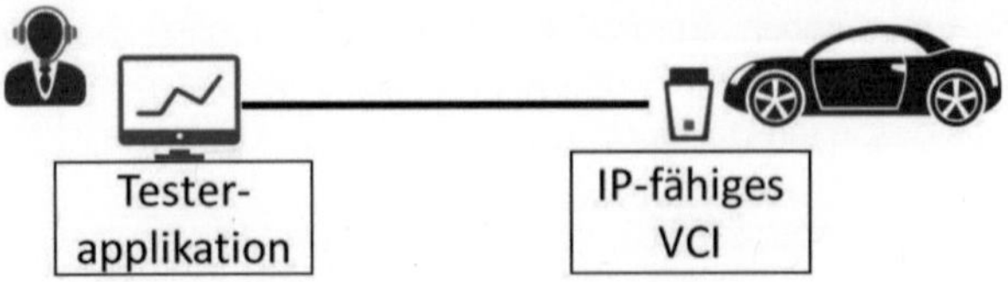

Abbildung 4: Schema Systemaufbau der VCI-Lösung (eigene Darstellung)

Wie in der ISO 13400 (Diagnostic communication over Internet Protocol) beschrieben, können solche Diagnoseumfänge deutlich vereinfacht und standardisiert über eine TCP/IP Verbindung prozessiert werden. In diesem Fall wäre ein VCI lediglich eine Brücke zum Verbindungsaufbau und je nach Verhalten notwendig, um die Ethernet-Aktivierung durchzuführen. Dies setzt allerdings einen gewissen Reifegrad des angesteuerten Gateways am Prüfaufbau voraus. Desweiten gilt es, andere Fahrzeugbusse und deren Protokolle während der Diagnose anzusprechen und für eine Analyse aufzuzeichnen.

Bei der Vielzahl und Komplexität der (teils Hersteller-spezifischen) Protokollanforderungen sowie dem erweiterten Verbindungshandling ist eine erfolgreiche Umsetzung nur mit entsprechender Hardwarekapazität sowie extensiven Konfigurationsoptionen möglich.

Nachteile einer solchen Lösung ergeben sich vor allem in Netzen, welche nicht zu jedem Zeitpunkt eine stabile Verbindung und gute Kapazität (Daten) bereitstellen können. Der Abbruch des Datenstroms kann beispielsweise zu einer unvollständigen Steuergeräteaktualisierung führen. Dies kann zwar in den meisten Fällen durch einen Neustart der Übertragung behoben werden, dies gilt jedoch nicht für jedes Steuergerät (beispielsweise Gateway) und jeden Entwicklungsstand. Ein weiterer Aspekt, welcher zu Hürden dieser Lösung führen kann, ist das generelle Handling von Linux (embedded) Systemen im Firmennetz. Es kann eine separate Genehmigung und Prüfung des verwendeten Software-Stacks erforderlich sein, um das Gerät in das Entwicklungsnetz integrieren zu dürfen.

Lösung 3: Installation eines Datenloggers im Fahrzeug

Eine weitere Möglichkeit bieten Datenlogger, welche im Prüfaufbau (zumeist Fahrzeug) verbaut werden. Sie sind dafür entwickelt worden, um entsprechend vorkonfigurierte Messungen am Fahrzeug während beispielsweise einer Erprobungsfahrt durchzuführen. Die benötigten Daten werden meist durch On-Board Kommunikations-Interpreter erfasst und gespeichert (Anspruch deterministisch Messdaten zu erfassen). Zusätzlich gibt es Geräte, auf denen ein Off-board Diagnose-Stack (siehe Abbildung 5) verbaut ist, welcher mittels sogenannter Diagnosejobs in der Lage ist, Steuergeräteaktualisierungen oder Fahrzeugberichte (Dokumentation für Verbau und Versionen) durchzuführen.

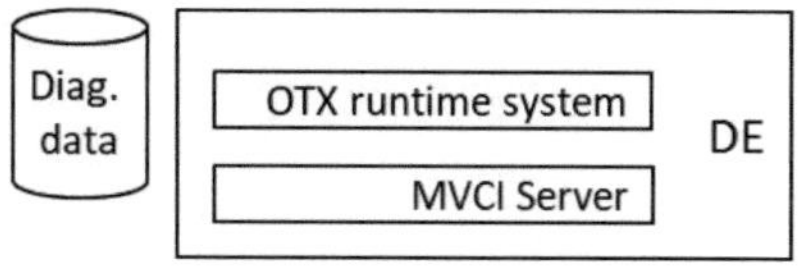

Abbildung 5: Beispiel Diagnose Engine (eigene Darstellung)

Ein Online-Zugriff auf das Fahrzeug ist zwar möglich, aber nicht in jedem Fall gegeben (abhängig von der Spezifikation und Gerät). Im Schema (Abbildung 6) dargestellt, ist eine Upload-Fähigkeit der Daten in ein zentrales Storage.

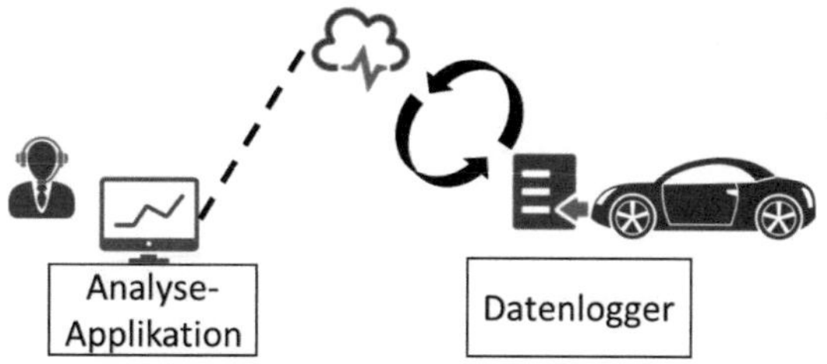

Abbildung 6: Schema Systemaufbau Datenlogger (eigene Darstellung)

Die Nachteile liegen vor allem in den Anschaffungskosten und im Geräte-, Software-, Daten- und Konfigurationsmanagement. Auch die passende Protokollunterstützung ist entsprechend zu beachten. Das Batteriemanagement ist aufgrund des direkten Fahrzeugverbaus ebenfalls zu berücksichtigen.

Sollte ein Datenlogger an ein Netzwerk angebunden werden, bedeutet dies ähnliche Aufwände bei der Implementierung wie bei einem VCI.

Lösung 4: Verwendung einer Diagnose Engine (DE) am Prüfaufbau

Eine architekturelle Entscheidung und Lösung für die Ansteuerung der Diagnosekommunikation zum Prüfaufbau, welche sich mit den Diagnosestandards ODX (Open Diagnostic Data Exchange) und OTX (Open Test Sequence Exchange) beschäftigt, ist die Verwendung einer Diagnose-Engine (Laufzeitsystem) mit einer Server-Schnittstelle. Diese ermöglicht es, die Diagnosedienste und -abläufe auch über eine Netzwerkverbindung anzusteuern.

Grundsätzlich kann eine solche Lösung in verschiedensten Geräten installiert werden und stellt somit eine Verbesserung für alle drei zuvor aufgezeigten Lösungen dar.

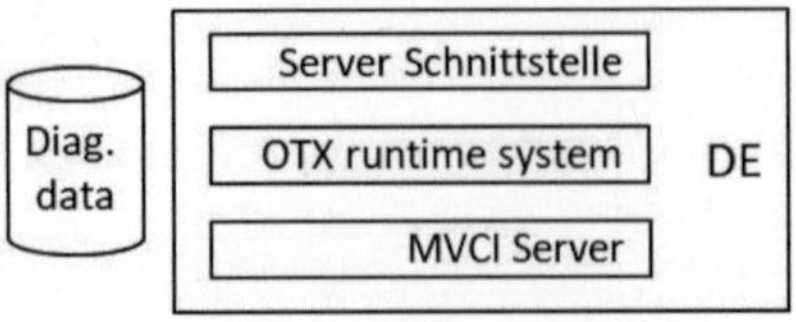

Abbildung 7: Diagnose Engine mit Server Schnittstelle (eigene Darstellung)

Die Datenmenge und die Abhängigkeit von Netzwerk-Latenzen und -Kapazitäten werden mit diesem Ansatz signifikant verbessert. Als Herausforderungen gilt vor allem die Ansteuerung und Konfiguration des Laufzeitsystems sowie das Datenmanagement.

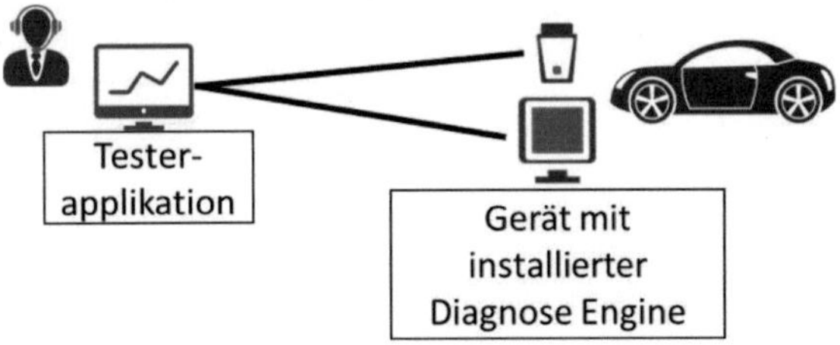

Abbildung 8: Schema Systemaufbau der Diagnose Engine Lösung (Server-Schnittstelle Abb.7, eigene Darstellung)

Ein Nachteil ist die entsprechende Implementierung einer neuen Oberfläche für die Tester-Applikation. Sämtliche „Business Intelligence“ (Diagnosefunktionen) muss auf ein Client-Server Pattern umgestellt werden. Hierfür bieten die angesprochenen Standards nur bedingt Hilfestellung, was zu einer weitestgehend proprietären Schnittstelle führt.

4 Bewertung und Fazit

Um für eine mögliche Einführung des Remote Engineering in die Entwicklungsumgebung, eine für den Anwendungsfall adäquate Lösung zu wählen, wird im Folgenden eine Übersicht aus den bisher genannten Use-Cases, Netzwerkkategorien und Lösungsansätzen dargestellt. Ziel ist es eine Empfehlung im Rahmen der Machbarkeit und Eignung zu treffen.

4.1 Eignung der Ferndiagnosetechnologien bezüglich der Anwendungsfälle im Remote Engineering

In der folgenden Übersicht (Abbildung 9) werden die entsprechenden Kombinationen aus Anwendungsfällen und deren benötigten Kernfunktionen, Entwicklungsnetzwerk-Kategorisierung und Lösungen erfasst und bewertet.

Übersicht Remote Engineering		*Netzwerkkonfiguration 1 = W/LAN Halle, 2 = W/LAN Standort, 3=standortübergreifend 4=WAN LTE/UMTS*															
		RDPA				**VCI**				**Datenlogger**				**Diagnose Engine (Server Schnittstelle)**			
Anwendungsfall	**Prüffeld/-funktion**	1	2	3	4	1	2	3	4	1	2	3	4	1	2	3	4
Testbrett	Diagnosekommunikation (on/-offline)	+/+	+/+	+/+	-	+/-	+/-	+/-	-	-/+	-/+	-/+	-/+	+/+	+/+	+/+	+/+
	Steuergeräteaktualisierung	+	+	+	-	+	-	-	-	+	+	+	+	+	+	+	+
Prüfstand	Diagnosekommunikation (on/-offline)	+/+	+/+	+/+	-	+/-	+/-	+/-	-	-/+	-/+	-/+	-/+	+/+	+/+	+/+	+/+
	Steuergeräteaktualisierung	+	+	+	-	+	-	-	-	+	+	+	+	+	+	+	+
	Messdatenerfassung und Simulation (on-board)	+	+	+	-	+	-	-	-	+	+	+	+	-	-	-	-
Vorbereitung und Durchführung Dauererprobung	Diagnosekommunikation (on/-offline)	+/+	+/+	+/+	-	+/-	+/-	+/-	-	-/+	-/+	-/+	-/+	+/+	+/+	+/+	+/+
	Steuergeräteaktualisierung	+	+	+	-	+	-	-	-	+	+	+	+	+	+	+	+
	Messdatenerfassung und Simulation (on-board)	X	X	+	-	X	X	-	-	X	X	+	+	X	X	-	-

Abbildung 9: Übersicht der Eignung zwischen Anwendungsfall, Prüffunktion, Netzwerkkonfiguration und Lösung (eigene Darstellung, + = geeignet, - = ungeeignet, X=irrelevant)

Das Prüffeld der Diagnosekommunikation behandelt hierbei die grundsätzliche Fähigkeit mit Off-Board Diagnose entweder synchron (online) oder asynchron (offline) auszuführen.

Die On-Board Messdatenerfassung im Anwendungsfall der Dauererprobung bezieht sich auf die Prüffahrt selbst. Hier ist von einem weiter gefassten Netzwerk und der Überwindung von Domaingrenzen auszugehen.

Die Übersicht verdeutlicht, dass keine der genannten Lösungen in der Lage ist alle Prüffelder und -funktionen in einer beliebigen Konfiguration des Entwicklungsnetzwerkes zu erfüllen. Es zeigt jedoch auch, dass selbst einfache Lösungen wie die der RDPAs ihre Ziele erreichen können, sofern Informations- und Datenschutzrichtlinien eingehalten werden.

Ein Funk-VCI erfüllt die Anforderungen des Produktionseinsatzes innerhalb einer Werkshalle und ist darüber hinaus aufgrund seiner Abhängigkeit zur Netzwerkstabilität nur begrenzt und stark fallabhängig einsetzbar.

Ein Datenlogger und die Diagnose-Engine mit Serverschnittstelle, stellen sich als ergänzende Lösungen für das Remote Engineering dar. Trotz ihrer technisch komplexen Konfiguration sind der Fahrversuch und die dazugehörige Inbetriebnahme (bis auf den Hardwaretausch) vollständig abbildbar.

4.2 Fazit

Abschließend kann aufgrund der Analyse und unterschiedlichen Bedarfe eine Maximallösung definiert werden. Wie dargestellt (Abbildung 10) ist sie eine Kombination aus den verschiedenen Lösungen und erfüllt theoretisch alle technisch machbaren Anforderungen.

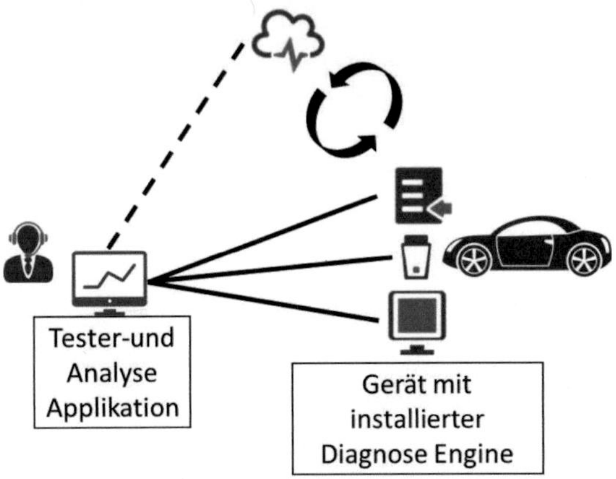

Abbildung 10: Maximallösung Remote Engineering

Sie skizziert ein ideales Entwicklungsrahmenwerk zur Diagnose und Analyse sowohl der Off-board als auch On-board Kommunikation: dies zu jeder Zeit (online, live) und von jedem Ort aus durchführbar. Ein zentrales Projekt- und Ergebnismanagement wie auch ein entsprechendes Verbindungsmanagement und Session Handling sind essenziell, um den Anwender möglichst effizient zu unterstützen.

Es ist und bleibt in Zukunft wichtig, dass das Testobjekt im Fokus der Experten verweilt – eine Tool- oder Prozesslandschaft sollte dies uneingeschränkt und effizient unterstützen.

Literatur

[1] Wissenschaftliche Dienste dt. Bundestag, Aktenzeichen WD 5 - 3000 - 053/16, „Zur Diskussion um die Verkürzung von Produktlebenszyklen“, 2016

[2] Internetrecherche, Zugriff 21.03.2019, „https://geschaeftsbericht.daimler.com/gb2017/lagebericht/nachhaltigkeit-und-integritaet/forschung-und-entwicklung“

[3] Internetrecherche, Zugriff 21.03.2019, https://www.press.bmwgroup.com/deutschland/article/attachment/T0268698DE/380536

[4] Internetrecherche, Zugriff 21.03.2019, https://www.audi-mediacenter.com/de/audi-ag-werk-ingolstadt-2862/technische-entwicklung-2884

[5] Shavit, M., Gryc, A., and Miucic, R., "Firmware Update Over The Air (FOTA) for Automotive Industry," SAE Technical Paper 2007-01-3523, 2007

[6] Hesham A. Odat ; Subra Ganesan, “Firmware over the air for automotive, Fotamotive”, IEEE, Milwaukee, WI, USA, 2014

7 Praxiserfahrungen mit unterschiedlichen MCD-3 D Diagnoseservern aus Sicht eines C++ Entwicklers

Dipl.-Ing. Tadeusz Rzedkowski AKKA GmbH & Co. KGaA, Sindelfingen

Abstract

Using the example of a Windows C++ application, we present our experiences, problems and pitfalls with including different MCD-3 D servers in the system. Different providers of MCD-3 D servers develop their kernels with slight deviations from the standard, different interpretations, inconsistent GUID and extensions of the standard API. The sample application supports two different servers available in various versions.

The overall system depends on several SW and HW layers developed by different companies. The suppliers' release cycle and irregular patches are unpredictable. To satisfy our customer's requirements and their dependency on stable long-run tests and reliable release dates, it is essential to deal with surprises and emerging incompatibilities.

Kurzfassung

Am Beispiel einer Windows-C++-Anwendung werden Erfahrungen, Probleme und Stolperfallen bei der Anbindung unterschiedlicher MCD-3 D Server vorgestellt. Anbieter entwickeln ihre Diagnoseserver mit leichten Abweichungen vom Standard, unterschiedlichen Interpretationen, uneinheitlichen Schnittstellen sowie Erweiterungen der Standard-API. Die Beispielanwendung unterstützt gleichzeitig zwei auf dem Markt verbreitete Server in unterschiedlichen Versionen.

Das Gesamtsystem hängt von mehreren SW und HW Schichten ab, die von verschiedenen Firmen stammen. Der Releasezyklus der Lieferanten und unregelmäßige Patches lassen sich nicht einplanen. Überraschungen und auftauchende Inkompatibilitäten dürfen den eigenen Releasetermin nicht gefährden. Der Kunde ist auf ein pünktlich geliefertes und stabiles System für Langzeittests angewiesen.

1 Kurze Vorstellung von PROVEtech:TA

Wir beziehen uns in diesem Beitrag auf unsere Erfahrungen im Produkt PROVEtech:TA. Es handelt sich um ein System zum automatischen Testen von Steuergeräten. Das System wird weltweit von verschiedenen OEMs und Zulieferern eingesetzt. Es werden unterschiedliche HiL-Prüfstände unterstützt. Ein Modul bindet die Diagnose über MCD-3 D ein. Andere Module greifen auf Signale und Botschaften der Kommunikationskanäle zu oder simulieren Hardware-Fehler. Die Testskripte werden in Visual Basic programmiert. Ihr Code, ihre Ergebnisse und Reports werden in einer Datenbank gespeichert und erlauben so Zugriffe durch viele Nutzer.

Wir liefern 2x pro Jahr eine neue Version aus. Dazwischen gibt es 1-3 Servicepacks und eine Betaversion. Somit können wir sehr zeitnah auf neue Anforderungen reagieren.

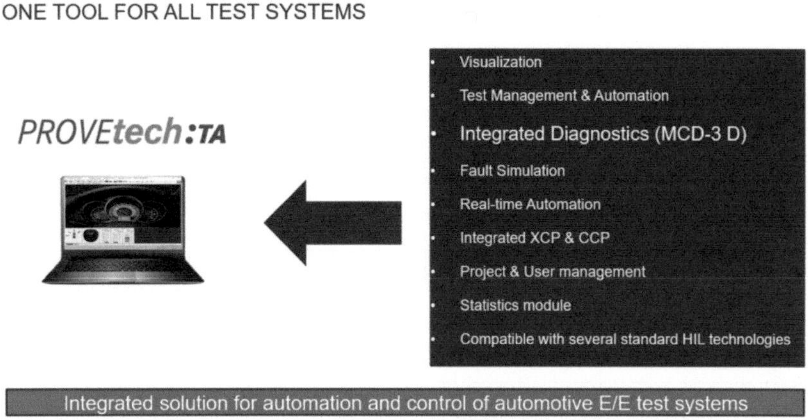

Abbildung 1: Die wichtigsten Module des Testsystems

2 Die Herausforderungen

2.1 Komplexität von MCD-3 D - Systemen

Der Standard MCD-3 D beschreibt über 250 Klassen, dazu etliche Strukturen, Datentypen und Konstanten. Ein Fahrzeug hat u.U. über 100 Steuergeräte, ein Steuergerät hat Tausende Diagnosedienste und Jobs. Die Parameter von Diensten und ihre Ergebnisse haben eine hierarchische Struktur mit beliebig vielen Ebenen.

Trotz einer detaillierten Festlegung von Abläufen und inneren Strukturen, ist die Schnittstelle im MCD-3 D Standard nicht festgelegt. Sie können den Diagnoseserver über Java, direkt über C++ oder über COM ansprechen. Die bei COM essenziell wichtigen GUIDs der Klassen sind aber nicht festgelegt – jeder Anbieter hat eigene Werte und eigene Vorgehensweisen. Während bei einem die GUIDs konstant sind, verändern sie sich beim anderen von Version zu Version.

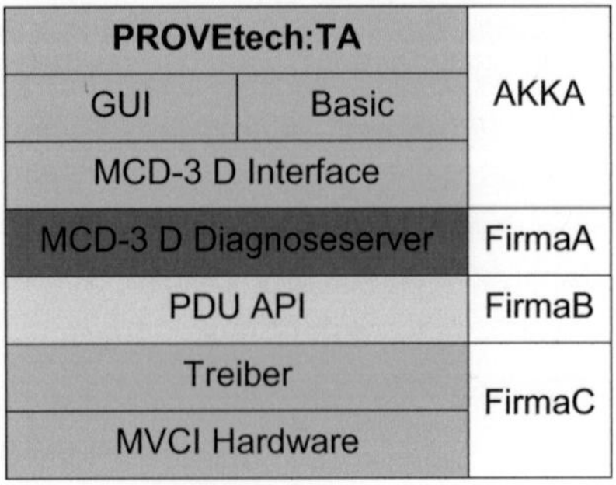

Ein Diagnosesystem – wie das Diagnosemodul von PROVEtech:TA – hängt von mehreren Schichten von Fremdsystemen ab. Unterhalb der Anwendung ist der Diagnoseserver, die D-PDUAPI und evtl. Treiber für die vielfältige Kommunikationshardware, die Bedatung der Steuergeräte (die DiagJobs sind Java-Programme) sowie die Hard- und Software der Steuergeräte selbst. Somit sind bis zu 6-7 unterschiedliche Firmen beteiligt.

2.2 Abweichendes Verhalten

Nicht alles ist im Standard eindeutig festgelegt. Zum Beispiel, während manche Objekte im Diagnoseserver A langlebig sind und bei jedem nächsten Aufruf von Diensten verwendet werden können, müssen sie im Diagnoseserver B bei jedem Aufruf neu erzeugt und danach freigegeben werden.

2.3 Exotische Anwendungsfälle

Der Standard MCD-3 D ist in den ersten Jahren des Jahrtausends formuliert worden und sollte möglichst alle künftigen Erweiterungen abdecken. Daraus resultieren zahlreiche „Freiheiten“, optionale Festlegungen und offene Hintertürchen, die immer wieder zu Situationen führen, die bisher nie aufgetreten sind und nicht unterstützt bzw. nicht getestet wurden. Dazu gehören: END_OF_PDU Parameter und variable Key/Table-Parameterstrukturen.

2.4 Erweiterungen des Standards

Es gibt Anwendungsfälle, die zwar vom Standard generisch abgedeckt sind, aber wegen ihrer Komplexität weitere Unterstützung benötigen um mit angemessenem Aufwand genutzt werden zu können. Dazu gehören spezielle Strukturen bei DTCs (Diagnostic Trouble Code), DoIP oder Variantenkodierung.

Manche anderen Ergänzungen sind vom Standard nicht gedeckt. Die Diagnoseserver implementieren weitere Klassen für Spezialprobleme: Änderung der Diagnoseserver-Konfiguration zur Laufzeit oder Lizenzmechanismen wären typische Beispiele.

2.5 Fremde Fehler

Es gibt keine fehlerfreie Software. Wichtig ist, Fehler frühzeitig zu entdecken und schnell zu beseitigen. Der Nutzer unseres Systems erfährt bei Problemen zunächst von unserem Trace-System, dass ein Fehler aufgetreten ist. D.h. in seinen Augen ist „das System PROVEtech:TA“ fehlerhaft. Es ist dem durchschnittlichen Nutzer nicht zumutbar zu erkennen, ob PROVEtech:TA oder ein eingebundenes Fremdmodul das Problem verursacht und an welche Firma er sich deswegen wenden müsste. Noch schlimmer wird es bei *Pure Virtual Calls* sowie bei *Access Violation Exception*. Diese Fehler führen typischerweise zu einem Absturz des Prozesses oder außerordentlichem Beenden des Programms durch Windows.

2.6 Kompatibilität über viele Versionen

PROVEtech interagiert mit mehreren Systemen: mit dem HiL-Prüfstand, mit der Firmen-Datenbank, mit kundenspezifischen Testskripten und mit Diagnose. Ist es erforderlich, die Diagnose zu ändern (anderer Server, andere Version, neue Daten und Funktionalitäten), so kann man nicht das Gesamtsystem ändern. Unsere Kunden verwenden nicht immer die neueste Version. Es ist für uns auch nicht absehbar, wann eine neue Diagnoseserver-Version veröffentlicht und freigegeben wird.

Es ist daher notwendig, die Anbindung der Diagnoseserver versionsunabhängig zu gestalten.

3 Die Lösungsansätze

3.1 Komplexität von MCD-3 D - Systemen

In einem früheren Diagnoseprojekt (Mitte 90-er Jahre) verfolgten wir noch den Ansatz, an der Benutzeroberfläche das abzubilden, was der Nutzer intuitiv begreift: Steuergerät, Messwert, Steller, Kontaktaufbau... Das Programm war sehr beliebt, aber mit wachsender Komplexität – besonders beim Umstieg auf MCD-3 D – wurde es zunehmend schwieriger, die Funktionalitäten auf die bewährten Bedienelemente abzubilden. Die Kunden gewöhnten sich dran, dass jede neue Version „genauso wie immer, aber mit Extras“ war, jedoch war es mit einem wachsenden Aufwand verbunden, den die Nutzer und vor allem der Einkauf uns nicht abkaufen wollte und auf den Preis drückte.

Ein weiteres Problem waren neue Spezialfunktionen, die nicht (oder sehr komplex) abgebildet werden konnten.

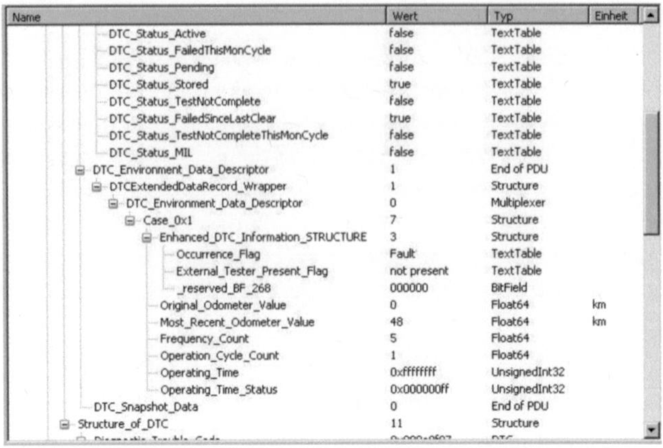

Abbildung 2: Die Antwortstruktur eines Dienstes

In PROVEtech:TA haben wir einen anderen Ansatz: Wir versuchen die Funktionalität, die der Diagnoseserver bietet, möglichst 1:1 auf der GUI und in der Skriptsprache abzubilden. Damit decken wir alles Nötige ab, Designentscheidungen sind einfach, auch die Pflege ist wesentlich einfacher. Der Nachteil – eine weniger ansprechende GUI, die komplexer zu bedienen ist – ist relativ, denn das Hauptanwendungsgebiet ist, komplexe Tests automatisch auszuführen. Die GUI wird großteils dazu benutzt, die Abläufe manuell auszuführen und die Skripte zu programmieren oder als Makro aufzuzeichnen.

Auf Code-Ebene ist der Ansatz: für jede relevante und benutzte Klasse im Diagnoseserver bilden wir eine eigene Wrapper-Klasse. Das hat folgende Vorteile:

- Weniger COM-Aufrufe über die Diagnoseserver-API. Solche Daten wie ShortName, Unit, Min/Max-Werte, Typ ändern sich nicht und werden daher nur ein Mal abgefragt und im Wrapper gespeichert
- Routinemäßige Überprüfungen des HRESULT bei jedem einzelnen COM-Aufruf blähen den Code auf und machen ihn unübersichtlich. Die Wrapperklassen kapseln die Fehlerbehandlung
- Die Wrapperklassen sind der optimale Ort, um Implementierungsunterschiede der verschiedenen Diagnoseserver zu kapseln.

3.2 Abweichendes Verhalten

Einige Unterschiede werden mit #if-Direktiven behandelt. So z.B. die Einbindung spezieller Klassendefinitionen (dazu später mehr in 3.6):

```
#if MCD3D_SERVER == DiagServerA
    #include "MCDServer\DServerA.cpp"
#else // if MCD3D_SERVER == DiagServerB
    #include "MCDServer\DServerB.cpp"
#endif
```

Bei unterschiedlichem Verhalten – ebenso wie bei Erweiterungen des Standards - müssen teilweise ganze Funktionen unterschiedlich implementiert werden:

```
#if MCD3D_SERVER == DiagServerA
    virtual bool InitElements(const IDRequestParametersPtr &pRequestParams);
    virtual bool LoadValueFromRuntimeObject();
#else
    virtual bool LoadValueFromRuntimeObject() { return true; };
#endif
```

Bei den RequestParameter-Objekten gilt: in einem Server sind sie langlebig, im anderen müssen sie immer neu ermittelt werden:

```
#if MCD3D_SERVER == DiagServerA
    if(m_ptrRequestParameter)
        pRequestParam = m_ptrRequestParameter;
#endif

    if(!pRequestParam)
        hr = pRequestParams->GetItemByName(m_bstrRealName, &pRequestParam);
```

Besonders hässlich sind inkonsequente Fehlerbehandlungen. Während ein Diagnoseserver bei nicht definiertem Wert einen Leerstring liefert, kann ein anderer einen Fehlercode im HRESULT zurückgeben oder gar eine Exception werfen:

```
    HRESULT hr = m_ptrDbParameter->get_Radix(&m_iRadix);
#if MCD3D_SERVER == DiagServerB
    If (hr == 0xa412e012)
#else // MCD3D_SERVER == DiagServerA
    If (hr == 0x841bc011)
#endif
        return m_iRadix = 0;
     If (FAILED(hr)) {…}
```

Insgesamt hält sich die Anwendung von #if-Direktiven in Grenzen. Im Gesamten Programm kommen sie wegen Diagnoseserver-Unterschieden weniger als 100 Mal vor.

3.3 Exotische Anwendungsfälle

Es ist mit vertretbarem Aufwand nicht möglich, alle denkbaren Anwendungsfälle abzudecken. Das würde zudem den Code so sehr aufblähen, dass er nicht nur langsam und ineffizient, sondern auch schwierig zu pflegen wäre. Bei uns hat sich der Ansatz der agilen Reaktion bewährt: Sobald ein Anwendungsfall beim Kunden auftritt – das ist normalerweise beim Steuergeräteentwickler und nicht am Produktionsband – analysieren und implementieren wir eine Minimallösung. Durch diesen Minimal-Ansatz sind wir im Stande, innerhalb kürzester Zeit eine Testversion auszuliefern (dabei wird nur das Diagnosemodul als DLL ausgetauscht) und nach erfolgreichen Tests in den nächsten Release – alle 6 Monate - eingeplant. Bei dringenden Änderungen liefern wir auch zwischendurch Service Packs aus.

Gute Beispiele für solche Anwendungsfälle, die im Standard vorgesehen, aber jahrelang nicht verwendet worden sind, sind variable Parameter. Zum einen gibt es Key/Table-Parameter: der Wert des Key-Parameters bestimmt die Struktur der folgenden Parameter im Parameterbaum. Sobald in der Maske zur Parametereingabe der Key geändert wird, muss die gesamte Maske neu strukturiert werden.

Zum anderen wären es die END_OF_PDU-Parameter. Hierbei handelt es sich um eine Parameterstruktur, die an die Nachricht in gleicher Form, aber in variabler Zahl angehängt werden kann. Die aktuelle Anzahl der Strukturen wird erst zur Laufzeit ermittelt, in den Daten des Steuergeräts ist nur die maximale Anzahl definiert.

Dank einer klaren 1:1 Abbildung auf die GUI und die Skriptsprache waren kaum Designänderungen nötig, nur Änderungen in der Implementierung einiger Funktionen.

3.4 Erweiterungen des Standards

Typischerweise bedeutet eine Erweiterung des Standards, dass wir eine neue Maske oder Bedienelement implementieren und die Funktionalität in einer Klasse kapseln, die für einen Diagnoseserver dank #if-Direktiven mit Leben gefüllt ist und beim anderen eine leere Hülle ist. Als Beispiel wäre eine Variantenkodierung bei einhem Autohersteller genannt, die – nur bei entsprechend eingehaltenen Bedatungskonventionen – instanziiert und mit jeweils vier thematisch dazugehörigen Diensten verknüpft ist. Bei Steuergeräten anderer Hersteller ist die Liste der Variantenkodierungen leer und weder an GUI noch an der Programmierschnittstelle gibt es Abweichungen.

Den größten Aufwand hatten wir bisher mit der Einführung von DoIP – Diagnostics over IP. Die Technologie ist noch unausgereift, es gibt viele Probleme, die von den beteiligten Firmen manchmal quick & dirty, am Standard vorbei gelöst werden und dadurch neue, nachhaltige Probleme für die Zukunft generieren. Hier haben wir besonders viele „kann"-Festlegungen, die in der Anwendung alle abgedeckt werden müssen:

- Die Initialisierung der Interfaces kann über PrepareInterface() oder PrepareVciLayer() erfolgen. Das hat weitreichende Konsequenzen im weiteren Verlauf, beide Verfahren funktionieren nur mit manchen Systemen, also müssen beide implementiert sein
- Manche Interfaces (Interface entspricht D-PDUAPI) existieren von Anfang an und haben keinen Kontakt, andere treten erst in Erscheinung, nachdem der Kontakt über Ethernet zustande kommt
- Es gibt keine Eigenschaft, die festlegt dass es sich um ein Ethernet-Interface handelt. Die Anwendung muss in jedem Fall die LongName und weitere Informationen abfragen und nach einer festgelegten Kriterientabelle analysieren

- Die Parameter für die initialisierung (der „OptionString") hängen von unterschiedlichen Faktoren ab: dem Steuergerät, dem Diagnoseserver, der D-PDUAPI und der Topologie und eingesetzten Ethernet-Adaptern. Es gibt keinen zentralen Ansprechpartner, bei dem man den OptionString bekommt. Es bleibt Try & Error...
- Dazu kommt, dass die Software (besonders die D-PDUAPI) sehr unausgereift ist und das System sehr instabil macht.
- Einige Steuergeräte halten den D-DPAUPI-Standard nicht ein. Anstatt die Software zu ändern, nutzt der Hersteller seine Marktmacht aus und bewirkt den Einsatz von Spezial-D-PDUAPI, die damit umgehen kann. Die Anwendung muss also noch entscheiden, gehen wir hier nach ISO22900 vor oder nach Sonderwunsch des Großkunden.

3.5 Fremde Fehler

Einige Fehler haben wir schon erwähnt – mit #if-Direktiven wird eine Spezialbehandlung eingebaut. Diese Workarounds sind leider sehr langlebig, weil auch neue Versionen von PROVEtech:TA mit alten Diagnoseservern laufen können.

Zu den schlimmeren Fehlern zählen solche, die normalerweise zu einem Abbruch des Prozesses führen. Insbesondere Zugriffsverletzungen (Access Violation) sind kritisch. Wir haben daher einen eigenen ExceptionHandler installiert, der optional Exceptions ignorieren kann. Beispielsweise kommen Access Violation Exceptions bei einem Diagnoseserver so „zuverlässig" vor, dass ein Einsatz unmöglich wäre, könnten wir diese nicht ignorieren. Es ist natürlich mit einem Risiko verbunden – als würden wir mit einem Auto weiterfahren, obwohl aus dem Motorenraum ein metallisches rattern kommt.

Um in so einem komplexen System, an dem mehrere Firmen beteiligt sind, Fehler zu beseitigen, ist entscheidend, sie schnell zu identifizieren und den Verantwortlichen weiterzuleiten. Wir haben deshalb mit viel Aufwand ein Tracesystem implementiert. Es läuft in einem separaten Prozess, um bei einem Crash nicht auch abgeschossen zu werden. Es zeichnet alle relevanten Funktionsaufrufe mit Parametern, Thread-IDs und Zeitstempel auf. Bei Crashes und bestimmten Exceptions werden Dump-Dateien angelegt. Mit wenigen Klicks kann der Nutzer bequem ein Paket erstellen, in dem außerdem die relevanten Konfigurationsdaten sowie Screenshots gespeichert sind, und es direkt an unseren Support schicken. Diese Reports erlauben uns, schnell die Problemursache zu identifizieren. Dabei erledigen wir zu einem großen Teil die Arbeit des Supports der Entwickler der Diagnoseserver und der D-PDUAPI, aber die Versuche, Probleme weiterzuleiten und Verantwortlichkeiten zu klären sind oft noch viel aufwändiger.

Eine wichtige Entscheidung ist: Qualität geht vor Schnelligkeit. Wir haben eine sehr umfangreiche TestSuite, die zusammen mit jeder neuen Funktion weiterentwickelt wird. Jede neue Version muss alle Tests, auch die ältesten, bestehen. Auch dieser Aufwand macht sich bezahlt, denn Fehler werden viel früher entdeckt und beseitigt. Eine andere Konsequenz der strategischen Entscheidung: sobald ein Kundenticket vorliegt, wird im betroffenen Modul die Entwicklung eingestellt und zuerst das Problem beseitigt. Eine Planung, welcher Fehler so gravierend ist, dass er in der nächsten Release raus muss, gibt es nicht. Der Normalzustand ist eine leere Ticket-Queue.

3.6 Kompatibilität über viele Versionen

Die Anbindung der Diagnoseserver über Java haben wir ausgeschlossen, da wir in C++ entwickeln. Es blieben also zwei Wege: direkt mit der Klassenstruktur in der DLL linken oder über COM-Interfaces.

Der erste Weg erlaubt eine sehr effiziente Verbindung, sofern man mit einem festgelegten Server arbeitet. Da wir unterschiedliche Versionen zweier Anbieter unterstützen, entfällt dieser Weg für uns ebenfalls.

Bei COM werden die GUID – eindeutige Identifikationsnummern von Interfaces – in der Windows Registry eingetragen. Man muss die GUID kennen und aus der Registry den Pfad zur EXE oder DLL ermitteln. Aber auch dieser Weg hat Nachteile: man kann nicht mehrere Versionen einer Software installiert haben. Zum Testen mit mehreren Versionen muss man also einen Server deinstallieren, Rechner neu booten, neue Version (mit Admin-Rechten!) installieren, Test starten – und das für jede Version.

Wir gingen hierbei einen eigenen Weg und tun das, was COM über die Registry erledigt, im Vorfeld und zur Laufzeit „manuell".

In der ersten Stufe – vor der Entwicklung – erstellen wir auf Basis der TypeLib Wrapperklassen in einer H- und CPP-Datei (siehe 3.2) für alle COM-Objekte. Die TypeLib liegt bei einem Anbieter direkt in der DLL des Diagnoseservers, bei einem anderen ist es eine separate tlb-Datei.

Zur Laufzeit laden wir die DLL und füllen die vorher erzeugten Wrapper-Strukturen mit Adressen der Objektfunktionen, oder generieren ein E_NOTIMPL-Ergebnis falls ein Interface in der DLL nicht in der vorgesehenen Form vorgefunden wird.

Die Klassen des MCD-3 D Standards sind festgelegt und ändern sich daher nicht. Wir können also unter Einbindung der im 1. Schritt generierten Header-Datei unsere Zugriffe auf die Objekte eines beliebigen Diagnoseservers programmieren. Nur wenn es neue Klassen gibt und sie verwendet werden sollen, müssen die Wrapper neu generiert werden. Das war in den letzten Jahren ein Mal der Fall – einer der Diagnoseserver implementiert jetzt ein `IDSecurityAccess` zur Lizenzierung.

Bei der Erzeugung der Wrapper-Strukturen verwenden wir solche Systemfunktionen wie:

```
LoadTypeLib(szTypeLibPath, &pTypeLib);
pTypeLib->GetTypeInfo(uTypeInfo, &pTypeInfo);
pTypeLib->GetDocumentation();
pTypeInfo->GetRefTypeInfo();
```

sowie weitere verwandte (siehe MSDN-Dokumentation zu ITypeInfo), und erstellen damit eine Header-Datei mit Strukturen wie die folgende (vereinfachte Darstellung):

```
struct IDDbDiagService : IDDbDataPrimitive
{
HRESULT __stdcall get_RuntimeMode(DRuntimeMode* pValue) {
return g_sTypeLibInfo.uaVtblMap[463](pValue); }
static const IID& GetIID() { return g_sTypeLibInfo.saInterfaces[102].sIid; };
};
```

Die Inhalte der Tabellen in `g_sTypeLibInfo` werden beim Laden der Diagnoseserver-DLL mit Hilfe der Objekte ITypeLib, ITypeInfo usw. zur Laufzeit in der folgenden Funktion gefüllt:

```
BindTypeLib(strServerPath, strServerPath,
        g_sTypeLibInfo.saInterfaces,
        L"DSystem", ClassIDs, m_pObjectHolder)
```

Das Initialisieren des Diagnoseservers erfolgt dann ganz einfach:

```
m_pObjectHolder->GetClassFactory(ClassIDs[0], &pClassFactory);
pClassFactory->CreateInstance(NULL, IDSystem::GetIID(), (void**)&pMCDSystem);
```

Anders als von COM vorgesehen, benötigen wir also keine Einträge in der Registry, nur den Pfad zur DLL selbst. Dieses Verfahren erlaubt es uns, jeder Projektkonfiguration individuell einen beliebigen Diagnoseserver zuzuweisen. Alles was wir brauchen, ist eine Kopie der Diagnoseserver-Installation – ohne RegServer – und ein Satz Konfigurationsdateien. Das lässt sich ohne Admin-Rechte einrichten.

4 Fazit

MCD-3 D ist ein sehr komplexer Standard mit einigen Interpretationsmöglichkeiten. Man kann in einer fertigen Anwendung einen Server nicht „einfach“ mit einem anderen ersetzen. Man kann aber, bei entsprechenden strategischen Entscheidungen, das Gesamtsystem flexibel gestalten, so dass es mit unterschiedlichen Diagnoseservern zusammenarbeiten kann. Der Entwicklungs- und Supportaufwand darf dabei nicht vernachlässigt werden.

Literatur

[1] A. Troelsen, “Developer's Workshop to COM and ATL 3.0”, Wordware Publishing, Plano, Texas, 2000

[2] ASAM, “ASAM MCD-3 D: Application Programming Interface for MVCI Diagnostic Server”, ASAM e.V., 2011

[3] ISO 22900-2, „Diagnostic protocol data unit application programming interface (D-PDU API)“, ISO 2009

8 Prozesssteuerung und domänenspezifische Dokumentation nach ISO26262 und ISO25119 während Entwicklung und Integration von sicherheitsrelevanten Systemen

Dipl.-Ing. (BA) Thomas Wambera, AVL Deutschland GmbH, Stuttgart
Dr. Georg Macher, Technische Universität Graz, Graz
Dipl.-Ing. Bernhard Frohner, AVL List GmbH, Graz

Abstract

Between customer requirements in terms of quality, robustness, functional and IT security, shortened development times, cost optimization with higher performance and system complexity result in new requirements for the control of development processes and their legally compliant documentation. Relevant standards for functional and IT security provide framework conditions that significantly influence the development processes of E / E systems. In practice at AVL, as the world's largest, independent company for the development, simulation and testing of drive systems, experience gained from functional safety engineering has gone into processes and tools. This article represents these.

Kurzfassung

Zwischen Kundenanforderungen bezüglich Qualität, Robustheit, funktionaler und IT-Sicherheit entstehen durch verkürzte Entwicklungszeiten, Kostenoptimierung bei höherer Leistung und Systemkomplexität neue Anforderungen an die Steuerung der Entwicklungsprozesse und deren rechtssicherer Dokumentation. Relevante Normen zur funktionalen und IT-Sicherheit geben Rahmenbedingungen vor, die die Entwicklungsprozesse von E/E Systemen maßgeblich beeinflussen. In der Praxis bei AVL als weltweit größtes, unabhängiges Unternehmen für Entwicklung, Simulation und Prüftechnik von Antriebssystemen sind Erfahrungen aus dem Functional Safety Engineering in Prozesse und Werkzeuge geflossen. Dieser Beitrag stellt diese dar.

1 „Safe of the Art" - Entwicklungsprozess

Entwicklungspartnerschaften in verteilten Teams mit unterschiedlichem Wissensstand und kulturellem Hintergrund sowie die zunehmende Internationalisierung der Systementwicklung mit integrierten Entwurfsmethoden erfordern ein aktives Steuern von Prozessen, um die Erstellung aller durch Normen geforderte Artefakte, sogenannten Work Products, jederzeit zu gewährleisten.

Sicherheitskritische eingebettete Systeme sind zunehmend Teil von Netzwerken, die untereinander und mit Cloud-Diensten interagieren. Eine zentrale Herausforderung solcher Netzwerke ist neben der Gewährleistung der Datensicherheit der Systeme (cyber-security related) die Gewährleistung der funktionalen Sicherheit (safety-related). Dies betrifft Fahrer-erlebbare Funktionen, z.B. teilautonomes Fahren oder neue technologische Schwerpunkte im elektrifizierten Antrieb. Die Funktionale Sicherheit befasst sich mit potentiellen Fehlern in der Elektrik/Elektronik, die zu Gefährdungen führen können. Präventive Designstrategien führen zu redundanten Systemen, Diagnoseabdeckung und Testmethoden, die sicherstellen, dass Fehler erkannt und verhindert werden. Statt unterschiedlicher Systemdesigns (z.B. Sicherheit, Funktion, Cybersicherheit), besteht die Herausforderung darin, ein integriertes System zu entwickeln, das alle Anforderungen in einem Design abdeckt. Das Hauptziel der Entwickler bei AVL ist die Anwendung universell einsetzbarer Methoden für das integrierte Systemdesign. Der Schwerpunkt liegt auf der Identifizierung und Bewertung von Anforderungen und Einschränkungen der Funktionalen Sicherheit in frühen Designphasen. Die Methodik wurde in einem Werkzeug, dem Functional Safety Management Tool, abgebildet. Fokus ist die effiziente und nachverfolgbare Anwendung der relevanten Normen im Entwicklungsalltag.

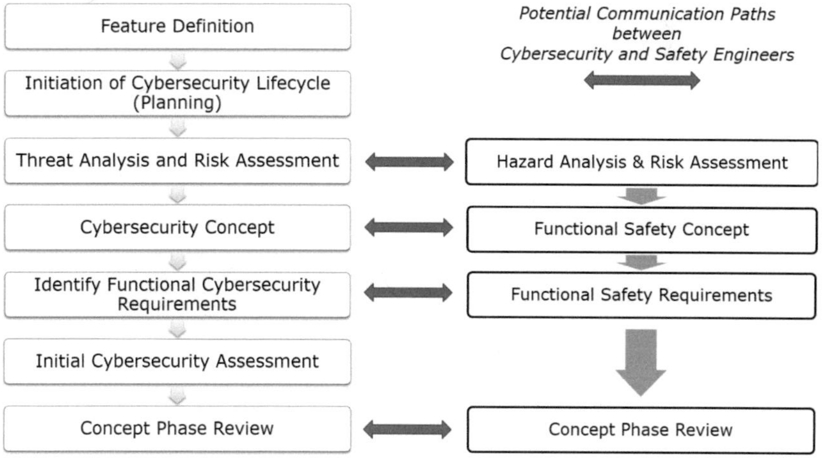

Abbildung 1: Aktivitäten mit potentiellen Kommunikationspfaden zwischen Cybersecurity und Safety in der Konzeptphase nach SAE J3061 [1]

Forschung und Industriepraxis haben zur international anerkannten Norm für Funktionale Sicherheit ISO 26262:2011 [2] geführt, die auf der ISO 61508:2010, der entsprechenden Norm für die industrielle Automatisierung, basiert. Kürzlich wurde die zweite Edition ISO 26262:2018 veröffentlicht, die auch Zweiräder und weitere Fahrzeuge einschließt. Mit der ISO 25119:2018 ist aktuell ebenfalls eine Norm für den Off-Highway Bereich erschienen.

Die SAE-Richtlinie J3061 ist aktuell die einzige veröffentlichte Branchenvereinbarung für automobile Cybersicherheit. Mit der ISO CD 21434 [3] wird zukünftig auch Automotive Security zu einem einheitlichen Bestandteil des gesamten Entwicklungsprozesses. Sie beschreibt Aspekte für die Produktdefinition, das Design, die Implementierung sowie das Testen, nicht aber spezifische Technologie.

2 Prozessmanagement

2.1 Industriepraxis im Bereich Safety Engineering

Beim Prozessmanagement prägen individuelle Lösungen den aktuellen Stand der Technik. Sie basieren auf Office-Tools, PLM-Werkzeugen zum Generieren einzelner Artefakte und Workbench-Applikationen zur Unterstützung bei der Erstellung von Arbeitsprodukten im Safety Lifecycle (z.B. Gefahren- und Risikoanalysen, Modellierung der Systemarchitektur).

Im Bereich des Safety Engineering existieren Lösungen für Teilbereiche, holistische Ansätze für das Safety Management existieren proprietär.[4] Komplexe Zusammenarbeitsmodelle zwischen Dienstleistern, System-Zulieferern und Fahrzeugherstellern erschweren das Nutzer- und Rechtemanagement, Nachverfolgbarkeit und Konsistenz.

Aktivitäten nach ISO26262:2018 werden typischerweise in Excel Sheets geplant und dokumentiert. Diese Sheets listen Aktivitäten wie z.B. die Erstellung des Development Interface Agreement (DIA), das Tailoring der Norm auf das Projekt und die geforderten Work Products auf.

Das bringt in der Praxis Nachteile mit sich:

- Eingeschränktes User Management – Zugriffsrechte auf alle Daten/Eingabefelder
- Reduzierte Nachverfolgbarkeit – unkontrollierte Datenverbreitung und -änderung
- Mangelnde Datenkonsistenz – „Single Source“ und Integrität der Daten nicht garantiert

- Performanz bei großen Datenmengen
- Eingeschränkte Darstellung der Anforderungen

2.2 Normsichten und Terminologie

Die jeweilige Norm gibt das Rahmenwerk vor um Funktionale Sicherheit der elektrischen und elektronischen (E/E) Systeme zu gewährleisten. Die AVL unterstützt die Steuerung des Entwicklungsprozesses mit einem Functional Safety Management Tool (FSMT), um alle Anforderungen effizient in verteilten Teams und Kundenprojekten abzubilden. So werden im Tool mehr als 2000 Anforderungen und ca. 500 Work Products, die die ISO 26262:2018 auf knapp 400 Normseiten im Entwicklungsprozess fordert, berücksichtigt, organisiert und nachverfolgbar gespeichert. Dazu wurde folgender hierarchischer Ansatz gewählt:

- Cluster fassen die Normteile zusammen
- Activities beinhalten die Aktivitäten, die nach Normstruktur in Normenteilen vorgeschrieben sind
- Tasks, die die entsprechenden Maßnahmen im Prozess beschreiben beinhalten:
  - Objectives als Ziele der Maßnahmen, diese sind durch firmeninterne Ziele erweiterbar
  - Methoden, die zur Abarbeitung der Tasks in der jeweiligen Sicherheitsanforderungsstufe (SIL) zur Verfügung stehen
  - Deliverables als versionierte Work Products

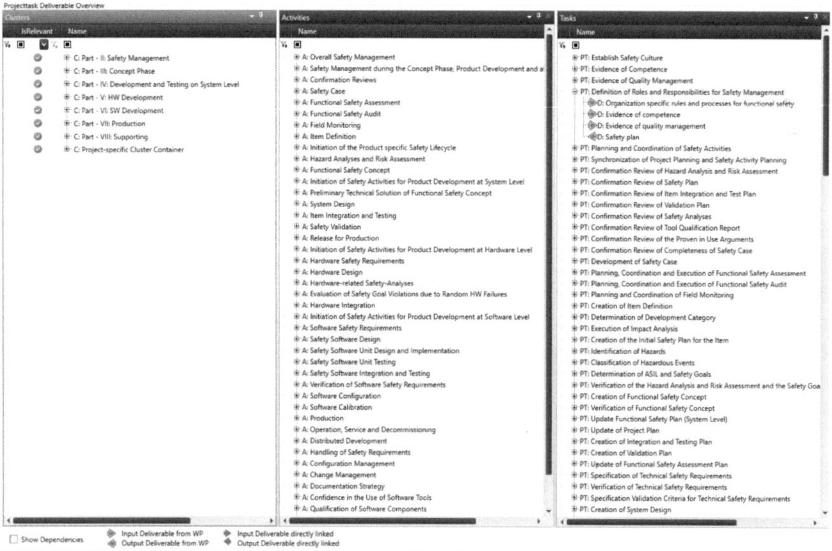

Abbildung 2: Darstellung eines Standards (Cluster, Activities, Tasks und I/O Deliverables)

Die ISO26262:2011 sowie die ISO 26262:2018 sind als Referenzprozesse im FSMT verfügbar. Wird daraus ein Projekt mit dem entsprechenden Standard instanziiert ermöglicht dies die Darstellung verschiedener Arbeitsabläufe und Reports.

2.2.1 Workflow & Abbildung der verwendeten Safety Norm

In Ansichten werden die für den User relevanten Daten abgebildet. Jede Ansicht bildet die speziell für die Aufgabe relevante Funktion ab (z.B. Deliverables View, Meilensteinplan und Reviews für Deliverables, Tailoring, projektrelevante Inhalte definieren).

2.2.2 Tailoring View

Das Tailoring beschreibt das Anpassen von Aktivitäten und Anforderungen der jeweiligen Norm auf den Entwicklungsumfang. Jede Anpassung ist explizit zu dokumentieren. So werden Eingaben erzwungen und automatisch in den Safety Plan bzw. im Safety Case Report übernommen.

2.2.3 DIA - Development Interface Agreement View

Die Aufteilung von Verantwortlichkeiten der Aktivitäten zwischen Kunden und Entwicklungsparteien ist dabei angebotsrelevant und dient der Abgrenzung des Entwicklungsumfangs. Das DIA ist die Ausgangsbasis für die Budget- und Zeitplanung der Safety Aktivitäten. Im FSMT kann eine solche DIA einfach und nachvollziehbar geplant und anschließend im Zusammenarbeitsmodell transparent durch alle Beteiligten genutzt werden.

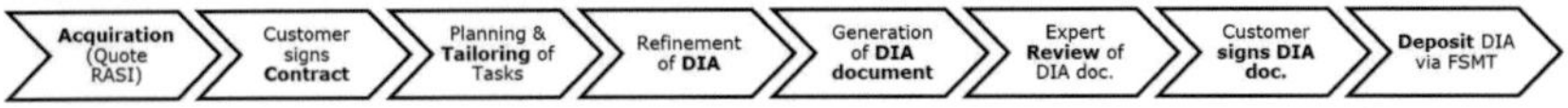

Abbildung 3: Planungssequenz mit Relevanz für das Development Interface Agreement

2.2.4 Konsistente versionierte Datenablage

Im Rahmen der Entwicklung sind domänenspezifische Dokumente, sogenannte Safety Engineering Work Products, zu erstellen. Dies betrifft z.B. durchgeführte Hazard And Risk Assessments (HARA), Failure Mode and Effects Analysis (FMEA) und Functional and Technical Safety Concept (FSC, TSC). Von einzelnen Personen werden meist unterschiedliche Teilprojekte über lange Zeiträume betreut. Im Projekt werden mehrere Deliverables versioniert zu einem Work Product zusammengefasst und stellen dann nach ISO 26262:2018 den Nachweis zur gesamthaften Erfüllung von Anforderungen dar. Die Work Products werden in automatisch generierbaren Safety Case Reports als strukturierte Übersicht verwendet. In Kundenprojekten werden verschiedene Revisionskontrollsysteme unterstützt, um rechtssicher dokumentierten Datenaustausch mit Kunden und Partnern zu gewährleisten.

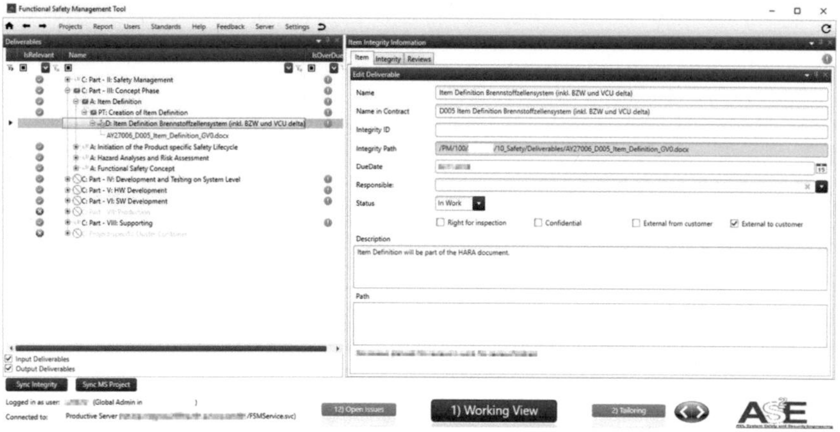

Abbildung 4: Darstellung eines generierten Safety Case Report

2.2.5 Automatisiertes konsistentes Reporting

Durch userdefinierte Templates und Konfiguration der im Tool vorliegenden Daten werden dynamische und statische Reports generiert. So können Deckblätter, allgemeine Einleitungen oder die Erklärung des Aufbaus im Template integriert werden, sowie die Kerninhalte des Reports nach Bedarf spezifiziert werden. So werden regelmäßige Statuspräsentationen mit Systementwicklung/Projektmanagern/Projektleitern effizient vorbereitet.

2.2.6 Rollen- Rechte- und Zeitmanagement

Eine der zentralen Herausforderungen ist die Zusammenarbeit in verteilten Entwicklerteams und Personalwechsel. Ungewollte Anpassung von Templates, versehentliches Überschreiben und Löschen von Prozesselementen sind nicht erwünscht. Es ist in der Praxis eine große Herausforderung gültige Dokumente und Zeitplanungen bei Änderungen für die Beteiligten in verschiedenen Systemen konsistent zu halten. Ein integriertes User Management erlaubt es dem Functional Safety Manager unterschiedliche Rechte zu vergeben. So kann der FSM als Projekt-Administrator alle projektbezogenen Eigenschaften anpassen, während der Functional Safety Engineer FSE die Work Products einpflegen und Statusdetails ändern kann. Durch eine Project Import/Export Schnittstelle kann ein Template für die Planung über unterschiedliche Projektphasen erstellt, extern angepasst und wieder eingelesen werden.

2.2.7 Projekttemplates

Bestimmte work products wie z.B. „Evidence of Competence“, “Evidence of Quality Management”, aber auch Tailoring bzw. DIA Einträge wiederholen sich bei ähnlichen Projekten. Projekttemplates erlauben es eine Ausgangsbasis für bestimmte

Entwicklungstypen (z.B. Batteriefahrzeug oder autonomes Fahren) anzulegen. Der FSM kann sich damit auf kundenspezifische und nicht wiederkehrende Eigenschaften für ein Projekt fokussieren.

2.3 Prozesssicht

Wird ein Fahrzeug nach einer bestimmen Safety Norm entwickelt, so gibt diese die Aktivitäten und Ziele in den einzelnen Projektphasen der Entwicklung vor. Häufig wird die Safety Entwicklung fälschlicherweise als eigene Projektphase im Entwicklungsprozess angesehen anstatt als begleitender Prozess zur Systementwicklung. Folgende Abbildung soll diesen Zusammenhang zwischen typischen Arbeitsprodukten/Aktivitäten in den Entwicklungsphasen beispielhaft veranschaulichen:

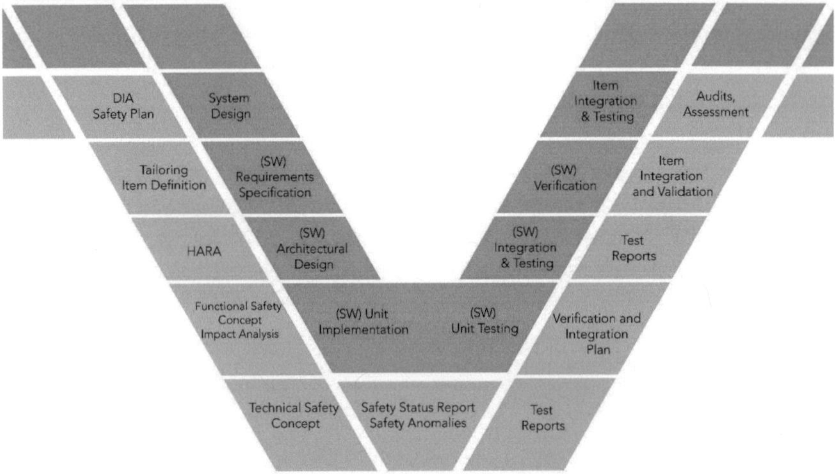

Abbildung 5: Einbettung des Safety Prozesses (außen) in den System-Entwicklungsprozess

Die Anforderungen an den Aufbau und Inhalt solcher Work Products leiten sich typischerweise aus folgenden Einflüssen ab:

- Die verwendete **Safety-Norm** gibt die Kerninhalte und Ziele des Work Products vor
- Der spezifische **Systementwicklungsprozess** gibt an wie Work Products erarbeitet und welche Dokumente/Vorlagen dafür verwendet werden sollen (intern und extern).
- **Kundenspezifische Merkmale** geben Zusatzanforderungen von Kundenseite wieder.

Um diese Anforderungen klar ersichtlich und gesammelt zusammenzuführen, können basierend auf einem kombinierten internen FSMT Standard (= Sicherheits-Norm + spezifische Prozesse) die Projekttasks geplant, nachverfolgt und umgesetzt werden.

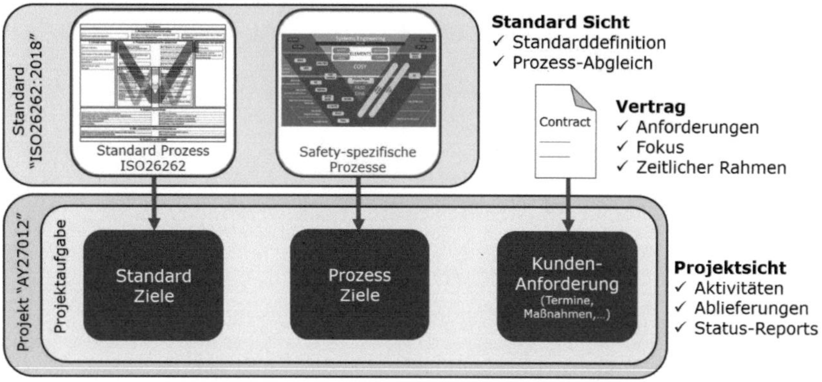

Abbildung 6: kombinierte Prozesssicht in Projekten

Damit können individuell Prozesse kombiniert werden. Diese sind im Tool allgemein gültig und können für jedes Projekt angepasst werden. FSMT wurde nach ISO 26262-8:2018 zertifiziert und findet in Projekten mit höchsten Anforderungen bis automotive safety integrity level D (ASIL D) Verwendung.

2.4 Management-Sicht

Sowohl für das Projektmanagement, als auch für die Organisation hat die zentrale Übersicht zum Status der Sicherheitsaktivitäten hohe Relevanz. Zum einen zur Beurteilung des Projektfortschritts und der Einleitung von eventuell notwendigen Gegenmaßnahmen, zum anderen als Nachweis für die normkonforme Entwicklung

Langfristig bietet die Verwendung des Tools durch die zentrale Ablage der Projektdaten zudem relevante Erfahrungswerte für die Akquisition von Projekten und Personalaufwand. Die Übersicht von technologischen Entwicklungsschwerpunkten und Trends hilft Synergien zu identifizieren.

Mithilfe der integrierten Management-Ansicht können projektübergreifend Aussagen über offene Tasks, Tasks in Bearbeitung und geschlossene Tasks getroffen werden.

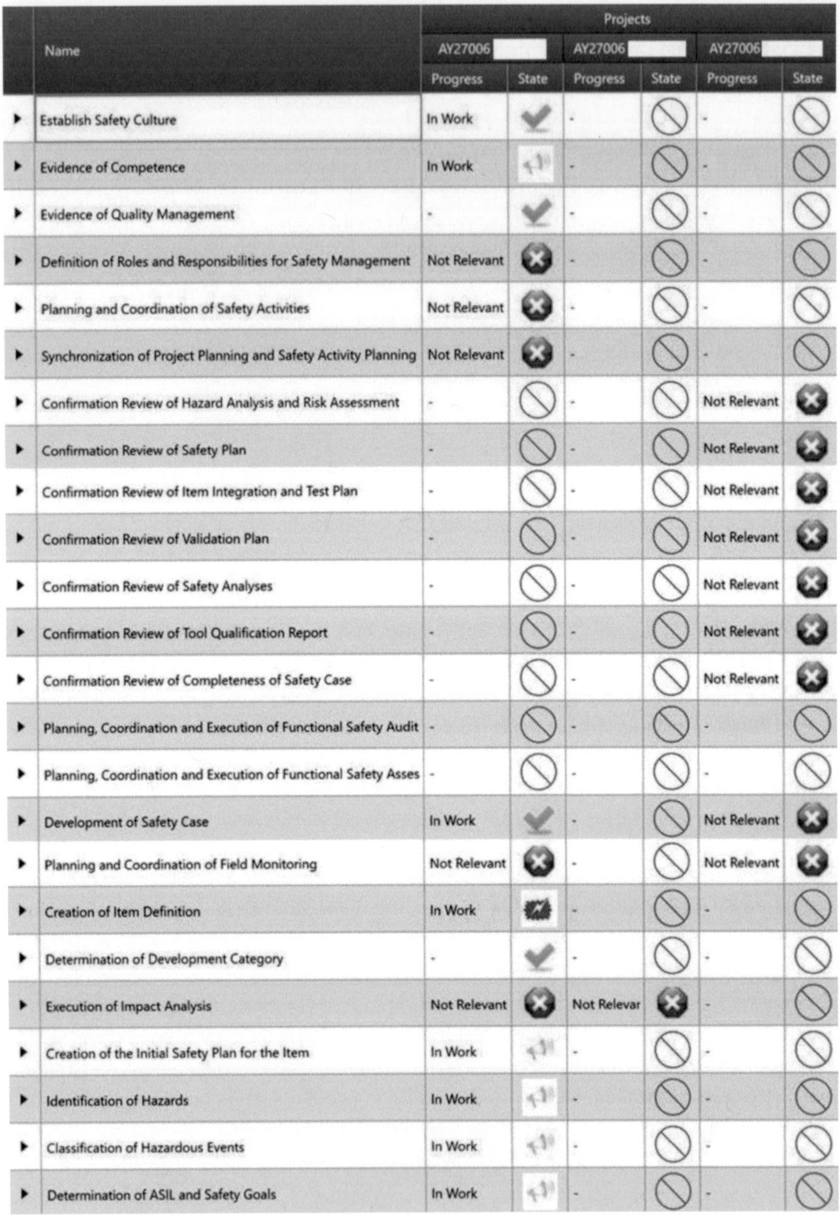

Name	AY27006 Progress	AY27006 State	AY27006 Progress	AY27006 State	AY27006 Progress	AY27006 State
Establish Safety Culture	In Work		-		-	
Evidence of Competence	In Work		-		-	
Evidence of Quality Management	-		-		-	
Definition of Roles and Responsibilities for Safety Management	Not Relevant		-		-	
Planning and Coordination of Safety Activities	Not Relevant		-		-	
Synchronization of Project Planning and Safety Activity Planning	Not Relevant		-		-	
Confirmation Review of Hazard Analysis and Risk Assessment	-		-		Not Relevant	
Confirmation Review of Safety Plan	-		-		Not Relevant	
Confirmation Review of Item Integration and Test Plan	-		-		Not Relevant	
Confirmation Review of Validation Plan	-		-		Not Relevant	
Confirmation Review of Safety Analyses	-		-		Not Relevant	
Confirmation Review of Tool Qualification Report	-		-		Not Relevant	
Confirmation Review of Completeness of Safety Case	-		-		Not Relevant	
Planning, Coordination and Execution of Functional Safety Audit	-		-		-	
Planning, Coordination and Execution of Functional Safety Asses	-		-		-	
Development of Safety Case	In Work		-		Not Relevant	
Planning and Coordination of Field Monitoring	Not Relevant		-		Not Relevant	
Creation of Item Definition	In Work		-		-	
Determination of Development Category	-		-		-	
Execution of Impact Analysis	Not Relevant		Not Relevar		-	
Creation of the Initial Safety Plan for the Item	In Work		-		-	
Identification of Hazards	In Work		-		-	
Classification of Hazardous Events	In Work		-		-	
Determination of ASIL and Safety Goals	In Work		-		-	

Abbildung 7: Reporting-Ansicht im Management View (Auszug)

3 Zusammenfassung

Die Bedeutung von der funktionalen operativen Sicherheit von Systemen und Fahrzeugen steigt mit der zunehmenden Vernetzung und Komplexität der elektrischen und elektronischen Systeme für Antrieb und autonomes Fahren im Fahrzeug weiter. Die Entwicklung dieser Systeme bedingt ein funktionierendes Functional Safety Management zur Absicherung. Im Rahmen von Entwicklungsprojekten hat die AVL Best Practice im Safety-Prozess erreicht und wird durch ein eigenentwickeltes Functional Safety Management Tool bei der weiteren Verbesserung unterstützt. Die Werkzeugkette unterstützt heute die ISO 26262:2011 und ISO 26262:2018. Zukünftig werden mit den Anforderungen auch Prozesse um die ISO 25119:2018 und später auch um relevante Security Standards unterstützt. Neben Serienprojekten ist das Werkzeug in den EU-Forschungsprojekten „AFarCloud“ und „GHOST“ im Einsatz.

Literatur

[1] vgl. Society of Automotive Engineers (Hrsg.) SAE J306, “Cybersecurity Guidebook for Cyber-Physical Vehicle Systems”, SAE INTERNATIONAL, USA, 2016

[2] ISO – International Organization for Standardization, ISO 26262 “Road vehicles Functional Safety Part 1–10”, ISO, Genf, 2011

[3] ISO – International Organization for Standardization, ISO/SAE CD 21434 “Road vehicles -- Cybersecurity engineering”, ISO, Genf, 2018

[4] Messnarz, R., Kreiner C., Riel A. Sechser B., Dussa-Zieger K., Nevalainen R., Tichkiewitch S., “Implementing Functional Safety Standards”, in: Software Quality Professional, Volume 17, Issue 3, June 2015.

9 Ein neuer Diagnose-Standard: ISO 20730 – electronic Periodical Technical Inspection

Dipl.-Ing. Bernd Gottschalk, Daimler AG, Böblingen

Abstract

Periodical Technical Inspection of road vehicles contributes to road safety. A series of ISO standards is currently being developed: ISO 20730 ePTI – electronic Periodical Technical Inspection. This standard series aims at creating an internationally accepted, simple, stable, and universally applicable inspection opportunity for safety related electronic systems.

This lecture provides an insight on the current status of work as well as technical information on the communication principles for this standard series.

Kurzfassung

Die periodisch technische Überwachung von Kraftfahrzeugen dient der Erhöhung der Verkehrssicherheit. Um eine einfache, stabile, universell anwendbare und international anerkannte Prüfmöglichkeit für sicherheitsrelevante elektronische Systeme zu schaffen, wird aktuell eine Serie von ISO Standards entwickelt: ISO20730 ePTI – electronic Periodical Technical Inspection.

Dieser Vortrag gibt einen Einblick in den aktuellen Status der Arbeiten sowie technische Informationen zu den zu Grunde liegenden Kommunikationsprinzipien.

1 Hintergrund

Die periodisch technische Überwachung (z.B. Hauptuntersuchung HU in Deutschland) von Kraftfahrzeugen dient der Erhöhung der Verkehrssicherheit. Um sicherheitsrelevante elektronische Systeme im Fahrzeug im Rahmen einer HU effizient prüfen zu können, wurde in Deutschland 2012 mit der 47. Änderungsverordnung der Straßenverkehrs-Zulassungs-Ordnung (StVZO) die Prüfung bestimmter Systeme im Fahrzeug über die elektronische Fahrzeugschnittstelle („Diagnoseschnittstelle") eingeführt.

In Deutschland wurde die FSD – Zentrale Stelle mit Sitz in Dresden mit der hoheitlichen Aufgabe beliehen, Vorgaben für die Prüfung von Kraftfahrzeugen zu erstellen. Dazu wurde auch der sogenannte „HU-Adapter" entwickelt, der seit Mitte 2015 im Einsatz bei den Prüforganisationen die vorgeschriebenen Aufgaben auf Basis vorhandener, Fahrzeughersteller-individueller Diagnosedienste erfüllt.

Mit Verabschiedung der EU Direktive 2014/45/EU im Jahr 2014 wurde die elektronische Prüfung über die Fahrzeugschnittstelle auch europaweit vorgesehen. Die Direktive muss in den Mitgliedsstaaten ab dem Jahr 2018 angewendet werden. Im Gegensatz zur Abgasuntersuchung basiert die Untersuchung von sicherheitsrelevanten Systemen bisher vorwiegend auf nicht-standardisierten Diagnosediensten. Um die Anwendbarkeit zu vereinfachen, kam der Wunsch nach einer möglichst einfachen, stabilen und universell anwendbaren Prüfmöglichkeit auf.

Dazu wurde 2016 in der ISO (International Standardization Organization) eine dedizierte Arbeitsgruppe ePTI (electronic Periodical Technical Inspection) gegründet - die ISO TC22/SC31/WG7.

Die Arbeitsgruppe ist im Technical Committee für Road Vehicles angesiedelt:

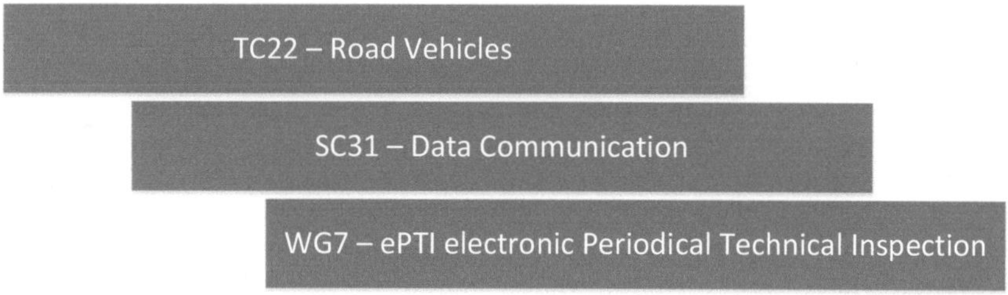

Abbildung 1 Einbindung der Arbeitsgruppe ePTI in der ISO

In dieser Arbeitsgruppe sind verschiedene interessierte Kreise (Stakeholder) vertreten. Dies sind u. a.:

- Fahrzeughersteller
- Überwachungsorganisationen
- Interessensverbände
- Diagnose-Toolhersteller
- Systemlieferanten

Die Ziele, die dabei verfolgt werden, sind unter anderem:

- Sicherheit durch qualitativ hochwertiges Prüfergebnis
- Verfahren mit internationaler Akzeptanz
- Effizienz bei allen Beteiligten
- Keine Belastung Fahrzeughalter durch Fehl-Bemängelung

Im Folgenden wird ein Überblick über die verschiedenen Aktivitäten innerhalb der genannten ISO Working Group gegeben.

2 Übersicht über die Projekte

In der Working Group werden aktuell drei Projekte behandelt, die in der Standard-Serie ISO20730 veröffentlicht werden:

- ISO20730-1 Communication Requirements
- ISO20730-2 Communication Requirements Conformance Test Plan
- ISO20730-3 Data Definitions and Requirements

Der Teil 1 befindet sich aktuell im FDIS voting und damit in einem stabilen Zustand. Auf diesen wird im Kapitel 3 näher eingegangen.

Die Teile 2 und 3 befinden sich noch am Anfang der Entwicklung. Daher wird in diesem Beitrag nur eine Zusammenfassung der aktuellen Diskussionen gegeben. Die Inhalte können sich selbstverständlich im Laufe der Entwicklung noch ändern.

Die folgende Grafik zeigt einen groben Überblick über die Zeitleisten. Die Angaben in der Zukunft sind nur geschätzt und können sich noch ändern.

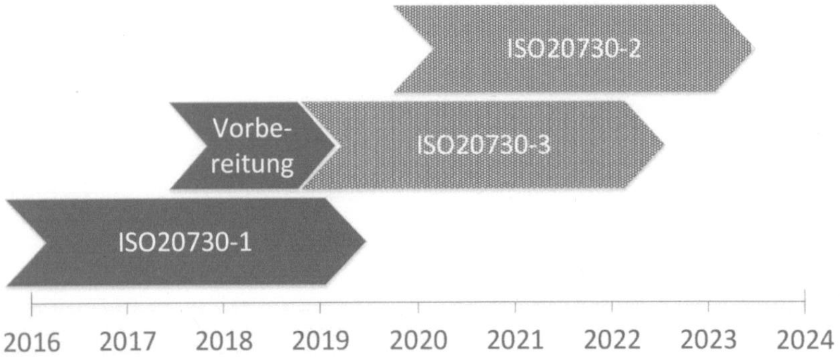

Abbildung 2 Zeitleisten der einzelnen Projekte

2.1 ISO 20730-1 – Communication Requirements

In diesem Teil werden die Anforderungen an die Kommunikation zwischen einem externen Tester und dem Fahrzeug angegeben.

Wesentliche Kriterien bei der Erstellung dieses Teils waren:

- Berücksichtigung der Anwendungsfälle bei einer Hauptuntersuchung
- Aufsetzen auf den Stand der Technik
    - Verwendung von ISO14229 (UDS) als Diagnoseprotokoll
    - Diagnose über CAN oder Ethernet
- Stabile Initialisierungssequenz für den externen Tester
- Keine Beeinflussung der Fahrzeug-Architektur
- Einheitliches Kommunikationsverfahren

Mit diesem Teil wird die Grundlage der Standard-Serie gelegt. Die wesentlichen Inhalte sind:

- *Basic Principles*
  Hier findet sich eine Beschreibung der grundlegenden Prinzipien, die bei der Erstellung des Standards herangezogen werden. Dies erleichtert das Verständnis und die Interpretation des Standards
- *Use Cases*
  Hier sind die verschiedenen Anwendungsfälle angegeben. Aus diesen leiten sich dann die technischen Anforderungen im nächsten Kapitel ab.
- *Technical Requirements*
  Das Kernstück des Standards - hier werden die technischen Anforderungen an die Kommunikation definiert.

2.2 ISO 20730-2 – Communication Requirements Conformance Test Plan

Dieser Teil beschreibt die Conformance Tests, die durchgeführt werden können, um die Schnittstelle auf Einhaltung des Standards zu überprüfen.

Damit wird die Erstellung einheitlicher Tools ermöglicht, mit denen Fahrzeuge auf Einhaltung der ISO 20730-1 zu überprüfen. Dies dient zum einen als Kontrolle beim Fahrzeughersteller, könnte aber auch als Nachweis bei einer Zertifizierung dienen.

2.3 ISO 20730-3 - Data Definitions and Requirements

Hier werden die eigentlichen Dateninhalte beschrieben.

Die wesentlichen Teile sind

- *System List*
  Dies ist eine Auflistung möglicher prüfrelevanter Systeme. Jedes System hat einen Index, über den es eindeutig zugeordnet werden kann (z. B. Reversibler Gurtstraffer, Anti-Blockiersystem, ...).
- *Data Identifier Definitions*

Hier sind die standardisierten Data Identifier aufgelistet, die zum Auslesen von Werten verwendet werden (z. B. VIN, Systemstatus, Fahrzeuggeschwindigkeit, ...).

- *Routine Identifier Definitions*
  Hier finden sich die standardisierten Routine Identifier für Ansteuerungen (z. B. Aktivieren Außenleuchten, ...)
- Data Parameter Definitions
  Dieser Abschnitt beschreibt die Parameterdefinitionen (z. B. die Definition der Bits innerhalb des Data Identifiers für den Systemstatus)

3 Details zur ISO 20730-1

Nach der Zusammenfassung der einzelnen Teilprojekte nun wieder zurück zum Teil 1, den Communication Requirements. Im Folgenden wird auf die wesentlichen Use Cases sowie deren zugehörige Technical Solutions näher eingegangen.

Im Standard selbst sind dazu drei Kapitel vorhanden:

- Use Cases
- Mapping Use Cases – Technical Solutions
- Technical Solution

In diesem Beitrag sind Use Case und zugehörige Technical Solution zusammengefasst, um einen kompakteren Überblick zu ermöglichen.

3.1 Discover ePTI data link / Discover ePTI-relevant systems

Physikalisch erfolgt der Zugang zum Fahrzeug über die folgenden Stecker – jeweils mit den für CAN bzw. Ethernet standardisierten PINs:

- ISO15031-3 / ISO13400-4 (PKW, LKW)
- SAE J1939/13 (LKW USA)
- ISO19689 (Motorräder)

Als physical Layer sind zugelassen

- ISO11898-1 (CAN classic) mit 500 Kbit/s,
- ISO13400-3 (Diagnostics over IP) mit 100 Mbit/s

Als Network / Transportation layer

- ISO15765-2 (Diagnostics on CAN) mit 29bit Adressierung
- ISO13400-2 (Diagnostic communication over IP)

Als Diagnoseprotokoll ist nur

- ISO14229 (UDS - Unified Diagnostic Services) zugelassen.

Die folgende Grafik zeigt den vereinfachten Zusammenhang zwischen den genannten Standards, den neuen ePTI Standards sowie eine Zuordnung zu den ISO/OSI Schichten (links):

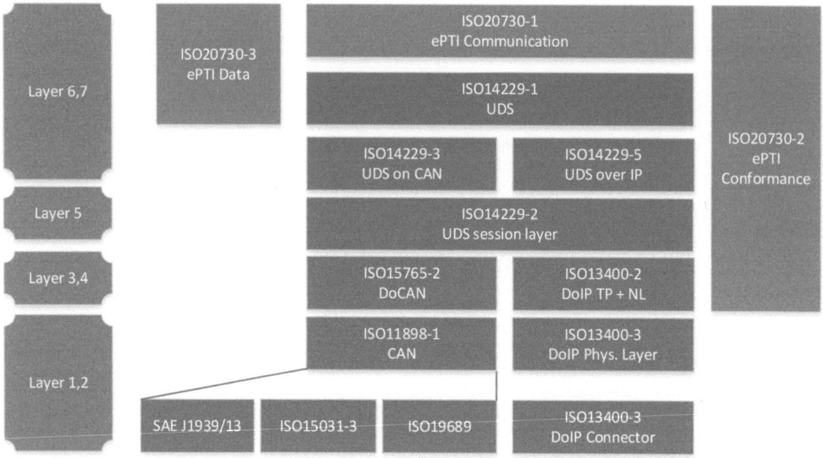

Abbildung 3 Zusammenhang zwischen den verschiedenen Standards

Eine detaillierte Übersicht findet sich in der Einleitung zur ISO 20730-1.

Für den Anwendungsfall „Discover ePTI-relevant systems" ist ein standardisierter DID „Report ePTI relevant systems" definiert. Dieser liefert als Rückgabewert eine Liste mit den Indices der vom jeweiligen Steuergerät unterstützen Informationen über prüfrelevante Systeme.

Der Kommunikationsaufbau findet wie folgt statt (Aktionen jeweils aus Sicht des Externen Testers, die Reihenfolge DoCAN und DoIP kann auch getauscht werden):

1. Anschließen
2. *Funktionaler* Request „Report ePTI relevant systems" auf DoCAN
3. Wenn nicht erfolgreich: Gleicher Request auf DoIP
4. Wenn erfolgreich, kann sich der Tester aus den Antworten die folgende Tabelle aufbauen:

Steuergerät	**ePTI System**
ECU Adresse A	System 1
	System 2
ECU Adresse B	System 3
	System 4

Diese Tabelle enthält:

- Adressen der Steuergeräte, die an der ePTI Kommunikation teilnehmen
- Indices der ePTI Systeme, zu welchen diese Steuergeräte Informationen bereit stellen

5. Ab jetzt sind die Steuergeräte sowie ePTI Systeme bekannt und können für die weiteren Anwendungsfälle physikalisch adressiert werden.

3.2 ePTI external test equipment authentication

Die Sicherheit gegen unbefugte Zugriffe auf Fahrzeuge ist von grundlegendem Interesse. Daher wurden auch im ePTI Standard die Mechanismen verankert, die bereits standardisiert sind oder aktuell standardisiert werden.

Dies sind

- UDS Dienst Authentication
  - Wird definiert in ISO 14229-1 Edition 3, diese ist aktuell im FDIS
  - Einschränkung: Nur das Konzept PKI Certificate Exchange ist erlaubt
- UDS Dienst SecurityAccess

Auch mit Repair and Maintenance (RMI, ISO 18541) Berechtigungen soll der Zugriff auf ePTI Informationen möglich sein. Damit ist sichergestellt, dass eine Werkstatt im Rahmen der Vorbereitung auf eine Hauptuntersuchung ebenfalls den Zustand des Fahrzeugs auslesen kann.

3.3 Vehicle ECU authentication

Hier authentisiert sich das Steuergerät gegenüber dem Tester. Dies ist als optionales Feature angegeben. Zukünftig könnte über diesen Methode sicher gestellt werden, dass eine Information sicher aus einem bestimmten Steuergerät stammt.

3.4 Query supported data identifier

Hier fragt der Tester an, welche standardisierten ePTI DIDs das Steuergerät unterstützt. Damit kann der Tester seine Tabelle, die er beim Kommunikationsaufbau erstellt hat, ergänzen.

Steuergerät	ePTI Supported DID
ECU Adresse A	DID 1
	DID 2
	DID 3
ECU Adresse B	DID 1
	DID 5

In dieser Tabelle sind enthalten:

- Adressen der Steuergeräte, die an der ePTI Kommunikation teilnehmen
- DataIdentifier der in der ISO 20730-3 standardisierten Lesewerte, die das Steuergerät unterstützt.

3.5 Query vehicle identification number / Query vehicle odometer value

Die VIN (Vehicle Identification Number) und der Kilometerstand sind zwar streng genommen nur einer von vielen Lese-Werten. Aber aufgrund ihrer zentralen Bedeutung bei der Hauptuntersuchung haben sie einen eigenen use case spendiert bekommen.

3.6 Query information from system

Hinter diesem Anwendungsfall verbirgt sich das Auslesen von Informationen aus dem Fahrzeug. Diese können entweder wie in der ISO 20730-3 standardisiert sein oder auch herstellerspezifisch sein.

3.7 Query system's self-test completion status

Dieser Anwendungsfall gibt an, ob das jeweilige ePTI System grundsätzlich in der Lage war, sich selbst zu überprüfen. So bekommt der Prüfer schnell einen Überblick, welche Systeme sich selbst überprüfen konnten und welche er bei Bedarf noch genauer in Augenschein nehmen sollte.

Die Bedingungen für das Setzen dieses Status können system-spezifisch sein. So kann es für ein System erforderlich sein, dass die Fahrzeuggeschwindigkeit > x km/h war, für ein anderes System ist die Bedingung, dass das Außenlicht aktiviert war.

3.8 Query system status and error information

Dies ist ein Kernelement von ePTI. Für jedes System gibt der „system status“ an, ob dieses System einen prüfrelevanten Mangel erkannt hat.

Zusammen mit dem „Report ePTI relevant systems“ und dem „completion status“ bekommt der Prüfer so innerhalb kürzester Zeit einen Überblick

- welche Systeme verbaut sind,

- ob diese sich selbst überprüfen konnten und wenn ja,
- ob sie einen prüfrelevanten Mangel festgestellt haben.

Des Weiteren ist in dem Anwendungsfall noch verankert, dass bei Bedarf Fahrzeug-spezifische Diagnose-Codes heran gezogen werden können. In dem Fall ist allerdings ein aufwändiges Bewerten der Diagnose-Codes notwendig.

3.9 Query supported routine identifiers (RIDs) / Query supported input/output control identifiers

Die Abfrage der unterstützten standardisierten RIDs und IOControl IDs für Ansteuerungen funktioniert analog zu der Abfrage der unterstützten DIDs.

3.10 Activate system's routines / Activate system's input/output controls

Hier findet sich noch der Anwendungsfall zum Aktivieren von Ansteuerungen.

Ein Kandidat dafür ist das standardisierte Aktivieren der Außenleuchten (Fernlicht, Abblendlicht, Richtungsblinken etc.). Hier wird dem Prüfer ermöglicht, diese Ansteuerung vorzunehmen, während er sich in der Nähe der Leuchten aufhält. So kann das Leuchtmittel beurteilt werden, ohne dass eine zweite Person notwendig ist, die im Fahrzeug sitzt und die Leuchten an- und ausschaltet.

3.11 Query system's software number

Die Überprüfung der installierten Software-Versionen rückt zunehmend in den Fokus.

Einer Empfehlung der UN/ECE task force „Cybersecurity and over-the-air updates" folgend, wurde in UDS ISO 14229-1 Edition 3 (aktuell im FDIS voting) ein DID „RegulationXSoftwareIdentificationNumbers" (RxSWIN) definiert.

Eine RxSWIN besteht aus der Nummer der Regulierung (z. B. „R079" für die ECE-R79 Lenkanlagen) sowie einem eindeutigen Kenner für den Softwarestand.

Diese RxSWINs dienen dazu, Software-Stände mit zertifizierungsrelevanten Unterschieden differenzieren zu können. Damit ist auch eine Verwendung im Rahmen der Hauptuntersuchung möglich.

Die folgende Abbildung zeigt den Zusammenhang zwischen Steuergerät, herstellerspezifischer Software-Nummer, der RxSWIN und ePTI Systemen.

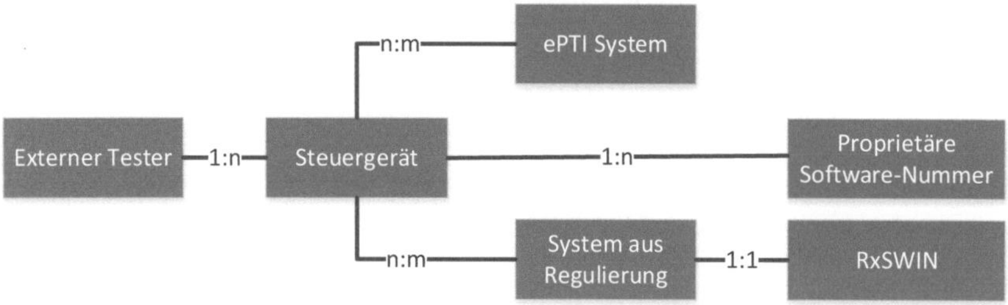

Abbildung 4 Zusammenhang zwischen Software-Identifikationsmerkmalen

Die Überprüfung, ob eine zulässige Software verbaut ist, erfordert allerdings neben der Möglichkeit, den Ist-Wert aus dem Fahrzeug auszulesen, auch noch einen Soll-Wert als Referenz. Hierzu dürfte eine Online-Abfrage durch den Tester beim Hersteller oder bei einer zentralen Datenbank notwendig werden. Zu diesem Thema laufen zur Zeit verschiedene Diskussionen.

Zur Überprüfung der Integrität der Software (z. B. Überprüfung auf Manipulation) ist ebenfalls ein Anwendungsfall angegeben. Dieser ist aber nicht mit einer konkreten Technical Solution hinterlegt.

4 Fazit

Es zeigt sich ein ganz wesentlicher Vorteil des ePTI Standards:

Ohne Diagnose Kommunikationsinformationen (z. B. in Form von ODX oder OTX Daten) kann der Tester erkennen,

- auf welchem physical layer er kommunizieren muss,
- mit welchen Steuergeräten das passiert,
- wie VIN und km-Stand des Fahrzeugs lauten,
- welche Systeme verbaut sind,
- ob diese sich selbst überprüfen konnten,
- ob sie einen Fehler erkannt haben sowie
- welche DIDs und RIDs unterstützt werden.

Die standardisierten DIDs und RIDs kann der Tester dann aufrufen – ebenfalls ohne weitere notwendige Kommunikationsinformationen.

Ein generischer Tester, der die wichtigsten Anwendungsfälle abdeckt, kann somit einfach und ohne Fahrzeug-spezifische Informationen umgesetzt werden.

Der erste Teil des Wegs ist nahezu geschafft: Die ISO 20730-1 ist im FDIS voting. Ein guter Teil liegt aber noch vor der ISO Arbeitsgruppe. Insbesondere bei der Diskussion um Ansteuermöglichkeiten treffen Datenschutz-, Sicherheits- und Produkthaftungsthemen auf Wünsche nach zusätzlichen Prüfmöglichkeiten. Das dürfte für interessante Diskussionen sorgen.

Insgesamt wird mit der Serie von ePTI Standards (ISO 20730) die Grundlage für eine verlässliche, einfache und vergleichbare Fahrzeugprüfung geschaffen. Dies sollte im Interesse aller Beteiligten sein.

Literatur

[1] Direktive 2014/45/EU des Europäischen Parlaments und des Rates über die regelmäßige technische Überwachung von Kraftfahrzeugen und Kraftfahrzeug-anhägern

[2] Straßenverkehrs-Zulassungs-Ordnung (StVZO). Untersuchung der Kraftfahrzeuge und Anhänger. §29 Anlage VIIIa, s.l.: Bundesministerium der Justiz, 2012

[3] ISO/FDIS 20730-1:2019 Road Vehicles — Vehicle roadworthiness interface for electronic Periodical Technical Inspection (ePTI) — Part 1: Communication requirements

[4] ISO/DIS 14229-1:2018 (Ed. 3) Road vehicles — Unified diagnostic services (UDS) — Part 1: Application layer

10 From Development into the end-of-line – Calibration, functional testing and failure diagnosis of automated driver assistance systems on vehicle test benches

Heinz Neidhart, BSc, AVL List GmbH, Graz
Dr. David Delichristov, Virtual Vehicle Research Center, Graz
Dr. Selim Solmaz, Virtual Vehicle Research Center, Graz

Abstract

Advanced Driver Assistance Systems/Autonomous Driving (ADAS/AD) functions require extensive validation and testing before they can be released to the market. During both the functional development and the production phase, ADAS/AD functions need to undergo calibration, as well as robustness, integrity and integration checks. This paper presents a novel method for calibration, functional testing and diagnosis of specific ADAS/AD related failures of camera-based ADAS/AD systems utilizing a vehicle-in-the-loop test simulation setup with over-the-air stimulation of the camera sensor on a novel steerable chassis dynamometer testbed. In this setup, the driving scenario and the functional testing environment is simulated whereas the real vehicle, equipped with a SAE level 3 driving function, is tested with realistic rolling conditions on the testbench. Using this method, various error conditions can be emulated and diagnosed during testing with or without access to the vehicle's ECUs. The presented setup enables a consistent testing methodology and toolchain from functional development into the end-of-line. Furthermore, we propose the idea of a standardized ADAS/AD diagnostic interface, to support diagnosis in time-critical conditions (e.g. end-of-line or workshop) with respect to the expected performance limits. This diagnostic interface is crucial to perform testing in a consistent and reproducible manner and re-use and compare results between different testing environments.

Kurzfassung

Fahrerassistenzsysteme (FAS) und autonome Fahrfunktionen benötigen aufwändige Validierung und Testing, bevor diese für Produktion und Verkauf freigegeben werden können. Sowohl während der Entwicklungs- als auch Produktionsphase müssen Fahrerassistenzfunktionen hinsichtlich ihrer Robustheit, Integrität und Integration überprüft werden. Dieses Paper präsentiert eine neuartige Methode zur Kalibrierung, Funktionsprüfung und Diagnose von Kamera-basierten FAS, welche auf der Verwendung einer vehicle-in-the-loop Simulation mit Over-the-Air Stimulation der Kamera basiert. Die vehicle-in-the-loop Simulation wird dabei auf einem neuartigen lenkbaren Rollenprüfstand implementiert. In diesem Setup werden das Fahrszenario und die -umgebung simuliert, während das reale Fahrzeug, ausgestattet mit einer SAE Level 3 Assistenzfunktion, mit realistischer

Straßenlast am Rollenprüfstand getestet wird. Mit dieser Methode lassen sich verschiedene Fehlerzustände emulieren und diagnostizieren, sowohl mit als auch ohne Zugriff zur Fahrzeugelektronik. Zudem wird durch dieses Setup eine konsistente Methodik und Toolchain zur Funktionsprüfung von der Entwicklung bis zum End-of-Line. Abschließend schlagen wir einen standardisiertes FAS Diagnostikinterface vor, welches es ermöglicht, unter zeitkritischen Bedingungen (z.B. End-of-Line oder Werkstatt) eine Diagnose durchzuführen. Ein solches Diagnoseinterface ist notwendig, um konsistente und reproduzierbare Resultate zwischen verschiedenen Testumgebungen zu generieren.

1 Introduction

Functional testing of the complete vehicle on either powertrain or chassis testbeds is an established practice. With the emergence of Advanced Driver Assistance Systems and Autonomous Driving (ADAS/AD) technologies, the testing of these systems becomes more important. Beginning in the development, over verification, validation and at the end of the production process, safety-critical ADAS systems need to be thoroughly tested. This ensures their functionality, in terms of safety and comfort requirement levels, which are expected by customers of such ADAS systems. This also naturally leads to a high number of tests. These tests can either be performed in simulation, on a testbed, on a proving ground or in a real road environment.

In this paper we present a vehicle-in-the-loop (VEHIL) setup based on a steerable chassis dynamometer coupled with a simulation environment and an over-the-air stimulation of the camera used for the ADAS function. Our setup is specifically suited to end-of-line testing applications. The vehicle under test is equipped with two different ADAS functions, which were tested with this setup:

- Adaptive Cruise Control: The car is steered by the driver but adapts its speed to the speed of the preceding car (SAE level 2, partial automation)
- Lane-keeping assistant with cruise control: "Hands-off" function, in which the function keeps the car on a specific lane and controls a set speed (SAE level 3, conditional automation)

In the vehicle-in-the-loop setup a vehicle under test is coupled with the simulation of a driving environment and other traffic partners. The longitudinal and lateral movement of the vehicle on the testbed is replicated in the simulation.
One key challenge of testing ADAS systems in a testing environment, either simulation or testbed, is the integration of the environment sensors. The sensors need to "see" the same input as they would do on the real road. This can lead to highly increased complexities in the testing setup, which do not exist in test environments for traditional driver assistance functions like ABS and ESP. One possibility to integrate the sensors on such a testbed is the concept of sensor stimulation and injection. In this concept, a physical signal, which is generated based on the current driving situation in the simulation, is injected into the sensor. This physical signal represents a virtual object, although the sensor is not able to differentiate between a virtual and a real object.

We show that such a setup enables a consistent methodology for testing in development phase, production process and in after-sales. We also demonstrate that our setup is especially suited for complete vehicle end-of-line tests during the production process, where the integration and integrity of the system needs to be checked before the car can be delivered to the customer.

2 ADAS function tests at the end-of-line

2.1 End-of-Line testing

Testing a vehicle at the end of the production line is done to assess many things: Quality, stability and yield of the production process, alignment of the chassis and headlamps as well as ABS systems.

An overview of the assembly process from a modern vehicle production line is shown in figure 1. After the trim line (installation of electrical parts) the vehicle is equipped with the drive train and engine in the chassis assembly station. At the end-of-line, final assembly checks of wheel alignment, headlamp adjustment settings are made and a combined roll/brake/ABS test is executed on a roller test bench. If the car is equipped with Driver Assistance Systems, those systems are calibrated, and their integration is checked.

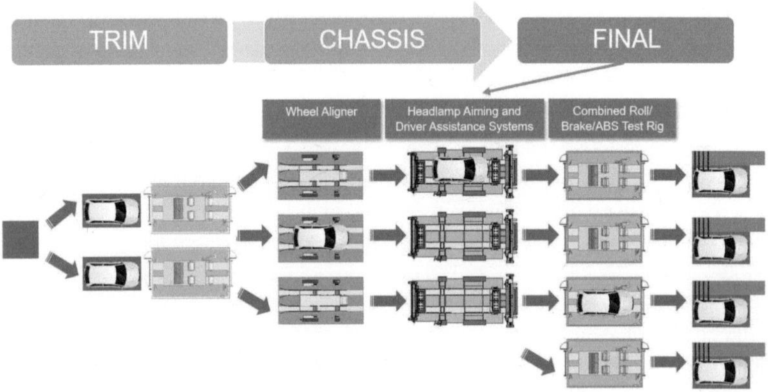

Figure 1: End-of-Line ([4])

With the emergence of ADAS/AD technologies new methods need to be introduced, to align, calibrate and test their sensors and systems during the production process. The end-of-line testing needs to ensure, that the ADAS system has been integrated correctly into the vehicle and all relevant components are functioning as expected.

Typically, the final assembly steps take about 1.5 to 5 minutes. If a problem is detected, the vehicle is going to a rework station.

The final combined roll/brake/ABS test is done on a roller testbench. The testbench can selectively stall one side of the vehicle, to provoke the activation of the ABS system.

2.2 Vehicle-in-the-loop simulation for ADAS

Simulation of vehicle dynamics is a common engineering practice. There exist several ways, to integrate the simulate a full vehicle. If accurate models of all relevant subsystems, e.g. vehicle dynamics and control logic, exist, a simulation can be performed. This can be extended to the concept of hardware-in-the-loop simulations, in which a real hardware component, e.g. ECUs with their respective control logic, is already available. The real hardware is coupled with the simulation in a closed-loop cycle in real-time, thus any change in the simulation is immediately transferred to the hardware and vice versa. Hardware-in-the-loop simulations have been extensively used in ABS testing. In such setups the vehicle dynamics and the road conditions (e.g. µ-split situation) are simulated, while the physical ABS ECU is integrated in the simulation and issues control commands to the braking subsystem of the virtual vehicle model ([5]). The vehicle dynamics model outputs relevant signals for the ABS ECU, e.g. wheel speeds.

Another extension of this concept presents the vehicle-in-the-loop simulation. Here, a real vehicle on a testbed is integrated into the simulation environment. The idea behind this setup is, that the vehicle movement in the simulation is coupled directly to the driving of the vehicle on the testbed. In such a setup, the testbed needs to be able to set a specific road load condition, that is provided by the simulation environment.

If an ADAS function needs to be integrated and evaluated in such an environment, conventional simulation setups are at their boundaries. In the case of conventional Driver Assistance Systems, like ABS, the signals needed for the functionality, and which are typically measured by the system in the car, can be calculated quite easily in the simulation (e.g. wheel speeds, yaw rate, accelerations…), because they are invariantly tied to the vehicle model and the reaction of the vehicle on the road. ADAS functions on the other hand, build a world model of their surrounding environment to determine their reaction. Thus, the reaction of the function is not invariantly tied to the vehicle state anymore.

The architecture of ADAS functions is detailed in [6]. The environment perception of a function is an integral part of its architecture and all decision making starts with the perception of the surrounding environment. After the function has built a model of the surrounding environment, it can begin path planning on a tactical (e.g. lane selection) and reactive (e.g. immediate obstacle avoidance) level.

A vehicle-in-the-loop setup for ADAS functional testing needs to present the ADAS function with the necessary inputs to build such a world model. Just like the ABS ECU expects the respective wheel speeds, an ADAS function expects the respective input signals from its environment sensors. To generate the necessary inputs, several ways have been proposed ([1]). In all setups, an environment simulation first simulates ground truth data in a 3D virtual environment. This is the position of every simulated traffic actor and road infrastructure (e.g. lanes, traffic signs…). From this ground truth data, two methods to generate the necessary signals are available:

- Simulated sensors: A model of the sensor derives the input signals and provides them via an interface to the ADAS function
- Sensor injection/stimulation: An external sensor signal injection device transmits a physical signal to the real vehicle sensor, corresponding to a signal the sensor would see in the real life

Figure 2 shows the basic architecture of a vehicle-in-the-loop simulation for ADAS.

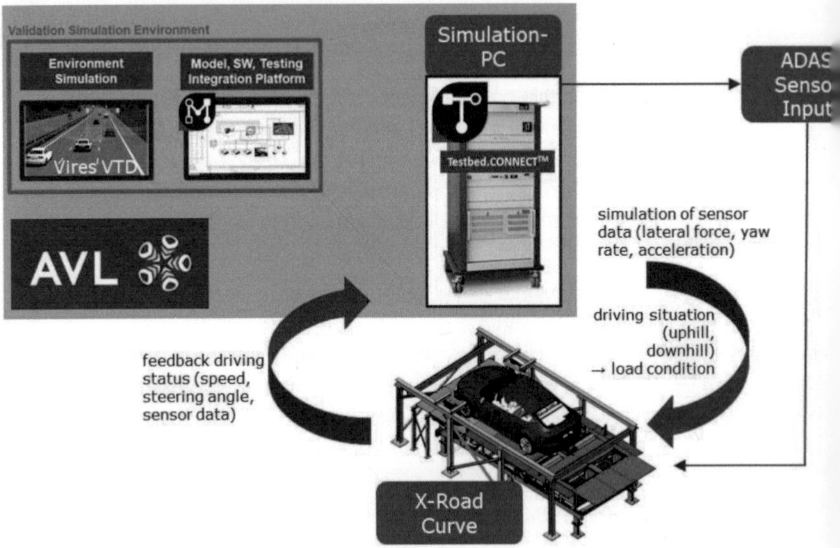

Figure 2: End-of-Line ([1])

In the case of camera sensors, the sensor injection can be achieved with a 3D video stream generated by the environment simulation ([3]). In the case of Radar sensors, a target simulator device, which receives the Radar waves, delays and imposes Doppler shift and sends them back as an echo, can be used ([2]).

2.3 Steerable roller test benches

A roller test bench consists of four double roller sets, on which the vehicle wheels are positioned. Each roller is linked to an electric motor, that can individually be used to accelerate or brake the corresponding roller. The speed of the rollers is measured.

Figure 3: Roller test bench ([4])

Figure 3 shows a conventional roller test bench, on which a vehicle can accelerate and brake, but not steer. To enable steering, the company Dürr Assembly Products has recently introduced the x-road curve[1], which is a steerable roller test bench (see. Figure 4). This novel test bench concept, features two steerable rollers at the front axle. The steering angle of the vehicle is measured with laser sensors. The rollers are rotated around their vertical axis to align them on the centerline of the corresponding wheel after a steering movement.

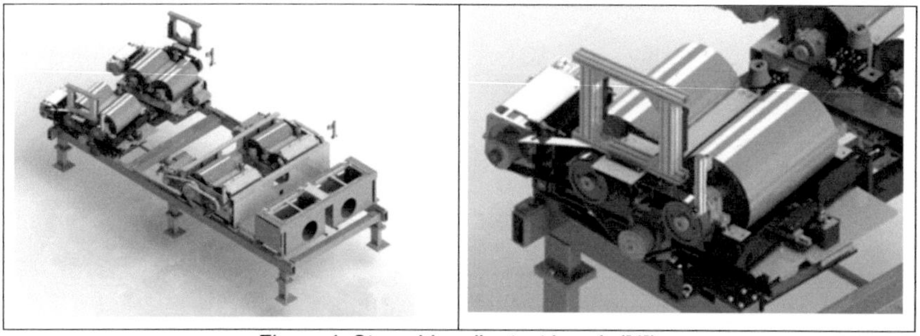

Figure 4: Steerable roller test bench ([4])

The biggest advantage of this roller test bench is its capability to support the testing of ADAS functions requiring steering e.g. lane-keeping assists.

[1] See product homepage: https://www.durr-ap.de/index.php?id=261#c4709

3 Vehicle-in-the-loop simulation at the end-of-line

To enable the testing of a steering-enabled ADAS functions, we demonstrate here, that a steerable roller test bench together with a vehicle-in-the-loop simulation can be a used at the end-of-line. We show the specific use case with a lane-keeping assistance and an ACC function, both of which use a camera as the sole input source.

3.1 Test setup and interfaces

The basic test setup is shown in Figure 4. The test vehicle was prepared and put on the Dürr x-road curve testbench. The testbench is connected to Model.Connect, the central co-simulation and integration tool, via UDP communication link. The testbench takes the driving status (in terms of wheel speeds and steering angle) as a feedback to the simulation, while the simulation sets the road load condition (up- or downhill). A vehicle dynamic model, implemented in AVL VSM, calculates the dynamic response of the vehicle (accelerations, yaw rate…). This dynamic model feeds the dynamic response of the vehicle to an environment simulation, Vires VTD, via Ethernet. A 3D visualization of the environment model is shown on a monitor in front of the camera. The autonomous functions are implemented on a MicroAutoBox II development ECU platform, which has a CAN gateway to control the vehicle function as well as to get the sensor data from an installed MobilEye camera. As the autonomous functions need the vehicle accelerations, there is a CAN interface from the vehicle dynamic model to the MicroAutoBox to provide these inputs.

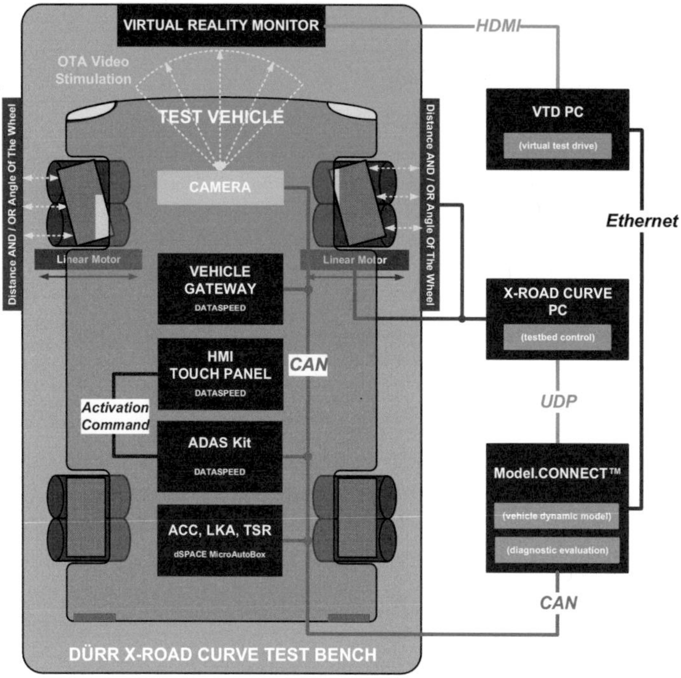

Figure 4: Setup of the test

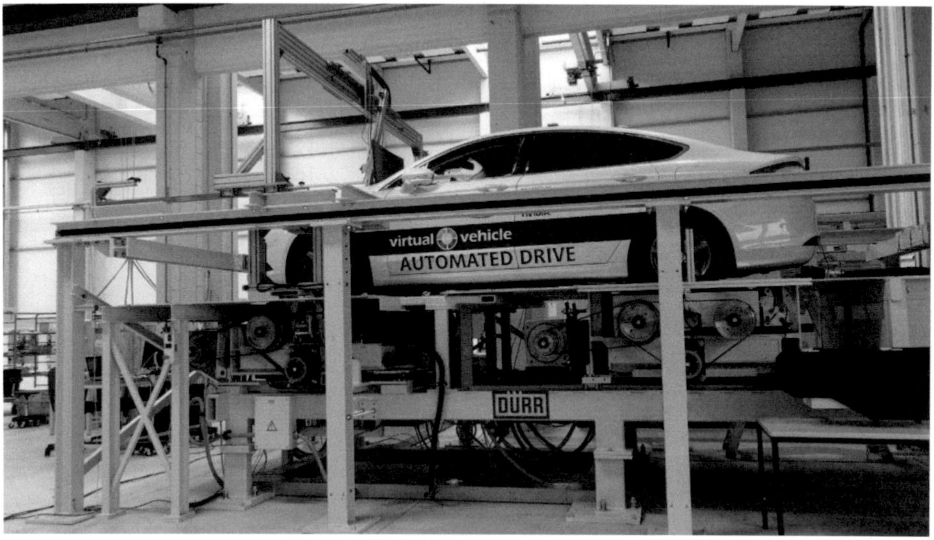

Figure 5: Picture of testbench together with vehicle

Figure 5 shows the vehicle mounted on the testbench and the monitor in front of the camera, which is mounted inside the windscreen.

3.2 Test procedure

The environment simulation simulates a closed test track. The test is split into three distinctive phases:

- First a conventional standard driving cycle is executed
- On a straight road segment, the ACC test maneuver with a simulated target vehicle in front of the vehicle is executed
- On a curved road segment, first a left turn is executed and secondly a right turn is executed, where the lane keeping assistance is tested

The driving cycle is set via Model.Connect.

On the straight road segment, the ACC is activated. The camera installed in the vehicle detects the target vehicle in front and holds a specified distance to it.

After the straight road segment, the road converges into a curved road segment. The camera detects the lane and keeps the vehicle on the lane.

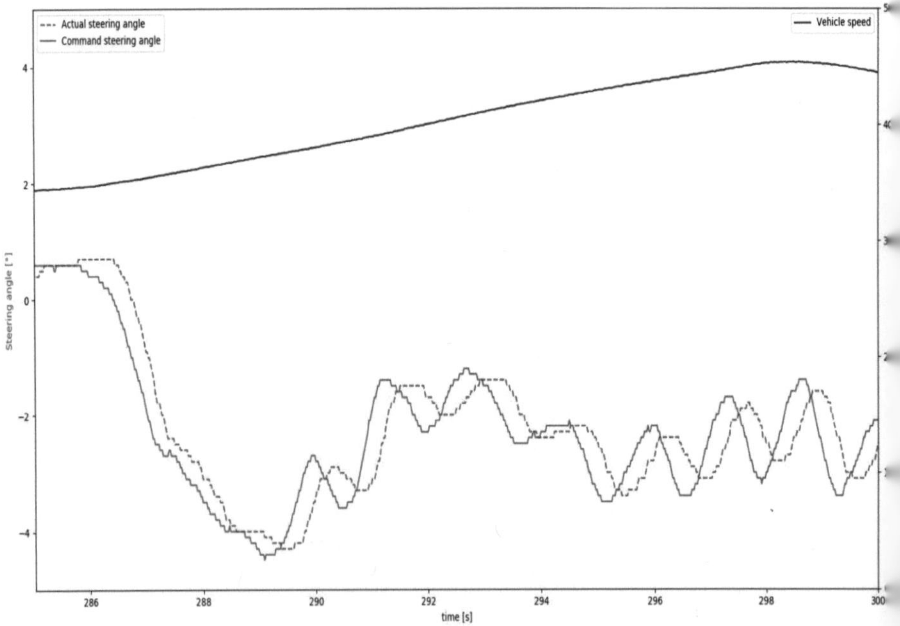

Figure 6: Steering commands through curved road segment

Figure 6 shows sample measurement data from Model.Connect. It shows the vehicle speed and the actual steering angle versus the commanded steering angle from the ADAS function.

3.3 Diagnosis of vehicle malfunction

To diagnose a malfunction in the vehicle, the measurement data can be evaluated. As shown in figure 6, there is a commanded steering angle. This steering angle translates to a reference trajectory through the simulated environment. If the actual steering angle deviates from this reference trajectory, the vehicle has a fault. With analysis of the data, a vehicle malfunction can be diagnosed either externally, with no access to the car or with a diagnosis interface.

We therefore propose the introduction of a new kind of ADAS diagnostic interface. With this interface, it should be possible, to quickly connect any kind of vehicle to such a testbench and test it. The diagnostic interface should assist the test bench setup in finding common system and performance faults.

To find a specific fault, the failure state needs to be identified beforehand. Therefore, it is critical to work closely with production line planners, to identify all relevant failure states. Those failure states are caused by variations in production and vehicle installation procedures.

4 Potential Applications

4.1 Functional testing at the end-of-line

The main application of the proposed setup is the functional testing of ADAS functions at the end-of-line. The setup can be used to do quick functional testing of all relevant ADAS related subsystems. With such a test, the robustness, integration and integrity of the function is validated.

The manufacturer can reduce cars delivered with issues and eventually raise his production reliability. Also, any car with a malfunction can easily be reworked in the plant and not at the workshop after delivery to the customer.

4.2 ADAS diagnostic test at the periodical technical inspection

With advancing autonomous vehicles (level 3 and beyond) the need for periodical checks at legally mandated periodical technical inspections (PTI) at the workshop will arise. Currently, PTIs focus on mechanical safety and emission related faults, while in the future PTIs may also cover ADAS functions.

With the proposed setup, an ADAS function can be quickly checked at the workshop, if it stills fulfills all minimum safety requirements regarding robustness and integrity.

The proposed setup can also be used to detect and diagnose any fault in the autonomous system. If a customer comes to a workshop with a problem in his ADAS function, the workshop can use the proposed setup to a quick functional test with the proposed setup. The setup assists in finding the fault. Most ADAS functions have such interconnected systems, that classical diagnosis tools are not enough.

5 Conclusion and Outlook

The presented solution of a roller testbench together with a vehicle-in-the-loop-simulation closes a gap in the functional testing of ADAS functions in the end-of-line. It has been shown with our proposed solution, that fast and reliable tests can be performed at the end-of-line, to check the robustness, integrity and functionality before the vehicle leaves the production line. Major issues, such as an incorrect integration of the ADAS function in the steering subsystem, which are otherwise only found on the road by the customer, can be detected early on.

We raised the topic of a common ADAS diagnostic interface, which is necessary for fast and standardized diagnosis and testing of such functions. Such an interface can provide the vehicle manufacturer with valuable information, whether the ADAS function behaves correctly or not after manufacturing the car.

A critical part of our approach is to identify failure states which can arise during production (e.g. wrong software flashed on ECU, incorrectly installed cables in vehicle…). To detect those failure states, the necessary scenarios used for testing can then be defined. The critical test maneuvers for ADAS are those maneuvers, which can be executed quickly and detect all relevant failure states, by the means of diagnosis.

6 References

[1] C. Schyr and A. Brissard. 2016. DrivingCube - A novel concept vor validation of powertrain and steering systems with automated. In *Advanced Vehicle Control AVEC'16*, München.

[2] Gadringer, M. E., Schreiber, H., Gruber, A., Vorderderfler, M., Amschl, D., Bösch, W., Metzner, S., Pflügl, H., and Paulweber, M. 2018. Virtual reality for automotive radars. In *Elektrotechnik & Informationstechnik*, 335–343.

[3] Haselhoff, M. and Hakuli, S. 2015. ECUs für kamerabasierte Fahrerassistenzsysteme im Closed-Loop-Verfahren. In *ATZ extra*, 31–33.

[4] Neumann, J., Tentrup, T., and Weck, T. 2018. *How to calibrate and test advanced driver assistance and autonomous driving systems EoL*. SimVec.

[5] O. Gietelink, J. Ploeg, B. De Schutte, and M. Verhaegen. 2006. Development of advanced driver assistance systems with vehicle hardware-in-the-loop simulations. *Vehicle System Dynamics,* 44, pp. 569–590.

[6] Watzenig, D. and Horn, M. 2017. *Automated Driving. Safer and More Efficient Future Driving*. Springer.

11 Automatisierte Diagnoseprozesse in der Halbleiterindustrie

Dipl.-Ing. Frank Bleich, M.Sc. Robert Amthor, Infineon Technologies Dresden GmbH & Co. KG, Dresden, **Dr. Norbert Waleschkowski, M.Sc. Ronny Giera**, Semantis Information Builders GmbH, Oberursel

Abstract

The semiconductor industry is often called the key industry for the project "Industry 4.0". The production processes from the semiconductor industry are among the most highly automated production facilities at all. However, there are still recurring problems during the production processes that require human interaction and a lot of time, resources and costs. In this paper the potential of modern software systems for smart maintenance is discussed which rely heavily on concepts and methods from Artificial Intelligence (AI) and Machine Learning (ML) such as the Smart Maintenance Suite[1]. It can be shown that there is a strong need for such technologies in order to reach the goals towards a smart factory according to Industry 4.0.

Kurzfassung

Die Halbleiterindustrie wird oft als Schlüsselindustrie für das Projekt "Industrie 4.0" bezeichnet. Die Fertigungs- und Produktionslinien aus der Halbleiterindustrie gehören mit zu den am höchsten automatisierten Produktionseinrichtungen überhaupt. Dennoch treten auch dort in der Produktion wiederkehrend schwierige Problemsituationen auf, die nur durch den Eingriff von Menschen und mit großem Zeit-, Ressourcen- und Kostenaufwand gelöst werden können. Im vorliegenden Paper wird aufgezeigt, welches Potential moderne Diagnose- und Prädiktionssysteme wie die Smart Maintenance Suite[1] haben, die auf innovativen Methoden aus der Künstlichen Intelligenz (KI) und dem Maschinellen Lernen (ML) beruhen. Es zeigt sich, dass solche Technologien notwendig sind, um die notwendigen Schritte in Richtung einer Smart Factory im Sinne von Industrie 4.0 zu erreichen.

Acknowledgement: A part of the work has been performed in the project Power Semiconductor and Electronics Manufacturing 4.0 (Semi 40) under grant agreement No 962466. The project is cofounded by grants from Austria, Germany, Italy, France, Portugal and Electronic Component Systems for European Leadership Joint Undertaking (ECSEL JU).

[1] Die Smart Maintenance Suite bzw. die Technologie für Smart Maintenance ist ein Produkt der Fa. Semantis Information Builders GmbH.

1 Einleitung und Motivation

In der Automobilindustrie werden zunehmend halbleiterbasierte Komponenten und Produkte wie Leistungshalbleiter und Sensoren eingesetzt. Die Halbleiterindustrie ist ein Industriezweig mit besonders sensiblen Produktionsabläufen, die sich im Nanometer-Bereich und in Reinräumen abspielen. Daher sind Produktionsprozesse in diesem Industriebereich von vornherein hochgradig automatisiert konzipiert und ausgelegt. Fertigungs - und Produktionslinien aus der Halbleiterindustrie gehören mit zu den am höchsten automatisierten Fabriken überhaupt und kommen damit der Idee vom Ideal einer Smart Factory nahe. Gleichzeitig herrschen hohe Anforderungen mit geringen Toleranzen und hoher Komplexität in der Fertigung. Bereits minimale Abweichungen und kleinste Störungen können schwerwiegende Auswirkungen auf den Produktionsprozess haben. Trotz des hohen Automatisierungsgrades treten immer wieder schwierige Problemsituationen auf, die schnelle Eingriffe und Problemklärungen erfordern und umgehende Entscheidungen verlangen. Dies erweist sich insbesondere bei hochgradig automatisierten Fertigungs- und Verarbeitungslinien mit vielen, dynamisch ineinandergreifenden Prozessschritten bei oft unklaren Fehlerbildern als schwierig.

Zur Problemlösung wurden in der Vergangenheit von Servicetechnikern Dokumente mit Abarbeitungs- und Entscheidungsanleitungen genutzt, kaum aber rechnergestützte Diagnoseanwendungen mit operationalisiertem Diagnose-Know How. Dabei besteht gerade in diesem Industriebereich ein besonders hoher Bedarf an intelligenten, flexiblen und automatisierten bzw. automatisierbaren Diagnose- und Maintenance-Systemen.

In diesem Paper wird aufgezeigt, welches Potential intelligente Software-Technologien für Smart Maintenance besitzen, die auf innovativen Methoden und Verfahren aus der KI und dem Maschinellen Lernen (ML) beruhen. Solche Technologien erscheinen geeignet, um die notwendigen Schritte in Richtung einer Smart Factory im Sinne von Industrie 4.0 zu erreichen. Im Vorhaben wurde die Software-Technologie für Smart Maintenance der Fa. Semantis Information Builders eingesetzt.

2 Industrie 4.0 und Smart Maintenance in der Halbleiterindustrie

2.1 Der Begriff "Smart Maintenance" im Kontext von Industrie 4.0

Das Konzept "Industrie 4.0" ist ein wesentlicher Bestandteil der "Hightech-Strategie 2020" der Bundesregierung. Für die Industrie bedeutet dies, moderne Informationstechniken in klassische industrielle Prozesse einzubinden mit dem Ziel, eine sog. intelligente Fabrik ("Smart Factory") zu etablieren. Die Halbleiterindustrie übernimmt hier eine Vorreiterrolle, hat sie doch die Entwicklung der Industrie 4.0-Initiative maßgeblich beeinflusst.

Die Instandhaltung der Produktionsmittel als auch die Qualitätssicherung der produzierten Produkte sind untrennbar mit den Zielsetzungen von Industrie 4.0 verbunden.

Sie stellen in diesem Konzept einen zentralen und unverzichtbaren Baustein dar, sollen sie doch höchste Verfügbarkeit der Produktionsmittel und eine gleichbleibend hohe Qualität der Produkte bei minimalen Ausfällen und Stillstandzeiten sicherstellen mit dem Ideal eines ausfallsicheren Betriebs.

Hierzu gehört neben einer umfassenden Instandhaltungs- und Qualitätssicherungsstrategie auch eine intelligente Diagnose- und Maintenance-Technologie, die das gesamte Spektrum von sich anbahnenden bis hin zu aufgetretenen Problemen bzw. Fehlern in dem Sinne umfasst, dass sie in jeder Situation die bestmögliche Unterstützung anbietet, eine optimale Durchführung aller Diagnose- sowie Behebungsmaßnahmen ermöglicht und dabei selbst hochgradig automatisiert oder automatisierbar ist.

Unter dem Begriff reaktive Diagnose wird die Gesamtheit aller Maßnahmen verstanden, die zu ergreifen sind, wenn ein technisches Problem eingetreten und zu beheben ist. Unter dem Begriff prädiktive Diagnose wird die Gesamtheit aller Maßnahmen verstanden, die zu ergreifen sind, um sich anbahnende Probleme frühzeitig zu erkennen und notwendige Behebungsmaßnahmen passgenau einzuplanen und auszuführen. Die intelligente Koordination der Gesamtheit aller Maßnahmen der reaktiven und prädiktiven Diagnose komplexer technischer Systeme oder Prozesse nennen wir Smart Maintenance.

Smart Maintenance verfolgt das Ziel, die Leistung der Diagnoseprozesse in der Instandhaltung und Qualitätssicherung kontinuierlich zu steigern. Wenn selbst einfache Störungen zu teuren Unterbrechungen der Produktionsprozesse oder zu Qualitätseinbußen bei den Produkten führen, wird das Ziel einer Smart Factory konterkariert. Smart Maintenance-Systeme unterliegen also denselben Anforderungen an Automatisierbarkeit wie die Produktionsprozesse selbst; sie gehören organisch zum Konzept Industrie 4.0. Die von Bund und Ländern geförderte nationale Deutsche Akademie der Technikwissenschaften, acatech, kommt daher zum Schluss: "Ohne Smart Maintenance wird sich die Vision Industrie 4.0 nicht entwickeln." und konstatiert weiter: "Deutschland steht an der Schwelle zu einem neuen industriellen Zeitalter: Im Zentrum der Industrie 4.0 steht die Smart Factory als intelligente Fabrik der Zukunft. Auch die Instandhaltung in der Smart Factory muss intelligent und zukunftsfähig werden. Smart Maintenance sichert die Instandhaltung, die Arbeitsplätze in der Industrie, beherrscht die Komplexität in der Fabrik und treibt als Innovationsmotor und Wissensträger die Industrie 4.0 voran" [16]. Diese Schlüsselsätze sind nicht einfach nur Feststellungen, sie sind Programm.

2.2 Industrie 4.0-Bestrebungen in der Halbleiterindustrie

Die Halbleiterindustrie wird oft als Schlüsselindustrie für Industrie 4.0 bezeichnet. Zum einen liefert sie durch immer leistungsfähigere Produkte wie Mikrocontroller oder Leistungshalbleiter die Voraussetzung für die Integration von eingebetteten Systemen in die Produktion. Zum anderen wurden in modernen Halbleiterfabriken durch das konsequente Vorantreiben der Automatisierung seit den 1990er Jahren Elemente von Industrie 4.0 bereits realisiert. Aufgrund der dort herrschenden Komplexität wurden verschiedene Ansätze zu deren Beherrschung entwickelt. Hierzu zählen beispielsweise vernetzte und intelligente Fertigungssysteme, die Ermittlung von Produktionsdaten in Echtzeit zur Steuerung des Materialflusses oder die eindeutige Identifizier- und Lokalisierbarkeit der Produkte mittels Radio-Frequency Identification (RFID). Viele dieser Fortschritte wurden im Rahmen des Computer Integrated Manufacturing (CIM) vorangetrieben. Auf diese Weise hat die Halbleiterindustrie die Voraussetzungen für eine weitergehende Integration und intelligente Vernetzung der Produktionsfaktoren im Sinne von Industrie 4.0 geschaffen [9, 6, 10]. Dies ist eine hervorragende Basis, um auch den Instandhaltungs- und Qualitätssicherungsbereich in überschaubarer Zeit ebenso auf ein System-unterstütztes Niveau zu heben, wie es für eine umfassende Smart Factory erforderlich ist (siehe Abschnitt 2.1).

Zur Realisierung von Industrie 4.0-Anwendungen und -Geschäftsmodellen wurde vom ZVEI, dem Zentralverband Elektrotechnik- und Elektronikindustrie e. V., und seinen Partnern ein Referenzarchitekturmodell (RAMI 4.0) geschaffen, das zur Orientierung und als Basis für Entwicklungen dienen soll. Die Ziele dabei sind, mit möglichst wenigen Standards auszukommen und eine durchgängige Vernetzung sowie lückenlose Digitalisierung zu ermöglichen. RAMI 4.0 führt die wesentlichen Elemente von Industrie 4.0 in einem dreidimensionalen Schichtenmodell zusammen. Anhand dieses Gerüsts kann Industrie-4.0-Technologie systematisch eingeordnet und weiterentwickelt werden [15].

Aufgrund der Komplexität und des hohen Automatisierungsniveaus in der Halbleiterindustrie wurde (von den Autoren unter [12]) ein Industrie 4.0-Modell namens FINCA entwickelt, das speziell auf die Belange der Halbleiterindustrie zugeschnitten ist. In diesem Modell ist eine Roadmap definiert, bei der die Vision Industrie 4.0 für die Halbleiterindustrie in greifbare Teilaspekte zerlegt ist. Das Modell betrachtet die Halbleiterfertigung in sieben Dimensionen, für die einzeln der Reifegrad von Industrie 4.0 in unterschiedlichen Levels bestimmt werden kann. Es bietet als spezifisches Referenzmodell für die Halbleiterindustrie die Möglichkeit, den Digitalisierungsgrad von Halbleiterfabriken zu bestimmen und zu vergleichen [12].

Aufgrund der vorherrschenden Komplexität in der Halbleiterindustrie werden die Möglichkeiten der Wissensverarbeitung und der Datenanalyse immer wichtiger. Es finden zunehmend Methoden der künstlichen Intelligenz Anwendung [8, 9, 13]. So werden innerhalb der Dimension Workflow-Automatisierung des FINCA-Modells vollständig integrierte Systeme angestrebt, die eigenständig und automatisiert Entscheidungen treffen. Die Halbleiterfertigung hat daher nicht nur großen Bedarf, sondern bietet auch vielfältige Anwendungsbereiche für den Einsatz innovativer Smart Maintenance-Lösungen.

Bevor auf die hierfür nötigen technologischen Aspekte eingegangen wird, werden zunächst die Produktionsprozesse und ihre diagnostischen Herausforderungen näher betrachtet.

2.3 Komplexe automatisierte Produktionsprozesse

Der typische Herstellungsablauf in der Halbleiterindustrie lässt sich grob in vier Phasen untergliedern. Zunächst werden in der Frontendfertigung auf hochreinen Silizium-Scheiben (Wafer) mikroelektronische Schaltungen erzeugt. Im zweiten Schritt werden die im Frontend gefertigten Chips im Wafer-Test verschiedenen Umgebungsbedingungen ausgesetzt und überprüft, um fehlerhafte Chips frühzeitig zu identifizieren. Anschließend werden die Chips im Backend durch Sägen der Wafer vereinzelt und je nach Aufbauform auf Substrate montiert, in ein Gehäuse eingebracht, elektrisch kontaktiert sowie intensiven Funktionaltests unterzogen. In der abschließenden Baugruppenfertigung erfolgt die Zusammenführung von unterschiedlichen elektronischen Bauelementen auf einem Verdrahtungsträger wie einer Leiterplatte. Je nach Technologie und Kundenanforderung kann der gesamte Produktionsprozess bis zu drei Monate dauern [1, 2, 3].

Die im vorliegenden Paper beschriebenen Untersuchungen beschränken sich auf die Frontend-Phase der Halbleiterfertigung, da die im Rahmen dieses Produktionsabschnitts getätigten Prozesse 90 Prozent der Kapitalkosten verursachen und für 80 Prozent der Gesamtdurchlaufzeit verantwortlich sind [4]. Die Scheibenfertigung stellt damit den wichtigsten Teil in der Wertschöpfungskette dar.

Mittels verschiedener technologischer Prozessfolgen werden verschiedenste funktionale Schichten (Layer) aufgebracht. Jedes Produkt benötigt etwa 300 bis 700 Prozessschritte im Frontend, wohingegen in der Backendfertigung lediglich 10 bis 30 Arbeitsschritte je Produkt anfallen. Die Fertigungsprozesse in der Scheibenfertigung unterscheiden sich zudem technologisch deutlich voneinander. Ähnliche Schritte werden im Rahmen eines Fertigungsauftrags nach funktionalen Schichten zyklisch wiederholt. Daraus resultieren ein erhöhter Vernetzungsgrad und eine entsprechende Komplexität der Materialflussbeziehungen. Der spezifische Produktionsablauf wird für jedes Produkt in einem Arbeitsplan gespeichert, der für jede Operation ein Prozessrezept, die dafür qualifizierten Anlagen sowie weitere spezifische Parameter enthält. Ein Fertigungsauftrag bezieht sich im Frontend immer auf ein Los, welches in der Regel aus 25 Scheiben besteht, die zusammen den Produktionsprozess nach den Vorgaben der im Arbeitsplan dokumentierten Route durchlaufen. [2, 5, 6, 7]

2.4 Diagnostische Herausforderungen

Um diese komplexen Produktionsprozesse zu realisieren, wird eine Vielzahl an technischen Anlagen, Maschinen und Komponenten benötigt, die wiederum alle präzise gesteuert werden und zusammenspielen müssen.

Es gibt viele Bereiche, die einen Bedarf an intelligenten Diagnose- und Prädiktionslösungen haben. Wir betrachten hier die Diagnoseprozesse in der Qualitätssicherung. Aufgrund der geringen Strukturgrößen bestehen bei der Bearbeitung der Wafer hohe Anforderungen an die Qualität der Herstellungsprozesse und der Fertigungsumgebung. Insbesondere können auf die Wafer gelangte Partikel die Eigenschaften der Bauelemente erheblich beeinträchtigen und führen fast immer zu ausbeutemindernden Defekten auf den Scheiben [14]. Derartige Defekte müssen rechtzeitig erkannt und verursachende Anlagen(komponenten) schnell identifizieren werden, um diese umgehend außer Betrieb zu nehmen und so den Ausschuss zu reduzieren.

Um diesen Herausforderungen auf hohem Niveau zu genügen und diese im Sinne einer Smart Factory auf intelligente und möglichst automatisierte Weise zu handhaben, bedarf es in beiden Fachbereichen innovativer und leistungsfähiger Smart Maintenance-Lösungen, welche die reaktive als auch die prädiktive Diagnose einschließen.

2.5 Diagnose technischer Systeme und Prozesse

Die Diagnose ist der Klassiker schwieriger Entscheidungsprozesse und gehört seit ihren Anfängen mit zu den Kernproblemen der KI. Systeme, die solche Entscheidungsprozesse unterstützen, gehören zu den sog. entscheidungsunterstützenden Systemen (DSS = Decision Support Systems). Diagnosefähigkeiten – sowohl für die reaktive als auch prädiktive Diagnose – setzen gründliches und tiefes Wissen sowie umfassende Erfahrungen über die technischen Systeme und Prozesse voraus. Eine Diagnose steht am Ende eines komplexen Entscheidungsprozesses und war deshalb lange nur dem Menschen vorbehalten.

Der Versuch, rechnergestützte Diagnosesysteme zu bauen, hat nach verschiedenen Ansätzen und Versuchen zu Systemen geführt, die unter dem Paradigma der geführten Fehlersuche subsumiert werden können. Sie basieren im Kern auf der klassischen Entscheidungsbaummethodik, einem Verfahren, das in den 1930er Jahren entstanden ist. Das sehr einfache Grundprinzip, das auch nur einfache und starre Abläufe zulässt (und damit von vornherein dynamische Abläufe sowie auch Lernprozesse ausschließt), ist dann mit dem Begriff der "Geführten Fehlersuche" (GFS) versehen worden. In vielen Industriezweigen, insbesondere in der Automobilindustrie waren und sind sie noch weit verbreitet. Den Herausforderungen nach dynamischen Abläufen, Freiheitsgraden, Adaptivität und Lernfähigkeiten können solche Systeme allerdings nicht gerecht werden.

In der Zwischenzeit sind durch große Fortschritte in der Informatik neue Technologien entstanden, die wissenschaftlich fundiert und praktisch erprobt sind. Dazu gehören z.B. intelligente und lernfähige Systeme, die prädestiniert sind, Fachwissen geeignet abzubilden und – auch automatisch – neues Wissen zu erwerben. Wissensbasierte und lernfähige Smart Maintenance-Systeme erlauben es nicht nur, das erforderliche Wissen rechnergerecht abzubilden, sondern sie können auch aus den Felderfahrungen lernen und ihr Verhalten automatisch optimieren.

Diese Fähigkeiten erlauben ihrerseits ebenfalls einen hohen Automatisierungsgrad i.d.S., so dass einerseits alle Diagnose- und Handlungsmaßnahmen selbst automatisiert durchgeführt werden können, andererseits diese mittels automatischen Entscheidungsfindung autonom und intelligent gesteuert werden können. Ein Eingriff durch Menschen ist dann nur erforderlich, wenn dies unumgänglich ist. Damit kommt man dem Ziel einer Smart Factory einen großen Schritt näher.

Im Nachfolgenden werden die Qualitätssicherungsprozesse in der Halbleiterindustrie und deren Automatisierung mittels der intelligenten und lernfähigen Technology for Smart Maintenance. Die Ausführungen sind i.A. auch auf andere Bereiche übertragbar wie z.B. die Instandhaltung. Einzelne Aspekte, etwa der Grad der Automatisierung, mögen abweichen.

3 Die Automatisierung von Qualitätssicherungsprozessen

3.1 Inline Monitoring in der Frontendfertigung

Aufgrund des hohen Kosten- und Wettbewerbsdrucks sind Unternehmen in der Halbleiterindustrie gezwungen, ein sehr hohes Qualitätsniveau in der Fertigung zu etablieren und gleichzeitig die Kosten für Ausschuss zu reduzieren. Zudem bestehen durch die geringen Strukturgrößen bei der Bearbeitung der Wafer hohe Anforderungen an die Qualität der Herstellungsprozesse und der Fertigungsumgebung. Daher müssen qualitätsbeinträchtigende Probleme, wie die bereits erwähnte Partikelproblematik (siehe Abschnitt 2.4), frühzeitig erkannt und behandelt werden. Aus diesem Grund werden in der Frontendfertigung über den gesamten Produktionsprozess verteilt stichprobenartige Inspektionen vorgenommen. Diese erfolgen bereits nahezu vollautomatisiert. Werden dabei Defekte auf den inspizierten Wafern festgestellt, startet ein Untersuchungsprozess. Diese Qualitätsprüfung, die auch als Inline Monitoring bezeichnet wird, soll im Nachfolgenden genauer betrachtet werden, da sie für eine Automatisierung der darin enthaltenen Entscheidungsprozesse hervorragend für den Einsatz einer Smart Maintenance-Lösung geeignet ist.

Aufgabe des Inline Monitorings ist es, Auffälligkeiten, Abweichungen, Verletzungen bzw. Fehler auf den Wafern zu erkennen, zu identifizieren, zu klassifizieren und näher zu analysieren. Stichprobenartig werden Lose bzw. Wafer nach bestimmten Prozessschritten im Rahmen einer Qualitätsprüfung untersucht. Hierfür sind im Arbeitsplan der Lose sog. Quality Gates festgelegt, die Prüfvorschriften und zu untersuchende Parameter enthalten. Entsprechende Maßnahmen dienen dabei nicht nur als reaktives Instrument zur Kontrolle der Produktqualität, sondern können in eine umfassendere Qualitätsphilosophie eingeordnet werden. Durch die gezielte Erhebung und Aufbereitung von Informationen zu Abweichungen vom festgelegten Qualitätsniveau wird gleichzeitig ein regelnder, proaktiver Eingriff in den Produktionsprozess ermöglicht [9, 11].

Eine Herausforderung auf dem Gebiet des Inline Monitorings besteht im sich ständig ändernden Produktmix, wodurch permanent neuartige physikalische und chemische Prozesse auftreten. Daraus resultieren wiederum ein unterschiedliches Defektverhalten sowie wechselnde Anforderungen an die Qualitätssicherung. Das Inline Monitoring muss den Anforderungen des sich ändernden Defektverhaltens gerecht werden, wobei die Inspektionsmethoden immer komplexer werden. Gleichzeitig können durch die gesteigerte Rechenleistung automatisierte Systeme und neue Systemarchitekturen eingesetzt werden [8].

Ein typischer Prozessablauf des Inline Monitoring ist in Abbildung 1 dargestellt (in Anl. an [9]). Sobald ein Fertigungslos ein Quality Gate seines Arbeitsplans erreicht, gelangt es durch die Steuerung des Fertigungsmanagementsystems zu einem Inspektionsschritt, bei dem die qualitätsrelevanten Parameter automatisiert und stichprobenartig ermittelt sowie ausgewertet werden. Werden keine Spezifikationsverletzungen festgestellt, ist das Los für den nächsten Produktionsabschnitt freigegeben. Falls während der Inspektion jedoch Verletzungen der Qualitätsparameter auftreten, wird zu Dokumentationszwecken automatisch ein Abweichungsprotokoll erstellt und ein sogenanntes Review durchgeführt. Hierbei werden automatisiert an den entsprechenden Defektkoordinaten der auffälligen Wafer Fotos erstellt und elektronisch hinterlegt.

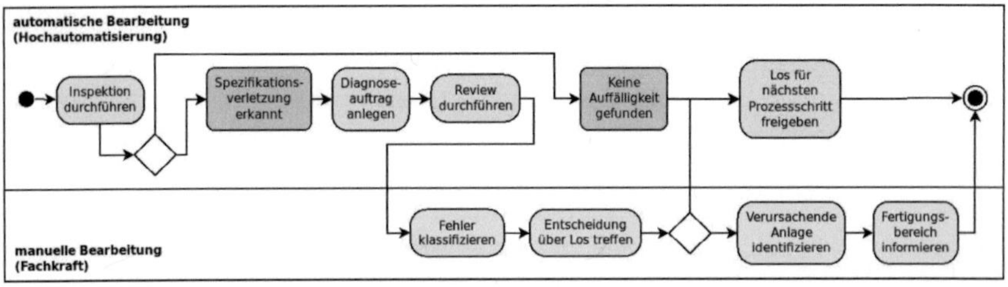

Abbildung 1: Grober Bearbeitungsprozess des Inline Monitorings

Anhand der Fotos von Rasterelektronenmikroskopen klassifiziert eine Fachkraft im Anschluss den aufgetretenen Fehler und ordnet der Abweichung ein Fehlerbild zu. Hierfür stehen typischerweise verschiedene webbasierte Entscheidungshilfen mit Beispieltexten und Bildern zu den bekannten Defekten zur Verfügung. Wurde dem Fehler ein eindeutiges Fehlerbild zugewiesen, trifft die Fachkraft die Entscheidung, ob das entsprechende Los trotz Auffälligkeiten für den nächsten Produktionsabschnitt freigegeben, vorübergehend bis zu einer Entscheidung des zuständigen Qualitätsingenieurs gestoppt oder verworfen werden muss. Der Fachkraft stehen hierfür ebenfalls vielfältige Entscheidungshilfen in einer Datenbank zur Verfügung. Zur Entscheidungsfindung kann die Fachkraft beispielsweise auch ein erneutes Review oder eine Materialanalyse der entdeckten Defekte veranlassen. In den entsprechenden

Entscheidungshilfen finden sich ebenfalls Hinweise auf den fehlerverursachenden Anlagentyp, sodass die Fachkraft mittels Loshistorie eine verdächtige Anlage bzw., wenn möglich, die fehlerverursachende Anlageneinheit identifizieren kann. Zum Abschluss des Prozesses werden die ermittelten Informationen an den jeweiligen Fertigungsbereich gemeldet, wo mithilfe der Informationen die Behebung der Fehlerursache durchgeführt wird.

Zu erkennen ist an diesem Prozess, dass hier noch sämtliche diagnostische Entscheidungsaktivitäten einer manuellen Bearbeitung durch die Fachkräfte unterliegen. Das hat den Grund, dass für die Entscheidungen diagnostisches Know How nötig ist, mit dem entschieden werden muss, was, wie und wann untersucht wird (strategische Vorgehensweise) und wie diese Ergebnisse zu bewerten sind. Es geht also nicht nur um die Tätigkeiten selbst, sondern vor allem um die Beurteilungen und Einschätzungen. Da diese nicht ohne weiteres automatisiert werden können, sind sie bisher den Menschen vorbehalten.

3.2 Automatische Entscheidungsunterstützung

Will man diese Qualitätssicherungsprozesse im Sinne einer Smart Factory automatisieren, ist es erforderlich, die zu treffenden Entscheidungen durch entsprechende IT-Systeme zu unterstützen bzw. ganz in deren Hand zu legen. Die hohen Anforderungen legen einen wissensbasierten Ansatz nahe. Ein klassischer Ansatz per spezifischer Programmierung und fortlaufenden Erweiterungen ist undenkbar. Wissensbasierte Systeme sind hierfür prädestiniert, da sie das Wissen vom Ablauf trennen und den Prozessablauf zur Laufzeit dynamisch erzeugen. Dadurch kann das Fachwissen in der Sprache der Fachleute formuliert, abgebildet und operationalisiert sowie jederzeit angereichert werden. Andererseits müssen Abläufe nicht fest vorgedacht werden, weil diese vom System selbst und sogar für jede konkrete Situation individuell nach dem neuesten Wissensstand dynamisch erzeugt werden. Genau das leistet die Smart Maintenance-Suite, die im Folgenden auch hinsichtlich der weiteren Anforderungen zur Systemunterstützung der Qualitätssicherungsprozesse in der Halbleiterindustrie betrachtet wird.

3.2.1 Eine intelligente und lernfähige Smart Maintenance-Technologie

Die hier beschriebene Software-Technologie – die Smart Maintenance Suite – ist konzipiert zur intelligenten, vorausschauenden und lernfähigen Diagnose und Wartung technischer Systeme und Prozesse. Dabei kann es sich um beliebige technische Systeme oder Prozesse handeln, unabhängig von ihrer Nutzung in der Produktion oder im Feld (z.B. im After Sales), also etwa auch um Fahrzeuge, Turbinen oder Lasersysteme oder wie im vorliegenden Paper um Produktionssysteme/-prozesse in der Halbleiterindustrie (vgl. [18]).

Die Technologie kombiniert moderne Konzepte und Verfahren aus verschiedenen Disziplinen. Sie unterscheidet sich grundlegend von allen Vorgängern und setzt konsequent auf Konzepte aus der KI, insbesondere der Wissensverarbeitung, sowie aus den Gebieten Machine Learning und Data Science. So integriert diese Technologie moderne Diagnose- und Schlussfolgerungsstrategien zur Inspektion kausaler Fehlernetze, das fallbasierte Schließen, das modellorientierte Schließen sowie unscharfe (fuzzy) und statistische Schlussfolgerungsstrategien und ergänzt diese um ein breites Spektrum aus Lernstrategien wie Bayes-Netze und andere Verfahren aus dem Bereich Statistical Computing bis hin zu Komponenten zur Mustererkennung und Deep Learning-Verfahren.

Zusätzlich werden ausgeprägte Kommunikationsfähigkeiten mit externen Systeme bereitgestellt, um existierende und benötigte Daten beziehen, verarbeiten und weiterreichen zu können, Aktionen und Prozesse anzustoßen oder selbst auf Ereignisse zu reagieren bzw. in umfassendere Prozesse eingebunden zu werden. Damit dies für beliebige Systeme aller Industriebereiche möglich ist, wurde die Suite mit einer Kommunikationsarchitektur ausgestattet, die eine Entkopplung der fachlichen und technischen Kommunikation ermöglicht. Auf der technischen Seite können damit beliebige Kommunikationsschnittstellen (auch mehrere) angebunden werden, so dass bei der Modellierung des Entscheidungswissens der Fokus auf den fachlichen Aspekten liegt und keine unnötigen technischen Details erforderlich sind.

Ähnliches gilt für die Fähigkeit zur Automatisierung von Entscheidungsprozessen. Die wissensbasierte Architektur schafft mit der dynamischen Ablauferzeugung die Grundlage zur automatischen Auftragsbearbeitung von der detaillierten Problembildermittlung über die intelligent geführte Untersuchung des Problems als auch der Durchführung oder Koordination von Behebungsmaßnahmen bin hin zur Prüfung auf Erfolg der Behebungsmaßnahmen, ergänzt um Funktionen zur automatischen Problem- bzw. Fehlererkennung (vor und bei Auftreten) und der automatischen Auftragskoordination. Dadurch wird die Smart Maintenance-Technologie hochgradig automatisierbar.

3.2.2 Komponenten der Smart Maintenance Suite

Die folgende Abbildung 2 zeigt die Hauptkomponenten der Smart Maintenance Suite, die in zwei Lernzyklen für die reaktive und die prädiktive Diagnose eingebettet sind.

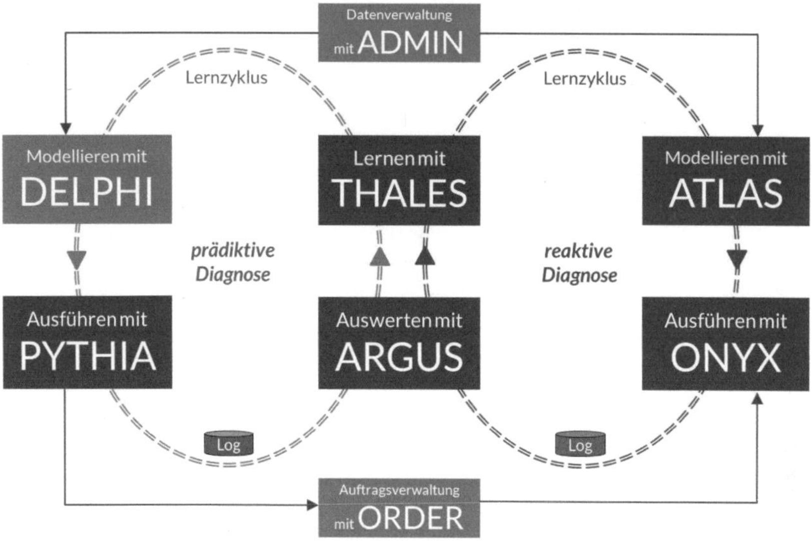

Abbildung 2: Komponenten der Smart Maintenance-Suite

Die Autorenkomponente ATLAS dient zur Erstellung von Wissensbasen für die (reaktive) Diagnose. Der Begriff 'Wissensbasis' ist hier eine andere Bezeichnung für Diagnoseanwendung und kommt aus der Welt der Wissensverarbeitung. In einer Wissensbasis wird z.B. das Wissen über ein technisches System (z.B. auch ein Fahrzeugsystem) und seine Diagnose hinterlegt.

Das Laufzeitsystem ONYX führt die Wissensbasen vor Ort (z.B. in Werkstätten oder an der jeweiligen Maschine) aus, d.h. ONYX erzeugt aus diesen Wissensbasen die Diagnoseprozesse. Am Ende einer jeden Diagnosesitzung wird eine Log-Datei geschrieben, in der die gesamte Diagnosesitzung protokolliert wird. Ein solches Sitzungsprotokoll kann in der Autorenumgebung ATLAS so abgespielt werden, wie der Diagnoseprozess vor Ort stattgefunden hat. Die Diagnosesitzungen sind somit "replay-fähig".

In allererster Linie dienen die Log-Dateien aber zur Auswertung der Felddaten. Die Felddaten werden zu diesem Zweck in eine Datenbank importiert und dort verwaltet. Das Auswertungs- und Informationssystem ARGUS wertet diese Datenbank nach vielfältigen Kriterien aus und versorgt die verschiedenen Unternehmensbereiche mit wichtigen Informationen.

Die Felddaten bilden auch die Grundlage für die Lernprozesse. Die Lernkomponente THALES lernt aus diesen Felddaten. Die Lernmatrix mit den erlernten Daten fließt dann zurück in das Feld und sorgt dafür, dass das Laufzeitsystem ONYX seine Diagnosefähigkeiten vollautomatisch optimieren kann. Dabei werden verschiedene Lernalgorithmen eingesetzt. Im Falle der reaktiven Diagnose handelt es sich um das

Bayessche Lernverfahren (Bayesian Learning). So schließt sich der (reaktive) Diagnosezyklus und macht den Raptor zu einem intelligenten und lernenden System.

Der prädiktive, also der vorausschauende Diagnosezyklus verläuft strukturell spiegelbildlich. Die Autorenkomponente DELPHI dient zur Erstellung von Prädiktionsmodellen.

Das Laufzeitsystem PYTHIA führt diese Prädiktionsmodelle aus und erzeugt daraus die Prädiktionsprozesse, die zur Früherkennung von sich anbahnenden Problembildern führen, um so rechtzeitig passgenaue Maßnahmen einleiten zu können. PYTHIA schreibt ebenfalls Log-Dateien, die dann vom Auswertungssystem ARGUS analysiert werden.

Das Lernsystem THALES lernt aus den Felddaten, um so die Prädiktionsmodelle schritt-weise zu optimieren. Im Falle der prädiktiven Diagnose wird ein breites Spektrum an Methoden aus der Statistik bis zum Deep Learning eingesetzt. Damit schließt sich der prädiktive Lernzyklus.

Die Komponente ORDER stellt eine dynamische Auftragsverwaltung dar, die sämtliche Diagnose- und Wartungsaufträge verwaltet.

Die Komponente ADMIN stellt eine Verwaltungs- und Pflegekomponente für Stammdaten dar.

3.2.3 Wissensrepräsentation und Modellierung

Die Smart Maintenance Suite ist eine lernfähige und wissensbasierte Technologie. Das entscheidende Merkmal wissensbasierter Systeme ist die Trennung zwischen Wissen und Schließen. Die Abbildung 3 veranschaulicht das Architekturprinzip.

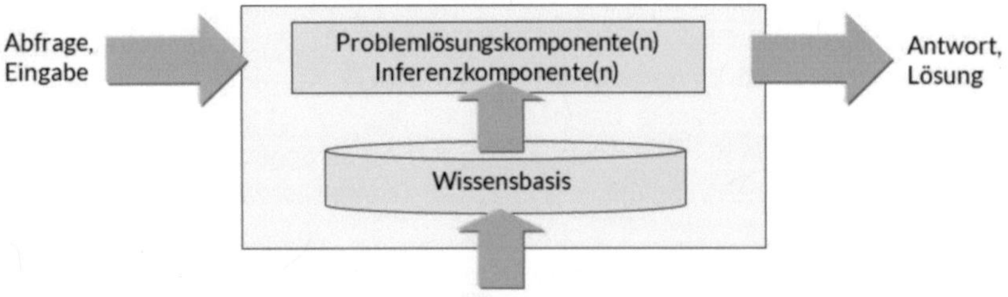

Abbildung 3: Architektur wissensbasierter Systeme

In klassischen Programmen steckt das Wissen im Programmcode; das Programm verarbeitet Daten, daher der Begriff Datenverarbeitung. In wissensbasierten Systemen trennt man explizit zwischen dem Wissen und der Verarbeitung von Wissen. Das Wissen wird in Wissensbasen abgelegt und die Verarbeitung des Wissens erfolgt durch Schlussfolgerungskomponenten bzw. Inferenzmaschinen, daher der Name Wissensverarbeitung. Eine Inferenzmaschine ist eine Software-Komponente, die durch Schlussfolgerungen neue Aussagen aus einer bestehenden Wissensbasis ableitet. Sie realisiert eine bestimmte Problemlösungsstrategie. Inferenzmaschinen sind notwendiger Bestandteil wissensbasierter Systeme. Der entscheidende Vorteil der Trennung von Wissen und Schließen liegt in der eigenständigen, kontextfreien Formulierung und Verfügbarkeit des Wissens.

Um ein wissensbasiertes Smart Maintenance-System zu befähigen, bei der Diagnose von Problemen zu unterstützen, z.B. als Assistenzsystem oder durch autonome Entscheidungen, benötigt es neben den entsprechenden Schlussfolgerungs-, Führungs- und Assistenzfähigkeiten vor allem das nötige Fachwissen, das in Wissensbasen hinterlegt wird. Benötigt wird Wissen über alle Phasen des Diagnoseprozesses, also

- Wissen zur Beurteilung und Einschätzung von Problemen, also die genaue Erfassung und Charakterisierung des Problembildes,
- Wissen zur gezielten und effizienten Inspektion und Eingrenzung (Klassifikation) der Probleme bis hin zur Ermittlung der konkreten Verursacher,
- Wissen zur direkten Behebung oder entsprechender Maßnahmen zur Einleitung der Behebung (z.B. Anlegen von Instandhaltungsaufträgen) sowie
- Wissen zur Verifikation, ob die ergriffenen Maßnahmen das Problem auch behoben haben.

Die Modellierung einer Wissensbasis für Diagnosezwecke erfordert eine andere Denkhaltung als die Programmierung eines konkreten klassischen Diagnoseablaufs. Man denkt anders über dasselbe Problem nach. Das Grundprinzip lautet: Deklarieren und Modellieren statt Programmieren. Bei der Programmierung steht i.d.R. der konkrete Ablauf der einzelnen Aktivitäten im Vordergrund. Bei wissensbasierten Systemen stehen die Strukturierung des Wissens und die Einordnung der Aktivitäten im Vordergrund. Der Ablauf, also die Ausführung und Ausgestaltung des Diagnoseprozesses, wird zur Laufzeit durch die Inferenzmaschinen dynamisch aus den Wissensbasen erzeugt.

Damit sind viele Vorteile verbunden:

- Sämtliche Diagnosekonzepte – Tests, Reparaturen, Fehler, Fälle, Prüfungen, Messungen, Bedingungen etc. – werden in der Software-Suite durch eigene Objekte repräsentiert, die vielfältig und redundanzfrei miteinander kombiniert werden und in Beziehung stehen können.
- Die so entstehenden Strukturen – die Wissensbasen – erlauben
    - eine übersichtliche Strukturierung, Dokumentation und Operationalisierung des fachlichen Wissens,
    - die dynamische automatische Generierung alternativer und optimierter Prüfabläufe und deren redundanzfreie Wiederverwendung,
    - automatische Lernvorgänge,
    - die Bereitstellung weiterer Inferenzmaschinen für zusätzliche Anwendungszwecke,
    - leichtere und einfache Bearbeitungs- und Korrekturmaßnahmen,

- eine einfache und konsistente Behandlung von Varianten u.v.m.

3.2.4 Wissensverarbeitung - Inferenz und Auftragsverwaltung

Der Diagnoseprozess wird i.d.R. solange durchlaufen, bis alle Probleme – auch die, die erst während der Diagnose, z.B. nach einer Reparatur (z.B. im Instandhaltungsbereich), erkannt werden oder möglicherweise auch durch Eingriffe entstanden sind – gelöst sind. Aus diesem Grund erfolgt nach bzw. während der Verifikation eine neue Bestandsaufnahme des Problem-/Fehlerbildes, die Bestimmung des sog. Restfehlerbildes. Das Diagnosegedächtnis der Software-Suite sorgt dafür, dass beim erneuten Durchlauf des Diagnoseprozesses bereits bearbeitete Probleme nicht noch einmal untersucht werden.

Der Diagnoseprozess wird durch die Inferenzmaschinen der Smart Maintenance-Technologie generiert. Dort kommen u.a. kausale Fehlernetz-Strategien sowie fallbasierte, modellorientiere, unscharfe (fuzzy) und statistische Schlussfolgerungsstrategien zum Einsatz. Es läuft also kein in allen Details vorgegebener Prozess ab, sondern der Diagnoseprozess wird zur Laufzeit dynamisch und situationsabhängig erzeugt. Benutzer verfügen über umfassende Freiheitsgrade zur Gestaltung der Diagnoseprozesse (um eigenen Hypothesen nachgehen und die Ursachensuche abkürzen zu können, sofern zulässig) und werden dabei durch kontextabhängige Bereitstellung zusätzlicher Informationen sowie durch interaktive funktionale Diagramme unterstützt.

Steuerungszentrale aller Maßnahmen zur Problembehebung ist die voll in die Infrastruktur eingebettete Auftragskomponente ORDER (s. Abb. 2). Dabei können Diagnose- und Inspektionsaufträge manuell oder automatisch erzeugt, aber auch von externen Systemen eingestellt werden. Ein Diagnoseauftrag enthält alle notwendigen Daten und einen aktuellen Status. Alle Daten stehen zentral allen Beteiligten zur Verfügung. Die automatische Protokollierung und Funktionen zum Pausieren und Fortsetzen erlauben eine standardisierte, schnelle und strukturierte Übergabe, etwa bei einem Schichtwechsel.

Das zentrale Auftragssystem hat die Funktion einer alles verbindenden Drehscheibe. Es ist Schlüsselelement und Schaltzentrale zur Koordinierung aller Maßnahmen und aller Beteiligten. Das Ziel ist die möglichst vollständige automatische Bearbeitung aller Diagnoseaufträge.

3.2.5 Auswertung und Lernen

Nach jeder Diagnosesitzung wird eine Logdatei mit sämtlichen Sitzungsdetails erzeugt. Eine solche Logdatei ist "replay-fähig" und kann am Schreibtisch Schritt für Schritt nachvollzogen werden, selbst wenn es sich um eine vollautomatische Sitzung gehandelt hat. In allererster Linie dienen die Log-Dateien zur Auswertung der Felddaten. Die Felddaten werden zu diesem Zweck in eine Datenbank importiert und dort verwaltet. Das Auswertungs- und Informationssystem ARGUS wertet diese Datenbank nach vielfältigen Kriterien aus und versorgt das Management, die Fachabteilungen und den Service mit wichtigen Feldinformationen.

Die Felddaten bilden auch die Grundlage für die Lernprozesse. Die Lernkomponente THALES lernt aus diesen Felddaten und erzeugt Lerndaten, die zurück in das Feld fließen und dafür sorgen, dass das Laufzeitsystem ONYX seine Diagnosefähigkeiten vollautomatisch adaptieren kann. Dabei werden verschiedene Lernalgorithmen eingesetzt. Das zentrale Lernverfahren für die reaktive Diagnose ist das Bayessche Lernen (Bayesian Learning). Dadurch wird das Diagnosesystem in die Lage versetzt, in jeder Diagnosesituation die Fehlerwahrscheinlichkeiten für potentielle Fehlerkandidaten oder auch potentiell defekte Bauteile zu ermitteln. Mit jedem einzelnen Diagnoseschritt werden diese Fehlerwahrscheinlichkeiten neu berechnet. Bei Diagnoseanwendungen, die auch manuell genutzt werden, werden die Fehlerwahrscheinlichkeiten visualisiert und führen in der GUI zu einer Einfärbung der jeweiligen Bauteile in den funktionalen Diagrammen der Anwendung. Die Fehlerwahrscheinlichkeitsverteilung wird auch Blame Distribution genannt. Für die prädiktiven Anwendungen kommen andere, oft auch überwachende Lernverfahren zum Einsatz.

3.3 Automatisierungskonzept für das Inline Monitoring

Am Beispiel des Inline Monitorings werden im Nachfolgenden die wichtigsten Aspekte zur Realisierung eines integrierten Systems zur automatischen Entscheidungsunterstützung betrachtet, die nötig sind, um die Level 3 und 4 der Workflow-Automatisierung (oberste Dimension des FINCA-Modells, vgl. [12]) zu erreichen. Als Grundlage hierfür dient die oben vorgestellte Smart Maintenance Suite (siehe Abschnitte 3.2.2 - 3.2.5). Ziel ist es, den Bearbeitungsprozess des Inline Monitorings so weit wie möglich zu automatisieren und die bisherigen manuellen Bearbeitungsschritte und deren Steuerung in die Hand des Smart Maintenance Systems zu legen. Die Abbildung 4 verdeutlicht dies noch einmal.

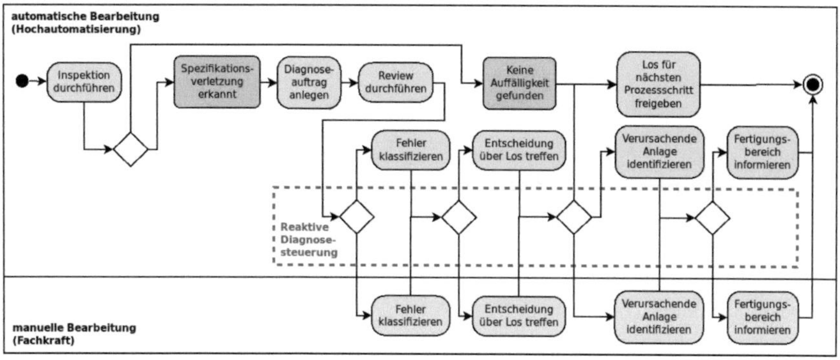

Abbildung 4: Der Bearbeitungsprozess des Inline Monitorings durch Einsatz der Smart Maintenance Suite

Es wird deutlich, dass durch den Einsatz der Smart Maintenance Suite eine vollständige Automatisierung möglich ist. Diagnoseaktivitäten, die bisher noch nicht automatisiert sind, werden weiterhin durch das Fachpersonal durchgeführt. Ob eine Aktivität automatisch oder manuell durchführbar ist, hängt von ihrer Modellierung (Verwendung eines Services) als auch davon ab, ob zur Laufzeit der zugehörige Service ausführbar ist. Dies entscheidet das Laufzeitsystem selbst.

Von größerer Bedeutung ist jedoch, dass die dynamische Steuerung des (reaktiven) Diagnoseprozesses hierdurch vollständig in Systemhand liegt. Dadurch sind viele Prozessaufgaben wie die Auswahl und Entscheidung über durchzuführende Aktivitäten (abgesehen von Freiheitsgraden), die Verwertung der Ergebnisse einer Aktion, also ihre diagnostische Beurteilung und Schlussfolgerung, sowie die Protokollierung jedes Ereignisses und vieles weitere automatisiert. Der Grad der Automatisierung des gesamten Workflow des Inline Monitorings ist dadurch nur noch vom Ausbau der Services abhängig, die im Laufe der Zeit erweitert werden können.

3.3.1 Integration der Smart Maintenance Suite in die Infrastruktur und die Bereitstellung von Services

Zur Integration der Smart Maintenance-Lösungen in die unternehmensweite Systemlandschaft müssen notwendige Infrastruktur-Anforderungen erfüllt sein. Die nötige Hard- und Software muss zur Verfügung gestellt und eingerichtet, Zugriffsrechte und -kontrollen konfiguriert und Ressourcen eingeplant werden. Daneben ist über die Kommunikationskanäle und -schnittstellen zu entscheiden. Vorteilhaft ist, wenn ein Unternehmen über einen unternehmensweit genutzten Kommunikationsbus – eine Middleware – verfügt, an die alle benötigten Systeme angebunden sind.

Die systemübergreifende Kommunikation sollte dann per Nutzung bereitgestellter Services laufen. Benötigt werden insbesondere

- Services zur Ermittlung diagnose-relevanter Daten, die in anderen Systemen verfügbar sind und nur genutzt werden müssen,
- Services zum Auslösen von Aktionen, die über andere Systeme ansteuerbar sind sowie
- Benachrichtigungen über verschiedene Kanäle.

Für einen operativen Einsatz müssen auch die Anforderungen zur Sicherstellung der 24/7-Produktion erfüllt sein. Neben der Stabilität und Performanz der einzelnen Systemkomponenten gehört dazu auch, dass deren Hochverfügbarkeit sichergestellt ist. So muss die Server-Infrastruktur ausfallsicher aufgebaut werden, z.B. in der Form, dass bei einem Ausfall ein anderer Server die Aufgaben übernimmt. Ebenfalls muss geregelt sein, dass Requests und ermittelte Daten bei Zwischenfällen nicht verloren gehen. Neben der Persistierung der Daten und Aktionen bedarf es auch transaktionaler Mechanismen, Wartungs- oder Aktualisierungsarbeiten durchführen zu können,

Daten aufzunehmen und zu migrieren, insbesondere auch bei einem Release-Wechsel.

3.3.2 Modellierung des Anwendungswissens des Inline Monitorings

Ein größerer Teil des für den Inline Monitoring-Prozess bisher benötigten Wissens zur Untersuchung von Defekten liegt, wie in 3.1 beschrieben, in Dokumentenform vor, in sog. Entscheidungshilfen. Damit dieses Wissen in der Diagnosesuite verarbeitet werden kann, muss es in eine geeignete Wissensrepräsentationsform überführt werden. Dabei werden u.a. alle möglichen bzw. allgemein bekannten Diagnosen in einer Wissensbasis hinterlegt, z.B. in sog. kausalen Netzen. Selbst bisher unbekannte Fehler können durch geeignete Modellierung aufgefangen und bearbeitet werden. Durch die Abbildung des Wissens wird die Grundlage für die Automatisierung der Aufgaben des Inline Monitoring-Prozesses geschaffen.

Das Inline Monitoring in der Halbleiterindustrie basiert auf fertigungsprozess- und defektspezifischem Wissen. Dabei bestehen je nach Technologie Unterschiede in der Prozessführung, welche sich ihrerseits in verschiedenen Defektcharakteristiken niederschlagen. Bei der Modellierung werden diese Zusammenhänge berücksichtigt und führen zu unterschiedlichen Wissensbasen je Technologie und Quality Gate.

Zur Transformation der klassischen Inline Monitoring-Entscheidungen in geeignete Wissensbasisstrukturen bietet die Diagnosesuite eine Reihe von Wissensrepräsentationsformen an, die es dem Autor erlauben, in seiner Fachsprache zu bleiben. Hinsichtlich der Kommunikation mit anderen Systemen kann er aufgrund der Entkopplung von fachlicher und technischer Kommunikation von technischen Details abstrahieren. Bei der Überführung der bisherigen Entscheidungshilfen in die Wissensbasis ist eine Art Re-Engineering in eine Ablauf-neutrale Form erforderlich. Damit wird gleichzeitig eine Verbesserung der Modellierungs- und Diagnosequalität im Inline Monitoring-Prozess erreicht.

Die Automatisierung spezifischer Aufgaben lässt sich mithilfe von Services realisieren. Hierfür eignen sich z.B. Routinetätigkeiten und einfache Aktivitäten im Inline Monitoring-Prozess. Beispiele hierfür sind das Senden von Nachrichten oder die Ermittlung von Produktinformationen, die bereits in anderen Informationssystemen elektronisch hinterlegt sind. Die Wissensobjekte werden auf Modellebene mit bereitgestellten Service-Objekten verknüpft, die eine Schnittstelle zu den anderen Informationssystemen bilden.

Wenn für Aktivitäten zum Zeitpunkt der Modellierung noch keine Services zur Verfügung stehen, werden diese als manuell durchzuführen modelliert. In diesem Falle dringen sie zur Laufzeit an die Oberfläche und sind vom Benutzer auszuführen. Gleiches gilt für automatisierte Aktivitäten, die im Moment nicht automatisch ausgeführt werden können, z.B. aufgrund technischer Kommunikationsprobleme. In diesen Fällen zeigt das Laufzeitsystem die betroffenen Aktivitäten zur manuellen Durchführung an. Für jede Aktivität ist daher eine Anweisung zu hinterlegen, was wie gemacht werden soll, ggf. ergänzt um bestimmte Ausführungsbedingungen. Die Anweisungen sind i.d.R. textuell und dynamisch generierbar. Für eine Reihe von Aktivitäten stellt die Suite auch grafische Anweisungen zur Verfügung mit dem Vorteil, dass diese kognitiv schneller erfasst werden können als Fließtext (und damit auch nicht in Fremdsprachen übersetzt werden müssen). Sobald entsprechende Services bereitstehen, können die manuellen Aktivitäten auf die Service-Nutzung umgestellt werden.

3.3.3 Einführung des System-gesteuerten Bearbeitungsprozesses

Nach vollständiger Modellierung und Test können die Diagnoseanwendungen in der Fertigung eingesetzt werden. Analog zur Wissensmodellierung werden sukzessive alle Quality Gates und Technologien umgestellt. Mit der Einführung in die Produktion muss das Linienpersonal geschult werden, damit die Inline Monitoring-Fachkräfte den richtigen Umgang mit dem Laufzeitsystem erlernen.

3.3.4 Rollout und Releases neuer Software-Versionen

Smart Maintenance-Lösungen bestehen typischerweise aus mehreren Systemkomponenten. Darunter befinden sich Server- und auch Client-Komponenten. Um die Client-Applikationen in den verschiedenen Fachabteilungen des Unternehmens nutzen zu können, müssen diese auf der jeweiligen Hardware installiert und konfiguriert werden. Für diese Aufgaben empfiehlt sich ein Software-Management-System, welches in den meisten Firmen bereits existiert und zum Rollout der Client-Applikationen verwendet werden kann. Dabei sind auch Installations- und Nutzungsberechtigungen regelbar.

Da bei einem Release jedoch nicht nur die Client-, sondern auch Serverkomponenten betroffen sind, muss ein Systemwechsel vollständig erfolgen. Dazu wird die produktive Nutzung kurzzeitig ausgesetzt und nach erfolgreicher Installation und Einrichtung der neuen Server-Umgebung wieder freigegeben. Dabei finden auch Migrationsprozesse zur Überführung existierender Daten (Datenbanken, Wissensbasen, Konfigurationen etc.) in neuere Formate statt.

Es ist ferner sinnvoll, verschiedene Umgebungen für die jeweiligen Nutzungszwecke "Entwicklung/Test", "Modellierung" und "Laufzeit" zu etablieren, um gegenseitige Einflüsse zu verhindern. Damit können neue Software-Releases bzw. auch neu geschaffene Services getestet werden, ohne die produktiven Nutzungsumgebungen (Modellierung und Laufzeit) zu stören. Das gleiche Prinzip ist für die Trennung von Modellierungs- und Laufzeitumgebung sinnvoll, damit das Diagnosewissen "abgeschirmt" erweitert und verbessert werden kann. Erst nach Validierung und Freigabe erfolgt die

Übergabe in die Laufzeitumgebung, wo das System dann für alle neuen Diagnoseaufträge verwendet wird.

3.4 Ergebnisse

3.4.1 Grundstein für die Vollautomatisierung

Mit der Integration und produktiven Nutzung der Smart Maintenance-Lösung wurde ein großer Meilenstein erreicht. Das Inline Monitoring ist damit grundsätzlich vollautomatisierbar. Der Grad der Automatisierung hängt i.A. nur noch von der Bereitstellung von Services für die Durchführung von Aktivitäten ab, da alle Verwaltungs- und Steuerungsaufgaben sowie auch die diagnostischen Beurteilungen vom System übernommen werden.

3.4.2 Effizienzsteigerung beim Fachpersonal

Neben der grundsätzlichen Automatisierung des Prozesses erreicht man mit dieser Lösung auch die unternehmensweite Nutzung des besten Expertenwissens (best practices), welches über das System allen Fachkräften in der Linie zur Verfügung gestellt wird. Das Smart Maintenance System nimmt den Fachkräften darüber hinaus nicht nur lästige und zeitraubende Tätigkeiten für Verwaltung, Protokollierung, Suche und Datenbeschaffung ab, sondern unterstützt und entlastet auch bei der Ursachenfindung. Damit kann sich das Personal gezielt um die Tätigkeiten kümmern, für die menschliches Know How und ihr Erfahrungshintergrund gebraucht werden. Dadurch reduziert sich die Bearbeitungszeit, die Rate von Fehlentscheidungen sinkt, und es erfolgt eine vollständige Protokollierung. Es ermöglicht ferner, dass Schichtübergaben einfacher und schneller erfolgen können, weil Aufträge pausiert und fortgesetzt werden können. Auch alle bisher durchgeführten Aktivitäten und ihre Ergebnisse sowie hinterlassene Zusatzinformationen vorheriger Bearbeiter werden dem Nachfolger zur Verfügung gestellt. Insbesondere agiert das System auch als intelligenter Diagnoseassistent in schwierigen Situationen.

3.4.3 Operative Verbesserungen

Die Einführung der Diagnosesuite hat zu deutlich kürzeren Bearbeitungszeiten geführt und bietet das Potential, einen sehr großen Teil der Diagnoseaufträge vollautomatisch zu bearbeiten (vgl. hierzu auch Kap. 3.4.4). Die Schichtübergaben gestalten sich deutlich einfacher und der Durchsatz konnte erhöht werden. Nicht zuletzt hat die Suite zu einer höheren Standardisierung der Arbeiten und insgesamt zu einer höheren Bearbeitungsqualität bei der Abarbeitung der Diagnoseaufträge geführt.

3.4.4 Effekte bei der Einführung der neuen Technologie

Die folgende Abbildung 5 zeigt die Entwicklung des Bearbeitungsaufwands von Diagnoseaufträgen beim Inline-Monitoring. Unmittelbar nach Einführung der Diagnoseanwendungen lag der Aufwand zunächst höher als vorher, obwohl nach Überlegungen "am Schreibtisch" der Aufwand deutlich niedriger hätte sein sollen. Dennoch gab es zunächst einen "gap" (Lücke), allen theoretischen Überlegungen zum Trotz.

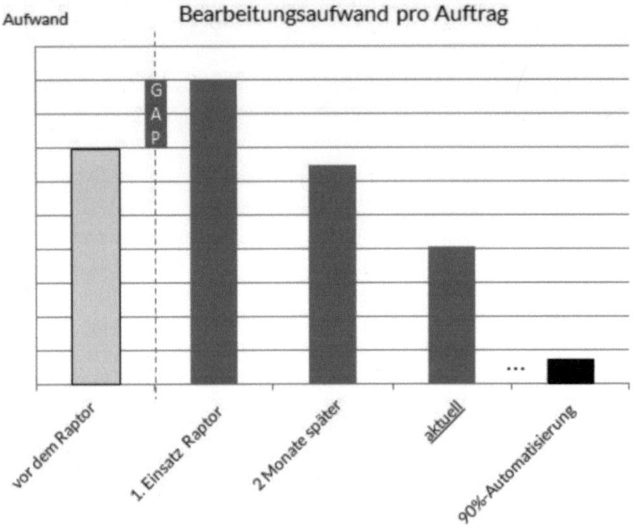

Abbildung 5: Bearbeitungsprozess

Für solche Effekte gibt es viele Ursachen, etwa mangelndes Vertrauen in die neue Technologie, Unsicherheiten bei der Bedienung der Anwendung, die Angst der Benutzer, Fehler zu machen, Ungenauigkeiten bei der organisatorischen Vorbereitung usw. Ein paar Wochen später lag die durchschnittliche Bearbeitungszeit bereits unter dem bisherigen Durchschnitt. Mit der Einführung eines weiteren Releases ist die durchschnittliche Dauer signifikant gesunken, obwohl die Diagnoseanwendungen funktional reicher und umfassender sind als die Bearbeitung zuvor. Das Ziel besteht in der fast vollautomatischen Bearbeitung aller Aufträge. Dieser Schritt ist greifbar nahe und im Kern nur abhängig von der Verfügbarkeit der Sensorik und der Bereitstellung bestimmter Services.

Der Übergang auf eine neue Technologie

Bei der Einführung einer neuartigen Technologie sind einige Besonderheiten zu beachten. Dabei wird eine Technologie durch eine sog. S-Kurve (s. Abbildung 6) repräsentiert, die eine grafische Darstellung des Verhältnisses zwischen dem Aufwand für die Verbesserung eines Produkts oder Prozesses und den Ergebnissen ist, die man durch diese Investition erzielt. Alle Erfahrungen zeigen, dass die Einführung einer neuen Technologie oft nicht im ersten Schritt zu einer Effizienzsteigerung führt, sondern erst zeitversetzt. Zunächst entsteht ein "gap", eine Lücke; die Performanz sinkt ab.

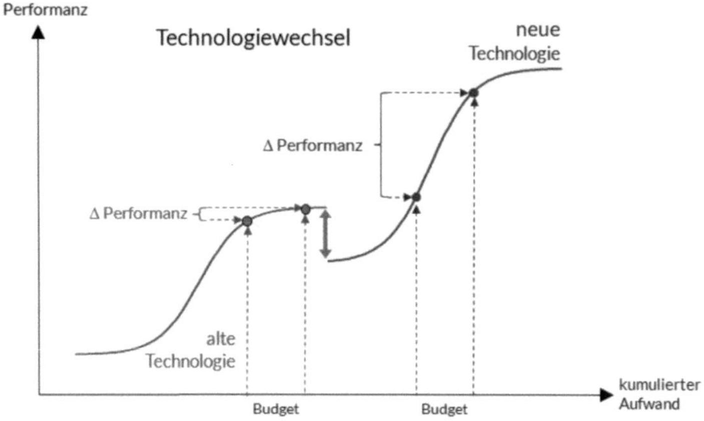

Abbildung 6: Übergang auf eine neue Technologie

Die Effizienzsteigerung erfolgt immer zeitverzögert! Der Auslöser ist die technische Innovation. Das Unternehmen als Organismus muss diesen Wechsel annehmen und inkorporieren; die Organisation lernt! Und die Menschen müssen lernen, der neuen Technologie zu vertrauen und die Änderungen kulturell verinnerlichen. Diese Schritte – die Lernkurven – gehen stets mit einer zeitlichen Verzögerung einher.

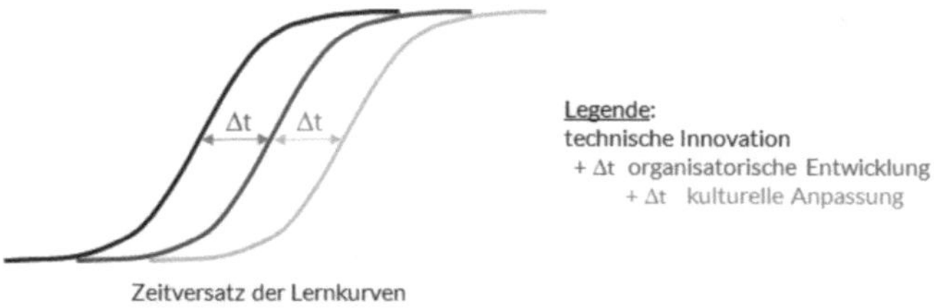

Abbildung 7: Effizienzsteigerungen erfolgen stets verzögert

Der Effekt eines anfänglichen Performanzverlustes ist aus den o.g. Gründen typisch. Es handelt sich fast um eine Art Naturgesetz, dass es zunächst zu einem "gap" kommt. Demonstrationen einer neuen Technologie im Vorfeld mögen deutlich schneller und effizienter durchgeführt worden sein, weil sie von Menschen ausgeführt werden, die mit diesen Technologien bestens vertraut sind. In der Anfangsphase kann das im Unternehmen anders aussehen. Lernkurven gehen stets mit einer zeitlichen Verzögerung einher; das gilt erst recht für neue Technologien mit disruptivem Charakter.

3.5 Ausblick – Erweiterung des Inline Monitorings um die Prädiktion

Die Smart Maintenance Suite stellt auch Komponenten für die prädiktive Diagnose bereit. Damit ist es möglich, auftretenden Problemen schon im Vorfeld zu begegnen (s. Abbildung 8, Rahmen für Prädiktive Diagnosesteuerung). Im Falle prädiktiv erkannter Probleme werden vom Prädiktionssystem Diagnoseaufträge mit dem erkannten bzw. vermuteten Schadensbild zur weiteren Bearbeitung erzeugt. Zusätzlich kann bei den erzeugten Diagnoseaufträgen zwischen Hinweisen, Warnungen und Alarmen unterschieden werden. Ergänzend können auch E-Mails und Messages verschickt werden.

Erhärtet sich die Vermutung bei der Bearbeitung eines Diagnoseauftrags, lässt sich das Problem schon vor seiner Auswirkung eliminieren. Bestätigt sich der Verdacht nicht, werden die betroffenen Lose für die weitere Bearbeitung freigegeben. So lassen sich früh erkannte Probleme rechtzeitig und passgenau beheben.

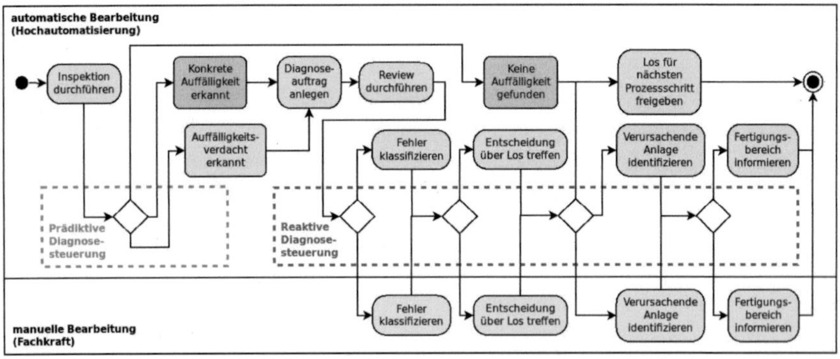

Abbildung 8: Inline-Monitoring, erweitert um Prädiktionskomponenten

Prädiktionssysteme sind Frühwarnsysteme, die auf Verfahren der Predictive Analytics und des Maschinellen Lernens beruhen. Das Ziel von Prädiktionsanwendungen besteht darin, Muster in Daten zu entdecken und Modelle zur Prognose zukünftiger Ergebnisse zu bauen. Um diese Muster zu detektieren, werden Machine-Learning-Algorithmen aus verschiedenen Gebieten eingesetzt. Dazu zählen u.a. Verfahren aus dem Komplex Data Science bzw. Computational Statistics (z.B. Regressionsverfahren), aus der Mustererkennung sowie aus der Neuroinformatik und dem Deep Learning.

Wissensbasierte Prädiktionssysteme (vgl. [17]) erweitern die Funktionalität noch, indem sie die Lern- und Statistik-Verfahren um wissensbasierte Komponenten ergänzen.

Wissensbasierte Prädiktionssysteme

- verarbeiten zusätzlich explizites Expertenwissen,
- unterstützen beim symbolischen Lernen (ergänzend zur subsymbolischen Mustererkennung),
- helfen, Muster in explizites Wissen zu transformieren,
- lassen sich jederzeit um neu erworbene Wissenselemente erweitern und
- können ihre Schlussfolgerungen erklären.

Prädiktionssysteme sind geeignet, das Spektrum der Maßnahmen zur Etablierung einer Smart Factory erheblich zu erweitern. Sie stellen Mittel zur Verfügung, um die Verfügbarkeit der Produktionsanlagen zu erhöhen sowie Ausfälle und Verluste zu minimieren.

4 Zusammenfassung

Die Fertigungs- und Produktionslinien aus der Halbleiterindustrie gehören mit zu den am höchsten automatisierten Produktionseinrichtungen überhaupt. Gleichzeitig herrschen hohe Anforderungen mit geringen Toleranzen und hoher Komplexität in der Fertigung. Bereits minimale Abweichungen und kleinste Störungen können schwerwiegende Auswirkungen auf die Produktionsprozesse haben, die sich im Nanometer-Bereich und in Reinräumen abspielen. Konzeptionell kommen Halbleiterfabriken damit der Idee vom Ideal einer Smart Factory schon recht nahe, wären da nicht die Störungen oder Probleme, die die sensiblen Produktionsprozesse wiederkehrend unterbrechen und Eingriffe durch den Menschen erforderlich machen. Die Produktionsabläufe werden dadurch empfindlich gestört. Daher werden intelligente Lösungen benötigt, die in der Lage sind, die erforderlichen Diagnose- und Prädiktionsaufgaben autonom und situationsgerecht auszuführen sowie in der Lage sind, die richtigen Schlussfolgerungen zu ziehen und einer automatischen Entscheidungsfindung zuzuführen. Wenn die dazu notwendigen Aktivitäten ebenfalls automatisiert werden können, ist man dem Ideal einer Smart Factory ein großes Stück nähergekommen.

Mit dem Einsatz der Smart Maintenance Suite beim Inline Monitoring konnte gezeigt werden, dass komplexe Diagnoseprozesse einer automatischen Entscheidungsfindung zugeführt und grundsätzlich vollständig automatisiert werden können. Der Schlüssel dazu liegt in der wissensbasierten Architektur. Die Kombination verschiedener intelligenter Diagnosestrategien bildet das "Gehirn" der Suite, welches die steuernde Instanz repräsentiert und grundsätzlich eine automatische Entscheidungsfindung erlaubt. Diese Fähigkeit zur automatischen Entscheidungsfindung wird ergänzt um ausgeprägte Fähigkeiten zur Kommunikation mit und zur Steuerung von externen Systemen. Durch die Entkopplung von fachlicher und technischer Kommunikation wird insbesondere die Kommunikation mit diesen Systemen erheblich vereinfacht und ermöglicht dadurch auch eine hochgradige Automatisierung weiterer Aktivitäten. In der Gesamtheit ergeben sich hochgradig automatisierte Diagnose- und Prädiktionssysteme.

5 Fazit

Vergleichbare Smart Maintenance-Lösungen sind nicht nur für viele Bereiche in der Halbleiterindustrie prädestiniert, sondern auch für viele andere Industriebereiche, vor allen Dingen dort, wo Probleme mit diffizilen Ursachenbildern an komplexen Systemen auftreten und fundiertes Fachwissen sowie intelligente Strategien zur Fehlersuche nötig sind. Auch außerhalb der Produktion sind diese Systeme beim Service komplexer Fahrzeuge, Maschinen und Anlagen im Feld nicht nur hervorragende, sondern durch die allgemein steigende Komplexität technischer Systeme notwendige und unentbehrliche Helfer. Denn in all diesen Bereichen besteht hoher Bedarf an tiefem und differenziertem Diagnose- und Maintenancewissen, das meist aber nur in den Köpfen der erfahrensten und besten Spezialisten vorhanden ist. Es gilt, dieses wertvolle Know How der Spezialisten zu konservieren und gleichzeitig unternehmensweit operativ nutzbar zu machen auf dem Weg zu einer Smart Factory bzw. einem Smart Service im Feld.

Literatur

[1] A. Klemmt, "Ablaufplanung in der Halbleiter- und Elektronikproduktion: Hybride Optimierungsverfahren und Dekompositionstechniken", Springer Vieweg, Wiesbaden, 2012

[2] L. Mönch, J.W. Fowler, S.J. Mason, "Production Planning and Control for Semiconductor Wafer Fabrication Facilities", Springer, New York, 2013

[3] J. Potoradi, O.S. Boon, S.J. Mason, J.W. Fowler, M.E. Pfund, "Using simulation-based scheduling to maximize demand fulfillment in a semiconductor assembly facility", Proceedings of the 2002 Winter Simulation Conference, San Diego, 2002

[4] R.C. Leachman, "Competitive semiconductor manufacturing", Competitive Semiconductor Manufacturing Program University of California Berkeley, 2002

[5] M. Mosinski, "The Analytic Forecast Method (AFM): Entwicklung eines analytischen Ansatzes zur Materialanlieferungsprognose in der Halbleiterfertigung", Dissertation Universität der Bundeswehr München, Neubiberg, 2013

[6] T. Kaufmann, L. Forstner, "Die horizontale Integration der Wertschöpfungskette in der Halbleiterindustrie - Chancen und Herausforderungen", In: T. Bauernhansl, M. ten Hompel, B. Vogel-Heuser (Hrsg.), "Industrie 4.0 in Produktion, Automatisierung und Logistik", Springer, Wiesbaden, 2014

[7] W. Puffer, "Technisch-ökonomische Effizienzbetrachtungen für die Halbleiterfertigung", Dissertation Technische Universität München, München, 2007

[8] G. Luhn, G. Schneider, R.v.d.Weth, S. Keil, "On the deep learning knowledge", Proceedings of the APC Conference, Austin, 2018

[9] R. Amthor, “Automatisierung im Kontext von Industrie 4.0: Modellierung und Automatisierung von Entscheidungsprozessen in der Halbleiterfertigung am Beispiel Infineon Technologies Dresden GmbH“, Masterarbeit Technische Universität Dresden, Dresden, 2017

[10] ITRS 2.0, “International Technology Roadmap for Semiconductors 2.0”, Executive Report, 2015

[11] R. Schmitt, T. Pfeifer, "Qualitätsmanagement: Strategien – Methoden – Techniken“, Carl Hanser Verlag, München, 2015

[12] B. Waschneck, W.F.B. Lee, C.W.B. Koh, C. Rippler, G. Schmid, "Unified Frontend and Backend Industrie 4.0 Roadmap for Semiconductor Manufacturing”, Proceedings of i-KNOW Data Driven Future Conference, Graz, 2017

[13] S. Schrunner, O. Bluder, A. Zernig, A. Kaestner, R. Kern, "A Comparison of Supervised Approaches for Process Pattern Recognition in Analog Semiconductor Wafer Test Data”, 17th IEEE International Conference on Machine Learning and Applications, Orlando, 2018

[14] J. Bödige, Bedingungen für die Fertigung. In: Globisch, S., Deus, S., Eckardt, G., Herber, M., Kalisch, C., Knebusch, O. et al. (Hrsg.): Lehrbuch Mikrotechnologie: Für Ausbildung, Studium und Weiterbildung. S. 116–158. Leipzig. Carl Hanser Verlag, 2011

[15] ZVEI, https://www.zvei.org/presse-medien/publikationen/das-referenzarchitekturmodell-industrie-40-rami-40/, zuletzt besucht am 21.02.2019

[16] acatech (Hrsg.): Smart Maintenance für Smart Factories – Mit intelligenter Instandhaltung die Industrie 4.0 vorantreiben, 2015
acatech_POSITION_Smart_Maintenance_WEB.pdf (siehe www.acatech.de)

[17] Waleschkowski, N.; Mecky, M.; Giera, R.: Automatisierung und maschinelle Optimierung intelligenter Diagnoseanwendungen. In: Bäker, Unger (Hrsg.): Diagnose in mechatronischen Fahrzeugsystemen XI, TUDpress, Dresden, 2017

[18] Waleschkowski, N.; Giera, R.: Diagnose von automatisierten Produktionsprozessen. In: Bäker, Unger (Hrsg.): Diagnose in mechatronischen Fahrzeugsystemen XII, TUDpress, Dresden, 2018

12 Effiziente Umsetzung von Over the Air Anwendungen

Dipl.-Ing. Udo Schifferdecker, Vector Informatik GmbH, Stuttgart

Abstract

Connectivity is one of the megatrends in the automotive industry. Especially the Over the Air (OTA) use cases software update, data collection and remote diagnostics promise tremendous cost saving potential for the car manufacturers and offer new means for customer retention. On the other hand, there are substantial challenges and efforts related to the introduction of an OTA solution.

An OTA solution will coexist with the current offboard applications and processes for a considerable time. A good integration into the existing process world is therefore a crucial factor for the success of an OTA solution. An extensive reuse of software components and data both in the OTA and the offboard scenario is a promising approach to reach this goal. In addition to that it is possible to reduce implementation and test efforts for diagnostic and flash sequences used in the OTA scenario.

This article presents the potential for the reuse of software components and data for concrete OTA use cases.

Kurzfassung

Connectivity ist einer der Megatrends in der Automobilindustrie. Insbesondere die Over-The-Air (OTA) Anwendungsfälle Software Update, Datensammeln und Remote Diagnose versprechen enorme Einsparpotentiale für die Fahrzeughersteller und bieten neue Möglichkeiten zur Kundenbindung. Auf der anderen Seite sind die Herausforderungen und Aufwände bei der Einführung einer OTA Lösung nicht unerheblich.

Eine OTA Lösung wird für beträchtliche Zeit mit bestehenden Offboard Anwendungen und Prozessen koexistieren. Ein entscheidender Faktor für den Erfolg einer OTA Lösung ist daher eine gute Integration in die bestehende Prozesswelt. Die weitgehende Wiederverwendung von Softwarekomponenten und Datenformaten sowohl im OTA als auch im Offboard Szenario ist ein erfolgsversprechender Ansatz um dieses Ziel zu erreichen. Darüber hinaus können dadurch Aufwände bei Implementierung und Test von Diagnose- und Flashabläufen für den Einsatz im OTA Szenario reduziert werden.

In diesem Beitrag werden Möglichkeiten der Wiederverwendung von Softwarekomponenten und Daten für konkrete OTA Anwendungsfälle vorgestellt.

1 Anwendungsfälle für Automotive OTA

Für den Einsatz von Automotive OTA haben sich 3 Hauptanwendungsfälle herauskristallisiert:

- Software Update
- Datensammeln
- Live (Remote) Diagnose

Der Anwendungsfall Software Update ist hierbei sicher der wichtigste. Die meisten Fahrzeugrückrufe sind bereits heute auf Softwareprobleme zurückzuführen und die Menge der im Fahrzeug verbauten Software steigt rasant an. Mit einer Software Update Lösung Over-The-Air können diese kostspieligen Rückrufe vermieden werden. Probleme, welche im Feld auftreten, können damit sehr schnell und kostengünstig in einer ganzen Fahrzeugflotte behoben werden. Darüber hinaus sind Software basierte Modellpflege bzw. Nachrüstungs-Kampagnen auf Software Basis denkbar. Dies erschließt zum einen neue Einnahmequellen und verbessert zum anderen die Kundenbindung. Fahrzeuge können über die Lebenszeit auf einem aktuellen Funktionsstand gehalten werden.

Mit der Sammlung von Daten über ganze Fahrzeugflotten können Effekte, welche erst nach SOP auftreten und über die Diagnose nicht eingegrenzt werden können, detailliert untersucht werden. Hierbei können die zu erfassenden Daten dynamisch konfiguriert und die Abfragen nach Auswertung der ersten Ergebnisse entsprechend verfeinert bzw. ergänzt werden. Das Datensammeln ist damit eine Erweiterung der klassischen Diagnose, welche bereits lange vor dem Produktionszeitpunkt des Fahrzeugs spezifiziert werden muss. Auf Basis von gesammelten Daten lässt sich auch eine vorausschauende Wartung des Fahrzeugs realisieren und es sind neue Mehrwertdienste denkbar.

Mit der Remote oder besser Live Diagnose ist eine Pannenhilfe von zentralen Support Centern aus möglich. E/E-Probleme können u.U. direkt aus der Ferne behoben werden. Dem Fahrzeugführer kann zumindest empfohlen werden ob eine Weiterfahrt in die nächste Werkstatt sinnvoll ist oder besser auf einen Abschlepper gewartet werden sollte. In der Produktion können Tests am Band-Ende über die Remote-Diagnose durchgeführt werden ohne dass eine physische Verbindung zum Fahrzeug bestehen muss. In der Werkstatt sind webbasierte Tester denkbar welche über ein übliches Smart-Device bedient werden und sich über Remote Diagnose mit dem Fahrzeug verbinden. Die Notwendigkeit einer spezifischen Hardwareausstattung, welche mit hohen Investitionen verbunden ist, entfällt damit.

2 Neue E/E Architekturen

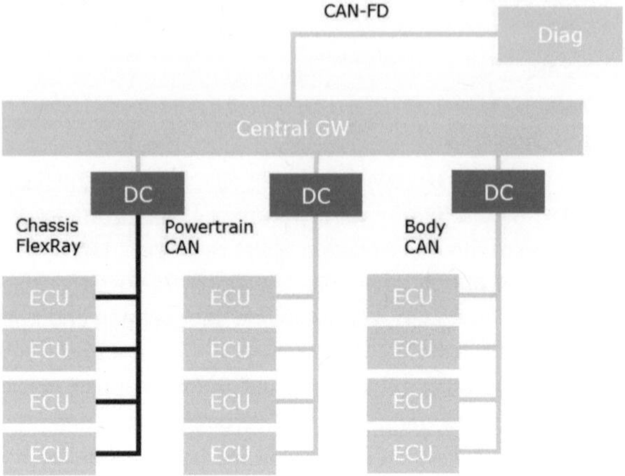

Abbildung 1: Heutige Fahrzeugtopologie mit Domain Controllern

Bisherige Fahrzeugtopologien sind domänenorientiert. Mehrere Domain Controller sind über ein zentrales Gateway miteinander verbunden. Funktionen sind konkreten Steuergeräten zugeordnet.

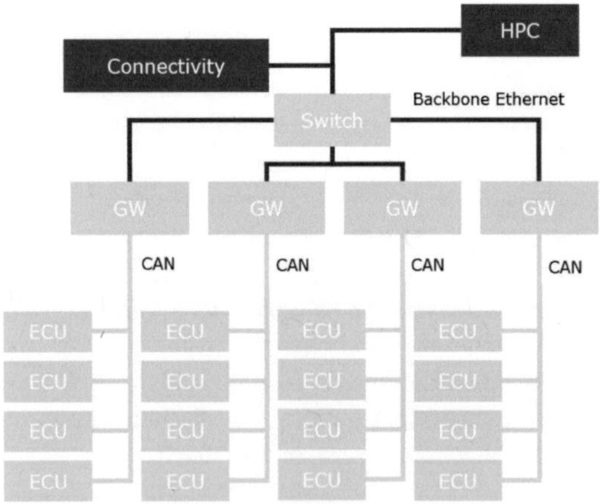

Abbildung 2: Beispiel einer zukünftigen Fahrzeugtopologie mit HPC

In zukünftigen Fahrzeuggenerationen werden Funktionen zentral auf sogenannten High Performance Computing Plattformen (HPC) implementiert. Diese Funktionscluster kommunizieren dann über eine entsprechende Middleware miteinander. Klassische Steuergeräte kommen nur noch als einfache Sensoren und Aktoren zum Einsatz. Ziel ist eine serviceorientierte Architektur um eine einfachere Wartbarkeit und vor allem Erweiterbarkeit des Gesamtsystems zu erreichen. Dies war mit den bisherigen Ansätzen nur sehr eingeschränkt möglich.

Die hierzu eingesetzten HPCs stellen i.a. ein POSIX kompatibles Betriebssystem zur Verfügung. Für diese Plattformen werden Applikationen mit aus der IT-Welt gebräuchlichen Techniken entwickelt. Es kommen objektorientierte Hochsprachen wie C++ zum Einsatz, es wird eine dynamische Speicherverwaltung eingesetzt und es werden Dateisysteme für die Datenablage verwendet.

Beispiel für eine solche serviceorientierte Architektur ist die Autosar Adaptive Plattform. Diese setzt ebenfalls ein POSIX System voraus.

3 Software Update

Im Telekommunikationsbereich sind Software Updates „Over the Air“ seit vielen Jahren üblich. Die Betriebssysteme von Smartphones und die darauf installierten Applikationen werden regelmäßig von den Herstellern aktualisiert. Ein Smartphone erhält heutzutage praktisch täglich ein Update für eine oder mehrere Applikationen. Im Automotive Bereich sind diese Mechanismen noch nicht durchgängig verbreitet. In der Regel werden die Steuergeräte eines Fahrzeugs immer noch in der Werkstatt aktualisiert. Dies ist auch der deutlich höheren Komplexität eines Steuergeräteupdates in einem Fahrzeugnetzwerk im Vergleich zu einem Update einer App auf einem Smartphone geschuldet:

Moderne Fahrzeuge können über 100 Steuergeräte enthalten, welche auf unterschiedlichen Plattformen basieren und über verschiedene Updatemechanismen verfügen. Sie kommunizieren in einem heterogenen Netzwerk über mehrere Bussysteme in einer komplexen Topologie miteinander. Darüber hinaus muss sich das Fahrzeug für ein Software Update in einem sicheren Zustand bzw. einer gesicherten Umgebung befinden da während des Updates sicherheitsrelevante Funktionen u.U. nicht verfügbar sind. Daher muss das Fahrzeug während des Updates beispielsweise stillstehen und der Motor darf nicht laufen. Diese Vorbedingungen werden in einer Werkstatt sehr einfach hergestellt und überprüft indem z.B. ein externer Werkstatt-Tester an das Fahrzeug angeschlossen wird.

Im OTA Szenario müssen solche Vorbedingungen automatisiert und unbeaufsichtigt geprüft und sichergestellt werden. Dies erfordert Applikationen, welche Onboard im Fahrzeug die Rolle des Werkstatt-Testers und des Service-Technikers übernehmen können. Der eigentliche Flashablauf unterscheidet sich dabei im OTA Szenario nicht vom Offboard Szenario mit dem Werkstatt-Tester. Dieser Teil der Applikation sollte daher wiederverwendet werden um die Entwicklungs- und Testaufwände nicht mehrfach aufbringen zu müssen.

3.1 Wiederverwendung von Flashcontainern

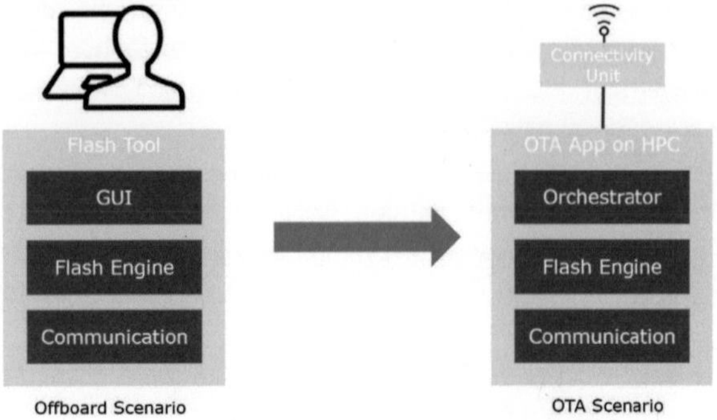

Abbildung 3: Offboard – OTA Szenario

Abbildung 3 zeigt links schematisch den Software-Stack wie er in einem Offboard Flashtool zum Einsatz kommt. Bis auf das User Interface können alle Komponenten für die OTA Applikation auf dem HPC wiederverwendet werden. Die Aufgaben des Technikers in der Werkstatt muss eine Orchestrierungskomponente in der OTA Applikation wahrnehmen, welche die Onboard Flash Engine steuert.

Der eigentliche Flashablauf ist für ein Steuergerät fest vorgegeben. Zunächst muss die Kommunikation zum Zielsteuergerät über CAN oder DoIP aufgebaut werden. Dann muss das Steuergerät entriegelt werden, d.h. der Tester muss sich authentifizieren. Danach werden Diagnose-Sequenzen ausgeführt, welche aus UDS Services bestehen. Es müssen u.U. Werte aus dem Steuergerät ausgelesen und anhand der Ergebnisse im Flashskript verzweigt werden. Daher werden hier gerne Skriptsprachen verwendet. Welche Sprache hier konkret verwendet wird ist zweitranging. Wichtig sind die Flash- und Diagnosespezifischen Bibliotheksfunktionen, die der Anwendung zur Verfügung stehen. Diese Bibliothek muss portabel sein und über Bindings für verschiedene Sprachen verfügen um einen hohen Grad an Wiederverwendung zur ermöglichen.

Für die Software Update Applikation in der Automotive OTA Lösung vConnect werden Skripte verwendet, welche sowohl im Offboard als auch im OTA Fall auf der Vector Diagnostic Scripting (VDS) Bibliothek basieren. Für den OTA Einsatz werden die in C# entwickelten Sequenzen automatisiert in die Skriptsprache LUA überführt. Die mit vFlash erzeugten Flashcontainer können so im OTA Szenario direkt wiederverwendet werden, da sie neben den Flashsequenzen auch alle Daten, Kommunikationsparameter und Adressinformationen enthalten. Für den Einsatz im Fahrzeug ist LUA sehr gut geeignet, da der Interpreter sehr klein ist und die Integration in C++-Anwendungen sehr gut unterstützt wird.

3.2 Rollback und Retry

Treten beim Software Update Probleme auf muss im OTA Szenario die Onboard Applikation entscheiden, ob der Flashvorgang wiederholt werden soll oder ob ein Rollback auf die ursprünglich installierte Softwareversion notwendig ist. Dieses Rollback muss dann selbstständig ausgeführt werden können. Hierzu muss im Fahrzeug ein Backup der vorherigen Softwareversion vorgehalten werden um diese falls notwendig wieder autonom auf dem Steuergerät installieren zu können. Dies erfordert zusätzlichen Speicherplatz im Fahrzeug.

Ein Rollback sollte im Feld allerdings nur sehr selten notwendig sein. Schlägt die Programmierung des Steuergerätes aufgrund einer permanenten Beschädigung des Flashspeichers fehl kann auf einem klassischen Steuergerät mit nur einem Flashspeicher auch kein Rollback mehr durchgeführt werden. Das Steuergerät muss in diesem Fall getauscht werden. Abhilfe bieten hier Steuergeräte, welche über 2 getrennte Partitionen verfügen (s.u.). Ein Rollback aufgrund von Inkompatibilitäten zwischen Steuergeräten nach einem Update ist letztendlich ein Prozessproblem und muss dort gelöst werden. Abhängigkeiten zwischen Steuergeräten und SW-Versionen müssen im Backend abgebildet und ausgewertet werden. Ein funktionierendes Konfigurationsmanagement beim OEM wird hier zukünftig eine entscheidende Rolle spielen.

Eine Retry-Strategie ist im OTA Szenario deutlich wichtiger. Schlägt die Programmierung aufgrund eines temporären Problems (z.B. einer vorübergehenden Unterspannung oder eines Kommunikationsproblems) fehl, kann ein weiterer Versuch immer noch zum Erfolg führen. Da die Ursache eines Fehlschlags u.U. nicht eindeutig ermittelt werden kann, wird eine maximal Anzahl von Retries festgelegt. Wird diese überschritten kann ein Fehler ausgegeben und die Programmierung abgebrochen werden. Retries können hierbei an verschiedenen Stellen des Ablaufs notwendig werden.

3.3 Software Download im Applikationskontext

Inzwischen sind Steuergeräte verfügbar, welche 2 Partitionen oder Bänke anbieten, von denen nur eine aktiv ist während auf der anderen der Software Download durchgeführt werden kann. Das Update findet durch ein Umschalten zwischen diesen Bänken statt. Der Vorteil liegt darin, dass der zeitintensive Download der Software im Hintergrund stattfinden kann während die Applikation in Betrieb ist. Der Umschaltvorgang, welcher das Update dann aktiviert, kann sehr schnell durchgeführt werden. Die Verfügbarkeit des Fahrzeugs ist damit praktisch nicht eingeschränkt. Die Anforderungen an die Batterie sind damit bei einem Fahrzeug mit Verbrennungsmotor viel geringer. Ein Rollback kann bei solchen Steuergeräten symmetrisch durch ein erneutes Umschalten auf die ursprünglich aktive Bank realisiert werden. Daher sind diese Steuergeräte insbesondere für das OTA Szenario geeignet. vFlash unterstützt Flashabläufe für solche Steuergräte durch sein Template-Konzept ebenfalls.

4 Live Diagnose

Um über die Diagnose Daten auslesen oder Routinen ausführen zu können müssen Diagnoseservices in bestimmten Sequenzen ausgeführt werden. Beispiele sind Fehlerspeicher auslesen oder die Ausführung von Tests über die Diagnose. Für Beschreibung dieser Sequenzen kommt in der Live Diagnose Applikation von vConnect ebenfalls die VDS Bibliothek zum Einsatz welche auch im Software Update Fall Anwendung findet. Das bedeutet, dass die auf VDS basierenden Skripte sowohl im Offboard Einsatz, beispielsweise im Diagnosetool Indigo, als auch im OTA Szenario verwendet werden können.

Für die Entwicklung der Skripte steht eine Extension für die professionelle IDE MS Visual Studio bereit. Diese Extension bietet mächtige Features wie IntelliSense auf Qualifier-Ebene und Syntax-Highlighting. Die Skripte können mit allem Komfort, den eine professionelle IDE bietet, entwickelt und vor allem auch getestet werden. Für den OTA Anwendungsfall können diese Skripte automatisiert nach LUA konvertiert werden. Dies stellt einen enormen Produktivitäts- und Qualitätsgewinn bei der Erstellung von Diagnose-Sequenzen dar.

Durch diesen Ansatz wird sichergestellt, dass sowohl in der klassischen drahtgebundenen Diagnose als auch in der Live Diagnose über OTA die identischen Sequenzen verwendet werden.

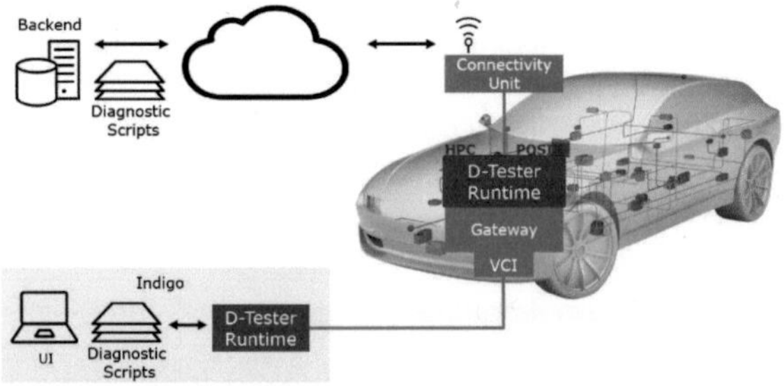

Abbildung 4: Wiederverwendung von Diagnose-Skripten

5 Datensammeln

Beim Sammeln von Daten über eine gesamte Fahrzeugflotte ist eine effiziente Übermittlung der Daten an das Backend eminent wichtig um Bandbreite und damit Kosten zu sparen. Technisch kann man hier eine optimale Kodierung der Inhalte anstreben und die Daten im Fahrzeug vorverarbeiten und aggregieren. Dies erzeugt immer zusätzliche Last die u.U. den laufenden Betrieb einschränken kann. Dies ist unter allen Umständen zu vermeiden. Daher müssen die Datensammelaufträge strikt daraufhin ausgelegt werden möglichst wenig, dafür aber die „richtigen“ Daten zu erfassen. Dies ist nur mit dem entsprechenden Domänenwissen möglich und erfordert i.a. ein Nachschärfen der Abfrage nachdem die Ergebnisse der ersten Abfrage ausgewertet worden sind. Dazu ist es notwendig, Datensammelanfragen dynamisch erstellen und modifizieren zu können. Das Know-how, welches in einer Datensammelanfrage enthalten ist, ist wertvoll und sollte daher nicht verloren gehen. Dies gilt gleichermaßen für Logger-Konfigurationen, die mit klassischen Logger- oder Mess-Werkzeugen erstellt und validiert wurden. Diese sollten im OTA Szenario weitgehend automatisch wiederverwendet werden können.

In einem ersten Schritt liefern die Signale, welche auf den Fahrzeugbussen übertragen werden einen ausreichenden Einblick in das Fahrzeugverhalten. Diese Signale können darüber hinaus mit minimalen Seiteneffekten erfasst werden. Annahme ist hierbei, dass das HPC System, auf dem die Applikation zum Sammeln der Daten läuft, über Ethernet angebunden ist. Es gibt etablierte Bibliotheken, mit denen Ethernet Kommunikation komfortabel mitgeschnitten werden kann. Dies erzeugt auf dem Bus praktisch keine zusätzliche Last. Für Signale, welche auf dem CAN-Bus hinter einem DoIP-CAN Gateway anliegen, existiert seit AUTOSAR 4.4 eine standardisierte Bus-Mirror Komponente. Diese Komponente kann von der Datensammel-Komponente der Automotive OTA Lösung vConnect zur Laufzeit instrumentiert werden um ausgewählte CAN-Frames in DoIP-Pakete zu verpacken und auf das Ethernet zu legen.

Die Daten können dann in der Datensammel-Applikation auf dem HPC vor der Übermittlung an das Backend gefiltert, aggregiert oder über Trigger in Beziehung gesetzt werden. Ziel ist eine weitgehende Datenreduktion vor der Übertragung an das Backend um Bandbreite und damit Kosten einzusparen. Im Backend kann aus den empfangen Datenreihen u.a. das standardisierte Datenformat MDF erzeugt werden. Dieses Format wird von vielen im Markt erhältlichen Mess- und Analyse-Werkzeugen unterstützt.

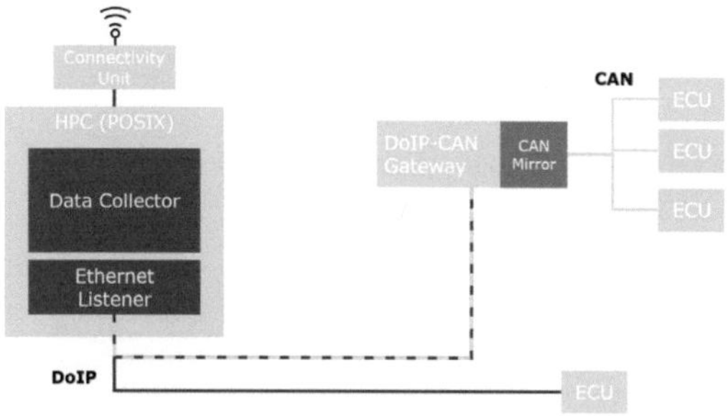

Abbildung 5: Datensammler mit CAN Mirror

6 Framework

Sicherheit und Datenschutz sind eine zentrale Anforderung an eine OTA Lösung. Eine Ende-zu-Ende Absicherung der Kommunikation ist unerlässlich. Hier macht es Sinn die notwendigen Kommunikations- und Sicherheitskomponenten für alle OTA Applikationen gemeinsam in einem Framework bereitzustellen. Die Automotive OTA Lösung vConnect bietet eine solche Security & Kommunikations-API an. Über diese API stehen komplexe Kommunikations-Protokolle wie der Aufbau einer verschlüsselten Sitzung oder Request/Response-Kommunikation sehr einfach anwendbar zur Verfügung. Verschiedene Sicherheitsmechanismen sind in dieser API ebenfalls bereits integriert. Beispielsweise ein Replay-Schutz, welcher es erlaubt aufgezeichnete und in nochmals verschickte Nachrichten auf Empfängerseite zu erkennen und zu verwerfen. Sowohl auf Backend- als auch auf Fahrzeugseite stellt das Framework allen OTA Applikationen Standardmechanismen zur Verfügung wie die sichere Ablage von Zertifikaten und Schlüsseln oder die Validierung von Signaturen.

Diese Mechanismen werden im OTA Framework von vConnect allen Applikationen gleichermaßen zur Verfügung gestellt. Insbesondere kann das Framework zur Entwicklung kundenspezifischer Applikationen verwendet werden. Die relevanten APIs sind öffentlich. Eine auf vConnect aufbauende OTA Lösung ist damit jederzeit erweiterbar.

Die Backend-Plattform von vConnect ermöglicht aufgrund ihrer Container basierten Architektur vielfältige Optionen für ein Deployment. Die Fahrzeug-Plattform enthält mehrere Abstraktionsschichten u.a. für Kommunikation, Datenablage und Mensch-Maschine-Schnittstelle. Sie ist dadurch einfach auf verschiedene POSIX-Derivate und Hardwareumgebungen adaptierbar.

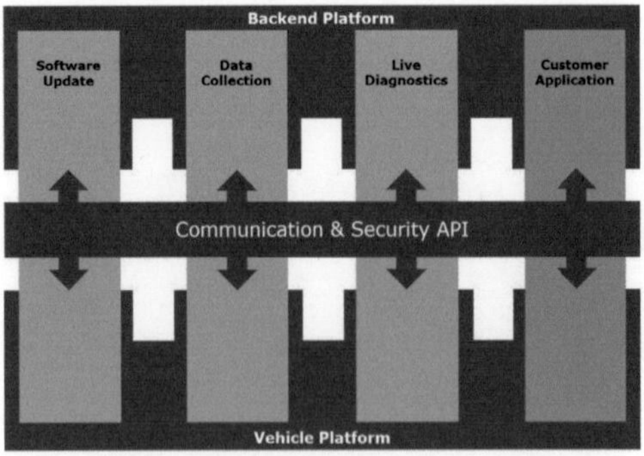

Abbildung 6: Architekturübersicht vConnect

7 Fazit

Durch die Wiederverwendung von Bibliotheken und den Einsatz von Frameworks können OTA Applikationen effizienter und mit höherer Qualität implementiert werden. Der Einzug von HPCs mit den darauf verfügbaren POSIX Plattformen erlaubt den Einsatz von Softwarekomponenten, die sowohl im Fahrzeug als auch in Offboard Tools verwendet werden können. Hierdurch werden Mehrfachentwicklungen vermieden und Testaufwände fallen nur einmal an. Zusammen mit der Verwendung gleicher Datenquellen und Datensenken im Fahrzeug, im Backend und in den Tools erleichtert dies die Integration der OTA Lösung in bestehende Prozesse und ermöglicht ein gleichförmiges Verhalten im Offboard und im OTA Szenario. Dies ist vor dem Hintergrund der Tatsache, dass Offboard und OTA Anwendungsfälle noch für eine beträchtliche Zeit koexistieren und kooperieren müssen, für die erfolgreiche Einführung einer OTA Lösung zwingend erforderlich. Die Anwendung von Techniken und Entwicklungs-Mustern aus der klassischen Softwareentwicklung wird hierbei zukünftig eine immer größere Rolle spielen.

13 Herausforderungen der Ferndiagnose in Flotten mit gemischten Fahrzeugen

Dipl.-Ing. Marjan Hanc, **Michael Halbwirth**, Globalmatix AG, Vaduz, Liechtenstein

Abstract

The fleet managers are facing huge challenges at management of their mixed vehicles fleets, as the diagnostic data retrievable over OBD-2 interface and diagnostic services is not sufficient for high-quality based data decisions. Besides that, the use of extended, UDS diagnostic services is due to the specifics of vehicle manufacturers and theirs use of diagnostic services very challenging for the retrofit telematic providers and by many aspects unsafe.

The first steps in the standardization of extended vehicle access by ISO 20078, shows some incentives to provide better data access to the fleet managers or other parties and still assuring that the personal data is separated from the vehicle data.

Kurzfassung

Flottenmanager stehen heute von großen Herausforderungen beim Management ihrer gemischten Fahrzeugflotten, weil die über OBD-2 beziehbare Fahrzeugdaten, für die, auf Fakten basierenden Entscheidungen unzureichend sind. Darüber hinaus ist Einsatz erweiterten UDS-Diagnosediensten aufgrund der Besonderheiten der Fahrzeughersteller und deren Nutzung der Diagnosediensten für Retrofit-Telematikanbieter sehr herausfordernd und in vielen Aspekten unsicher.

Die ersten Schritte bei der Standardisierung des erweiterten Fahrzeugzugangs nach ISO 20078 zeigen einige Versuche, den Flottenmanagern oder anderen Parteien einen besseren Datenzugriff zum Fahrzeug zu bieten und dennoch personenbezogenen Daten von Fahrzeugdaten getrennt bereitzustellen.

1 Einführung

Flottenbetreiber brauchen für Ihre Planung und Optimierung der Wartungskosten verlässliche Fakten von allen Fahrzeugen in Ihrem Bestand.

Fakten basierend auf Daten, die mehr Informationen beinhalten als nur die altbekannten Positions- und Fahrverlaufsdaten heutiger Telematik-Geräte.

Für eine auf Fakten basierende Entscheidung ist es notwendig, dass fahrzeugrelevante Wartung- und Zustandsdaten aus allen Fahrzeugen aufbereitet, direkt in eine Flottenapplikation sicher und zeitnah übermittelt werden. Nur so können alle Fahrzeuge unterschiedlichen Marken miteinander objektiv verglichen werden.

Um wartungsrelevante Fakten bereitzustellen ist nicht nur erforderlich zu verstehen welche Daten ein Fahrzeug liefern kann sondern, es muss auch verstanden werden wie die geforderten Daten sicher ausgelesen werden können ohne, dass dies zur möglichen Gefahrenquelle für das Fahrzeug wird.

1.1 Diagnose von gemischten PKW- und Nutzfahrzeugen

Im Gegensatz zu LKW- und Bus-Fahrzeugen, bei welchen der FMS-Standard in der Ausgabe 3.0 aus dem Jahr 2012 einige, für Flottenmanagement relevante standardisierte Messwerte/Signale definiert, ist bei PKW und Nutzfahrzeugen keine ähnliche Standardisierung bis auf OBD-2 Standard ISO 15031 bekannt.

Die OBD-2 Daten und Diagnoseabfragen sind damit standardisiert, allerdings dienen vorwiegend für die Abgasrelevante Messungen und sind für Flottenmanagement Anwendungsfälle wie z.B. Fahrzeug-Monitoring für prädiktive Instandhaltung, Prüfung der Fahrzeugzustandes, Laufleistung, Spritverbrauch, Reifendruck o.Ä. unzureichend.

Fahrzeuge unterschiedlicher Hersteller unterstützen unterschiedliche Messwerte, die über OBD-2 Diagnosedienste ausgelesen werden können, die Hersteller sind aber nicht verpflichtet alle von OBD-2 Standard vorgesehene Messwerte zu unterstützen. Welche Messwerte sind vom Fahrzeug unterstützt wird durch s.g. PID-Scan vom Servicetester ermittelt. Auch marktspezifischen Abweichungen müssen betrachtet werden, wie zum Bespiel Auslesung der VIN-Fahrzeugidentifizierungsnummer die nur auf EU und USA Markten verpflichtend und auf asiatisches Markten nicht verpflichtend ist.

Aus diesem Grunde und weil die über OBD-2 Schnittstelle beziehbare Daten in meisten Anwendungsfällen entweder nicht vorhanden oder unzureichend sind, ist die OBD-2 Diagnose in einer gemischten Fahrzeugflotte nur bedingt brauchbar.

Für Flotten-Management Anwendungsfälle ist daher erforderlich die fehlenden Diagnosedaten über erweiterten Diagnosefunktionen zu beziehen. Hier kann man auf Unified Diagnostic Services (UDS, ISO 14299) zugreifen, allerdings ist dies Fahrzeug- und Herstellerspezifisch und vor allem nicht trivial.

Zum einen müssen die unterschiedlichsten Fahrzeughersteller und deren UDS Diagnoseabfragen gekannt und verstanden werden sowie die korrekte Bedeutung und Interpretation dieser Daten.

Weiterhin ist in vielen Fällen für UDS Diagnose-Zugriff über OBD-2 Fahrzeugschnittstelle eine Freischaltung des Gateways erforderlich (**Abbildung 1**).

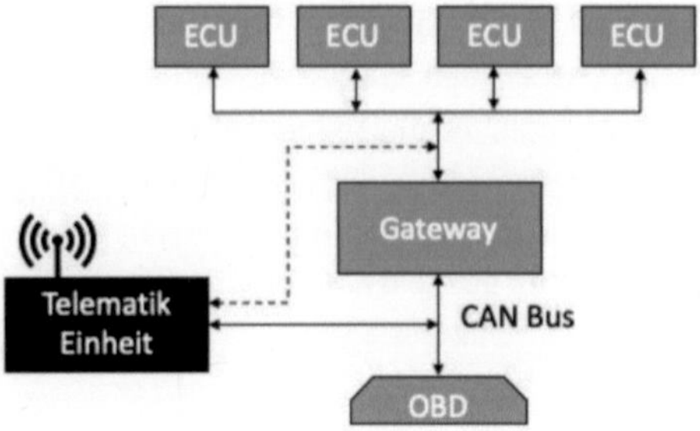

Abbildung 1: Verbindung einer Telematikeinheit mit Fahrzeug

Da diese in Grunde genommen eine Sicherheitsrelevante Funktion ist, ist an dieser Stelle eine Zusammenarbeit mit OEM erforderlich. Allerdings entwickeln die OEMs auch eigene Telematik- und Servicelösungen und haben in der Regel wenig Interesse an Öffnung des Diagnose-Zugangs einem Telematik-Drittanbieter.

Alternative ist Anschließung der Telematikeinheit hinterm Gateway (**Abbildung 1**), allerdings ist diese bedenklich sicher und erfordert eventuell Verbindung mit mehreren CAN-Datenbussen.

Vor allem ist hier zu beachten, dass die Telematikeinheit im Fehlerfall durch Auslösung von vielen UDS-Diagnoseanfragen den Datenbus „zumüllen", und folglich das Fahrzeugfunktion beinträchtigen könnte.

Viele Telematik-Anbieter versuchen aus diesem Grund auf Induktive und Kapazitive CAN-Bus Proben zuzugreifen allerdings sind diese, trotzt passiver funktionsweise schwer installierbar und wegen mechanischer Belastung des Fahrzeugs während der Fahrten, besonders auf schlechten Straßen relativ fehleranfällig.

Eine denkbare Lösung wäre eine Telematikeinheit, die über Sicherheitsmechanismen verfügt und per Funk umkonfiguriert oder im Fehlerfall ausgeschaltet werden kann. Desweitern könnten man eventuell bei einem fahrenden Fahrzeug die UDS Diagnoseabfragen unterbinden oder auf Minimum reduzieren.

1.2 Aufbereitung der Diagnosedaten

Bleiben wir bei der UDS-Diagnosediensten, müssen die fahrzeugspezifische Messwerteabfragen im Backend-System als Teil der Konfiguration aufbereitet und auf Telematikeinheit sicher übertragen werden.

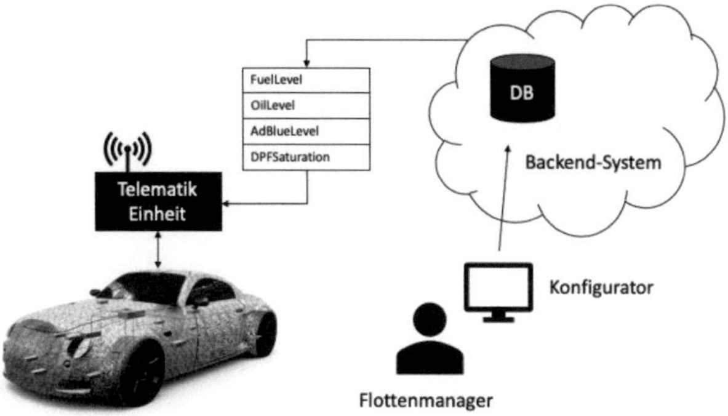

Abbildung 2: Verbindung Telematikeinheit und Backend-Server

Telematikeinheit führt dann in eingestelltem Zeitraster bzw. Frequenz, oder Ereignisbasiert die Abfragen autonom aus und überträgt die Antworten von jeweiligen ECU auf das Backend-System zur Auswertung.

Dies ist erforderlich, weil wir die Telematikeinheit auch im autarken Betrieb, ohne Netzverbindung zum Backend-System (i.d.R. Cloud), die Messwerte mit gewünschter Frequenz vom Fahrzeug beziehen und speichern muss (**Abbildung 2**).

Da die Messwerte Fahrzeugunabhängig und dem Flottenmanager bei der Fahrzeugkonfiguration transparent sein müssen, ist dafür eine Mappierung der Diagnosedienste für Beziehung der gewünschten Messwerte und fahrzeugspezifisch in Form einer Matrix erforderlich (**Abbildung 3**).

Fahrzeug	Messwert	ECU Adresse	UDS Abfrage
OEM-A, Typ 1	AdBlueLevel	0x7EA	0x 22 13 01
OEM-A, Typ 1.1	AdBlueLevel	0x7E4	0x 22 23 01
OEM-B, Typ 1	AdBlueLevel	0x7E0	0x 22 2A 00 01
OEM-C, Typ 1	AdBlueLevel	0x7E9	0x 22 19 08 01
OEM-C, Typ 2	AdBlueLevel	0x7E9	0x 22 19 08 08
OEM-C, Typ 3	AdBlueLevel	0x7E9	0x 22 19 08 01

Abbildung 3: Beispiel Diagnose-Abfragematrix

Für jeden ausgewählten Messwert wird solch eine Diagnose-Abfragesequenz als Teil der Konfiguration ins Telematikeinheit gemeinsam mit Auslesefrequenz und Optionen (z.B. Abfrage in Fahrt erlaubt) gespeichert.

Die Telematikeinheit übermittelt so in Konfiguration gespeicherte Diagnoseabfragen an die bestimmte ECUs ein nach dem anderen und erwartet eine positive Antwort, die im rohen Datenformat an Backend-Server übermittelt wird. Im Fehlerfall meldet die Telematikeinheit dem Server, dass der Messwert nicht ausgelesen werden kann.

1.3 Auswertung der Diagnosedaten

Eine Retrofit-Telematikeinheit ist in der Regel aus Preislicher und Einbaugründen Rechenleistungstechnisch relativ eingeschränkt um eigene Daten-Interpretation z.B. mittels einen D-Server auszuführen. Deswegen ist die Datenauswertung ins Backend-System umgelagert, welches genug Rechenleistung hat um mittels einen oder mehreren D-Server die Daten auszuwerten.

An dieser Stelle werden die Daten mittels ODX-Daten basierenden Laufzeitdaten ausgewertet (**Abbildung 4**).

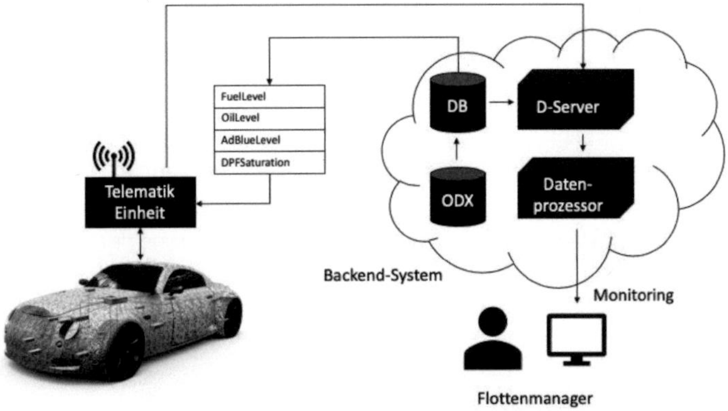

Abbildung 4: Datenübermittlung und Auswertung

Die fahrzeugspezifisch ausgewerteten Daten werden vom D-Server auf ein s.g. Datenprozessor übermittelt, der die Daten-Normierung und Aggregierung ausführt.

Eine Daten-Normierung ist erforderlich, weil unterschiedliche Fahrzeuge einen Messwert unterschiedlich liefern.

Zum Beispiel kann ein Messwert Fenster „offen“ oder „zu“ liefern, und dieser kann sogar bei unterschiedlichen Baureichen eines OEMs unterschiedlich Information liefern. Ein Fahrzeug kann z.B. nur zwei Zustände „offen“ und „zu“ liefern, andere Fahrzeug „offen“, „halb offen“, oder „offen“ und ein drittes Fahrzeug einen Prozentwert von 0% - „zu“, 100% - „offen“ liefern.

Es gibt auch solche Fahrzeuge die zum Beispiel schon bei 97% das Fenster zu haben und den Wert 100% überhaupt nicht erreichen.

Ein weiteres, sehr häufiges Beispiel ist der Tankzustand, der sehr wichtig ist für Fahrzeugvermietungsflotten. Hier kann ein Hersteller das Tankinhalt in Liter oder Prozent liefern, wobei bei einem kleineren Fahrzeug schon bei 57% Tank voll ist und bei einem Fahrzeug gleicher Marke nur halbvoll, je nachdem wie großer Tank wurde ins Fahrzeug verbaut.

Dazu kommt deswegen, weil die Hersteller in der Regel bei verwandten Fahrzeugbaureihen gleiche Steuergeräte und Sensors verwenden und dann in eigenen Serviceapplikationen fahrzeugspezifische Besonderheiten wie z.B. verbaute Tankgröße berücksichtigen, bzw. können über das Backend-System auf Produktionsdaten oder Verbaulisten für erforderlichen Abgleich zugreifen.

Mit der Datennormierung wird daher vom Fahrzeug gelieferte Messwert entsprechend normiert um gleichen Inhalt bei allen Fahrzeugen zu liefern.

Ein weiteres Problem ist der Umfang der verbauten Sensorik. Zum Beispiel kann ein premium Fahrzeug Reifendruck für jedes Rad unabhängig und sehr genau liefern, wobei bei einem preisgünstigen Fahrzeug nur ein allgemeines Reifenstatus z.B. Reifendruck OK oder nicht OK geliefert wird.

In diesem Fall können wir entscheiden ob wir den kleinsten gemeinsamen Nenner (Reifen OK, nicht OK) nutzen oder wir führen unterschiedliche Datenqualitätsniveaus ein, wie z.B. „ReifenStatus“ für alle Fahrzeuge in der Flotte oder „ReifenStatusDetailiert“ für die premium Fahrzeuge.

Im Prinzip haben wir mit einem Zusammenspiel mit Datenqualität und Fahrzeugfähigkeiten zu tun. Der Flottenmanager muss entscheiden welche Datenqualität ist für sein Anwendungsfall erforderlich und für seine Fahrzeugflotte am besten passend.

Vom Datenprozessor normierte und aggregierte Messwerte sind dann mit dem Zeitstempel in der Datenbank gespeichert und können für die weitere Verarbeitung z.B. Darstellung oder Analyse gebraucht werden.

1.4 Sicherheit der Datenübertragung

Zugriff auf Fahrzeug über UDS-Diagnose ist sicherheitstechnisch sehr bedenklich, weil doch häufige Anfragen und Antworten gewisse Kommunikationsbandbreite im Fahrzeug verbrauchen. Dies kann das Fahrzeug beeinträchtigen und zu gefährliche Situationen führen. Außerdem ist es möglich über UDS-Diagnosedienste auch gewisse Fahrzeugkomponenten steuern oder umcodieren, was ein solches Telematiksystem für Hacker sehr attraktiv macht.

Aus diesem Grund ist äußerst wichtig, dass das gesamt System von Telematikeinheit bis auf zu Anwenderdatenschnittstelle gesichert ist. Allerdings kann man eine gute Sicherheit nur im privaten GSM-Netzwerk erreichen (MVN – Mobile Virtual Network). Dies ist gewährleistet durch den privaten APN-Zugang, der eine Verbindung von GSM-

Netzwerkteilnehmer ohne entsprechende Hardware basierte Authentifizierung unterbindet.

Abbildung 5: Systemsicherheitskonzept

2 Ausblick

Wie wir es gesehen haben, ist eine der größten Herausforderungen der Diagnose in Flotten mit gemischten Fahrzeugen fahrzeugspezifischer Zugang zu den Daten, der für jede Fahrzeugmarke, Baujahr, Model und Variante unterschiedlich sein kann.

Lösung dieses Problem erfordert entweder enge Zusammenarbeit mit Fahrzeughersteller oder mühsames und aufwändiges Reverse-Engineering.

Mit dem Standard ISO 20078 [1] (Extended Vehicle WEB Services) wurden die ersten Schritte für Fernzugriff zum Fahrzeug und Bereitstellung der Fahrzeugdaten über WEB-Services gemacht. Der Standard definiert nicht nur Zugriff auf Ressourcen (Fahrzeugdaten), sondern auch sehr wichtiges, Rollenmodel basierten Daten-Sicherheitskonzept. Eine vereinfachte Konzeptdarstellung ist in der nächsten Abbildung (**Abbildung 6**) skizziert.

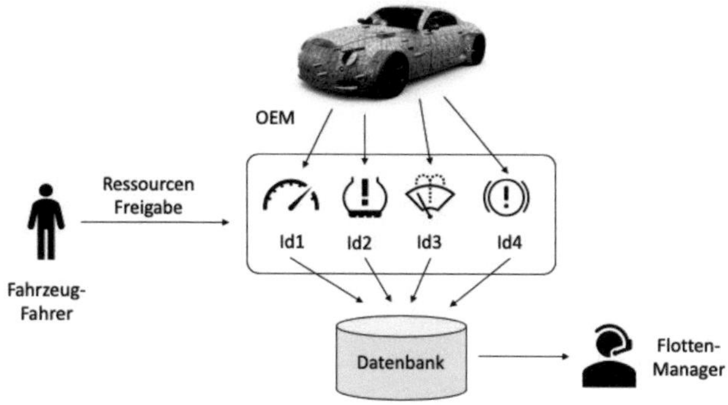

Abbildung 6: Fahrzeugdatenzugriffskonzept nach ISO 20078

So ist besonders der Rücksicht auf Schutz der persönlichen Daten ein wichtiger Bestandteil des Standards. Der Fahrzeuginhaber bzw. Fahrer kann vom Hersteller zur Verfügung gestellten Fahrzeugressourcen, in diesem Fall Diagnose-Daten, einzeln freischalten und damit dem Flottenmanager Zugang zum Daten ermöglichen.

Im Flottenmanagement können so personenbezogene Daten einfach von Fahrzeugdaten getrennt werden und somit DSVGO konform bearbeitet werden.

Der Standard definiert lediglich Zugang zu den Ressourcen, definiert aber Inhalt der Daten in unserem Fall die Fahrzeugmesswerte (noch) nicht. Daher bleibt die Herausforderung – Normierung und Aggregierung der Daten noch immer vorhanden.

Für einen Retrofit-Telematikanbieter ist eine weitere Herausforderung, die Dateninterpretierung der Fahrzeugdaten näher am Fahrzeug sehr wichtig. Übermittlung der gesamten Diagnose-Antworten im rohen Format ist in der Hinsicht auf verbrauchtes, monatliches Datenvolumen ziemlich ineffizient. Dazu macht es Sinn, dass nur wirklich geänderte Messwerte in Cloud gespeichert werden.

Ein weiteres Problem kann eine Flut von Daten im Fall eines Netzwerkverbindung Ausfalles sein. Die Telematikeinheiten puffern in der Regel die Daten bis die nächste Datenübertragung möglich ist. Fällt die Netzwerkverbindung von größerer Anzahl der Fahrzeuge gleichzeitig aus, wird den D-Server in Cloud eine große Menge an Daten prozessieren müssen. Trotz paralleler Interpretierung der Daten, kann in solchen Fällen zu großen Latenzen kommen oder sogar zum Server-Ausfall.

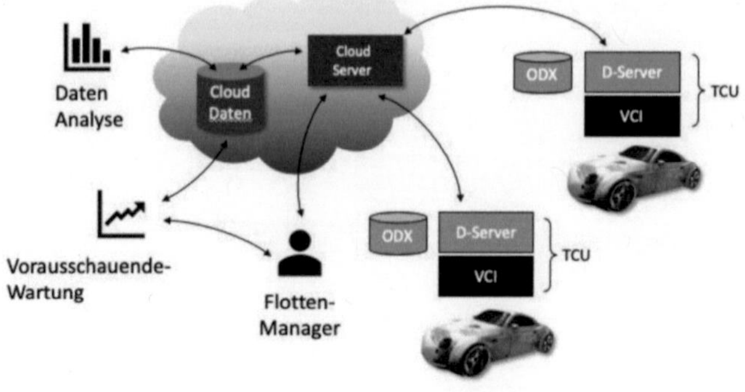

Abbildung 7: Dezentrale Dateninterpretierung

Initiale ODX basierte Datenauswertung näher am Fahrzeug, als dezentrale Interpretierung hätte zum Vorteil, dass in solchen Fällen Daten nach Priorität übertragen würden was die Verarbeitung (Normierung und Aggregierung) schneller und effizienter machen könnte. Dazu müsste eine vereinfachte D-Server Instanz auf der Telematikeinheit laufen und bereits interpretierte Diagnosedaten zum Cloud-Server übermitteln. Ein weiterer Schritt zur Optimierung würde sogar Normierung und Aggregierung der Daten auf der Telematikeinheit.

3 Zusammenfassung

Die Retrofit-Anbieter von Telematik-Lösungen sind zumindest im PKW- und Nutzfahrzeugenbereich zurzeit noch immer zum Reverse-Engineering der Flotten-Management relevanten Diagnosedaten gezwungen was kontraproduktiv ist.

Schlussendlich dienen die Flottenmanagement relevanten Daten zur prädiktiven Instandhaltung und Reduzierung der Flottenkosten und CO2-Emissionen.

Obwohl der Weg noch lang ist, liegen die Vorteile der ersten Schritte vom ISO 20078 Standard für einen Flottenmanager auf der Hand; homogene Daten und Information aus allen Fahrzeugen in einer gemischten Flotte, sichere Datenübertragung vom Fahrzeug bis hin zur Flottenmanagement-Applikation und DSVGO Konformität durch Trennung der personenbezogenen und Fahrzeugdaten.

Literatur

[1] ISO/DIS 20078-1 Road vehicles — Extended vehicle (ExVe) 'web services' — Part 1: ExVe content (Draft) (ICS: 43.040.15). (2018). ISO.

14 Smart Data for Smart Mobility

Dr. Stefan Mittermeier, MVI Group GmbH, München
Dr.-Ing. Jan Bröcking, MVI PROMOTIVE Engineering GmbH, Bietigheim-Bissingen

Abstract

Current developments in the automotive industry, such as changes in emission testing procedures or the emergence of machine learning-based vehicle functions, require the digitalization of driving tests. This poses numerous technological challenges: The contextualization of machine data and the acceleration of iterative test cycles are just two of them. The availability of modern telecommunications technologies makes it possible to think about new best practices in driving tests, that is, the digitalisation of driving tests. We favor a use-case-driven and user-centered approach in order to validate concepts against the background of business and technological obstacles, such as data transfer costs, network coverage, and the execution of machine learning models on resource-constrained devices. The method used is IoT Rapid Prototyping. The MVI Gateway, the MVI IoT Platform and the MVI Analytics Platform describe an open source technology stack for research of best practices for the digitization of driving tests.

Kurzfassung

Aktuelle Entwicklungen in der Automobilbranche wie die Veränderung des Emissionsprüfverfahrens oder das Aufkommen Machine-Learning-basierter Fahrzeugfunktionen erfordern die Digitalisierung des Fahrversuchs. Damit sind zahlreiche technologische Herausforderungen verbunden: Die Kontextualisierung von Maschinendaten und die Beschleunigung iterativer Prüfzyklen sind dabei nur zwei, die zu nennen sind. Die Verfügbarkeit moderner Telekommunikationstechnologien erlaubt, über neue best-practices im Fahrversuch bzw. über die Digitalisierung des Fahrversuchs nachzudenken. Wir favorisieren hierbei einen Use Case-getriebenen und nutzerzentrierten Ansatz, um Konzepte vor allem vor dem Hintergrund betriebswirtschaftlicher und technologischer Hemmnisse, wie z.B. Datentransferkosten, Netzabdeckung, Ausführung von Machine Learning-Modellen auf ressourcenschwachen Geräten zu validieren. Die Methode, die zum Einsatz kommt, ist das IoT Rapid Prototyping. Das MVI Gateway, die MVI IoT- Plattform und die MVI Analytics-Plattform beschreiben einen Open Source-Technologiestack für die Erforschung von best-practices zur Digitalisierung des Fahrversuchs.

1 Rapid Prototyping für das Internet der Dinge

Das Internet der Dinge (IoT) beschreibt einen Megatrend mit dem Potenzial Organisationen aller Industrien zu verändern. Jede Industrie kann zu einer digitalen Industrie werden, mit den entsprechenden Optimierungsmöglichkeiten und digitalen Geschäftsmodellen. Als Konzept beschreibt IoT die Hinzufügung von Konnektivität und Intelligenz zu physischen Geräten. Gerade in der Fahrversuchsbranche lassen sich zahlreiche Potenziale feststellen.

Prinzipiell gilt, dass sich der Fahrversuch nicht auf eine einzige Art von Gewerk reduzieren lässt. Der Fahrversuch ist divers in seinen Aufgaben und spezifisch in den technologischen Anforderungen. Diese Diversität steigert sich zusätzlich durch die Entwicklung moderner Fahrzeugfunktionen. Computer Vision-basierte Fahrzeugfunktionen können als Beispiel genannt werden. Zweifelsohne Diversifizieren derartige Funktionen die Verfahrensweise in der Testung. Dies hat zur Folge, dass „One-fits-all“-Lösungen für die Testung nicht möglich bzw. betriebswirtschaftlich problematisch sind. Die Alternative zu Produktlösungen stellt das IoT Rapid Prototyping dar, d.h. die Entwicklung Use Case-spezifischer und nutzerzentrierter Lösungen, die schnell einen Proof-of-Concept erbringen. Die kostengünstige Verfügbarkeit von IoT-Hardware und die Verfügbarkeit von IoT-relevanter Open Source-Software begünstigen diese Vorgehensweise.

Trotz der oben erläuterten Diversität des Fahrversuch soll zum Zwecke dieses Artikels auf zwei wesentliche Anforderungen fokussiert werden, welche sich häufig bei der Digitalisierung des Fahrversuchs stellen: Erstens die Kontextualisierung von Maschinendaten und die Beschleunigung iterativer Prüfzyklen. Bezüglich Ersterer müssen Maschinendaten gesammelt und analysiert werden, um Fehler zu finden und Ursachen ermitteln zu können. Dabei sind oftmals Kontextdaten von entscheidender Bedeutung – Sonneneinstrahlung, Baustellenfahrt, Temperaturentwicklung, usw. um nur Einige zu nennen. Aktuell werden derartige Informationen, wenn überhaupt durch den Testfahrer im Prüfprotokoll post-hoc erhoben. Das Digitalisierungsproblem, das sich hierbei stellt, bezieht sich vor allem auf den Upload großer Datenmengen aus unterschiedlichen Quellen. Wie können z.B. CAN-Bus-Daten und die Information des Vorhandenseins einer Baustelle automatisch integriert werden? Die Beschleunigung iterativer Prüfzyklen bezieht sich hingegen auf die bedarfsgerechte Bereitstellung von Maschinendaten. Der Fahrversuch ist Teil eines iterativen Entwicklungsprozesses mit drei Hauptschritten – entwickeln, testen, lernen. In der Praxis stehen dem Ingenieur Testdaten erst bei Testfahrtende zur Verfügung. Der Entwicklungsprozess kann demnach entscheidend beschleunigt werden, wenn Testdaten idealerweise noch während der Testfahrt bereitgestellt werden und zwar auf eine Weise, welche die Fehlersuche begünstigt. Kernprobleme bei der Digitalisierung des Fahrversuch sind demnach der Upload heterogener Daten sowie die bedarfsgerechte Bereitstellung eben dieser Daten.

Vor dem Hintergrund derartiger Anforderungen und Probleme muss das IoT Rapid Prototyping Lösungen entwickeln. Dabei dürfen betriebswirtschaftliche und technologische Hemmnisse bei der Lösungsentwicklung nicht außer Acht gelassen werden. Diese Hemmnisse haben einen ähnlich großen Einfluss auf die Lösung wie die Anforderungen selbst. Die betriebswirtschaftlichen Hemmnisse sind aktuell in den Bereichen Datentransferkosten, Cloud-Computingkosten und Datenspeicherungskosten zu sehen, die technologischen Hemmnisse hingegen in den Bereichen Netzabdeckung, Datenupload aus dem Mobilnetz sowie die Ausführung von Machine Learning-Modellen (ML-Modellen[1]) auf ressourcenschwachen Geräten. Bei jedem Use Case und bei jeder Lösung muss die Frage beantwortet werden, wie viel Rechenleistung auf einem IoT-Gerät (Edge-Computing) und wie viel in der Cloud ausgeführt werden kann (Cloud-Computing), um einen Use Case umzusetzen. Je weniger Daten versendet werden, desto geringer fallen die Kosten aus. Bei jedem Use Case muss außerdem beachtet werden, ob die Datenmenge, die benötigt wird, um ein Erkenntnisinteresse zu erfüllen, auch an dem Ort, wo die Daten generiert werden, hochgeladen werden können und müssen. IoT Rapid Prototyping versucht vor dem Hintergrund dieser Hemmnisse und den spezifischen Anforderungen optimale Lösungen zu finden.

[1] In diesem Artikel werden Begrifflichkeiten wie künstliche Intelligenz, Deep Learning, Inferenzstatistik unter dem Begriff Machine Learning zusammengefasst.

2 Methode

Der IoT Rapid Prototyping-Ansatz beginnt mit der Konzeptphase bzw. der Entwicklung des konkreten Use Cases. Hierfür kommen Methoden des nutzerzentrierten Gestaltungsprozesses (Abbildung[2] 1) zum Einsatz.

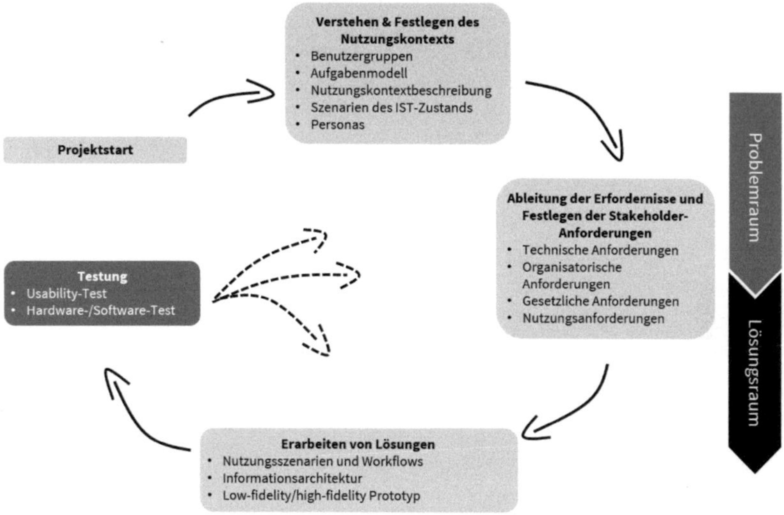

Abbildung 1: Nutzerzentrierter Gestaltungsprozess nach ISO 9241 im IoT Rapid Prototyping

Dieser Prozess zeichnet sich durch eine strikte Trennung der Problemdefinition und der Lösungsdefinition aus. Im Zuge der Problemdefinition werden Benutzergruppen definiert sowie deren Aufgaben analysiert, z.B. die Benutzergruppe der Testingenieure und deren internen Prozesse. Hier ist es von entscheidender Bedeutung zwischen direkten und indirekten Gruppen zu unterscheiden. Erstere bedient ein System, letztere verwendet die Ergebnisse eines Systems. Die Erkenntnisse einer solchen Nutzungskontextanalyse werden in Erfordernisse und Anforderungen übersetzt. Erst dann werden Ideen zu Lösungen formuliert und die Anforderungen in konkrete Workflows und Informationsflüsse transformiert. Auf Basis der Workflows und Informationsflüsse werden dann testbare Prototypen entwickelt. Die Testergebnisse werden zusammen mit den Benutzergruppen analysiert und Verbesserungen umgesetzt, wodurch der Prototyp iterativ verfeinert wird.

Prototypen im IoT Rapid Prototyping bestehen zumeist aus drei Komponenten: IoT-Gateways, Cloud-Plattformen und Analytics-Bausteine. Es ist darauf hinzuweisen, dass es sich hierbei um Basistechnologien mit Grundfunktionalitäten handelt, die immer angefordert werden. Tatsächliche Mehrwerte jenseits bloßer Effizienzsteige-

2

rungen durch digitale Informationsflüsse werden erst auf Basis dieser Grundfunktionalitäten entwickelt.

2.1 IoT Gateways

IoT-Gateways beschreiben Software- und Hardware-Komponenten, die je nach Use Case speziell ausgewählt werden müssen. Ihre Aufgabe besteht zumeist darin, eine bidirektionale Brücke zwischen Geräten und einer Cloud-Plattform herzustellen. In vielen Fällen wird die Wahl der Hardwarekomponente in der Prototypenphase auf Einplatinencomputer, wie z.B. Smartphones oder Entwicklerboards fallen – vor allem auch deswegen, weil diese Hardwarekomponenten in großer Stückzahl und in kompakter Größe verfügbar sind. Darüber hinaus existiert eine Vielzahl an Hardwarelösungen, die auf spezielle Use Cases zugeschnitten sind.

2.1.1 Software-Komponenten eines IoT Gateways

Die in der Konzeptphase definierten Workflows müssen in der Prototypenphase technologisch umsetzt werden. Auf der Ebene der IoT-Gateways müssen Fragen zu folgenden Software-Komponenten des IoT-Gateways beantwortet werden:

- Datenintegration
  - Welche Daten müssen über welche Schnittstellen integriert werden?
  - Müssen Legacy-Systeme, wie z.B. Sigfox-Backend[3], OPC-UA Server[4] oder MQTT-Broker[5] integriert werden?
- Datenmapping
  - Wie können eingehende Daten aus unterschiedlichen Quellen aufeinander bezogen werden?
  - Welches Format ist für die Datenweiterverarbeitung und den Upload notwendig?
- Datenpersistenz
  - Müssen Datenverluste bei Programmabsturz vermieden werden?
  - Müssen Datenverluste bei schlechter Netzabdeckung (Funklöcher) vermieden werden?
- Management von Remote Procedure Calls (RPC)
  - Müssen Anfragen vom Server beantwortet oder umgesetzt werden?
  - Müssen Anfragen an den Server gestellt und Antworten abgewartet werden?
- Upload von Maschinendaten
  - Wie häufig müssen Daten hochgeladen werden?
  - Müssen Dateien oder Streamingdaten hochgeladen werden?

[3] https://www.sigfox.com
[4] https://opcfoundation.org
[5] http://mqtt.org

Abbildung 2 visualisiert den Informationsfluss zwischen den Software-Komponenten. Es muss erneut betont werden, dass die einzelnen Komponenten eines IoT-Gateways Use Case-abhängig sind. Ein IoT Gateway muss dementsprechend nicht alle Komponenten involvieren.

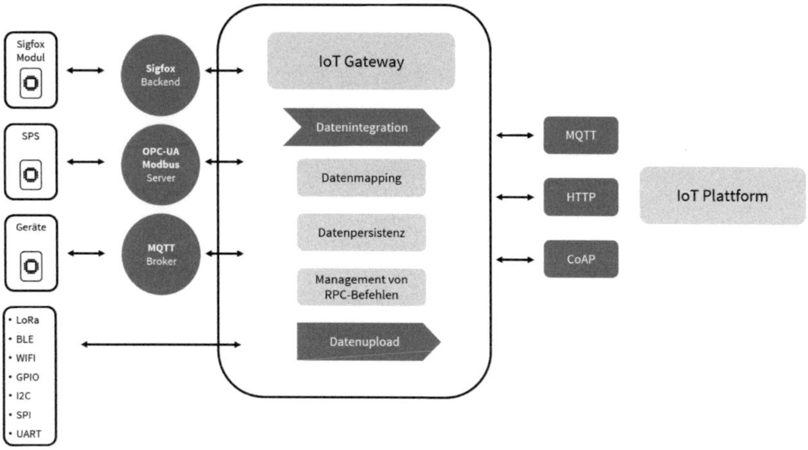

Abbildung 2: Informationsfluss in IoT Gateways. Die Aufzählung der integrierbaren Legacy-Systeme wie Sigfox-Backend, OPC-UA-Server oder MQTT-Broker ist nicht erschöpfend, genauso wenig wie die Aufzählung der Upload-Protokolle

2.1.2 Frameworks

Im Folgenden werden zwei Open Source-Frameworks vorgestellt, die in Rahmen des Rapid Prototyping-Ansatz empfehlenswert sind: ROS (Robot Operating System)[6] und Donkeycar[7]. ROS und Donkeycar zeichnen sich durch ein publish/subscribe-basiertes Nachrichtenaustauschsystem zwischen einzelnen Softwarekomponenten bzw. Knoten aus. Knoten können dabei einzelne Sensoren repräsentieren oder beispielsweise auch Komponenten zur Datenspeicherung und zum Datenupload. Die einzelnen Knoten müssen sich dabei nicht auf demselben Gerät befinden. Der Vorteil für das Rapid Prototyping besteht darin, dass die oben erwähnten Aspekte Datenintegration, Datenmapping, Datenpersistenz und Datenupload innerhalb dieses Frameworks einmalig definiert und dann für verschiedene Use Cases widerverwendet werden können. ROS ist ein sehr mächtiges Framework mit zahlreichen Tools. Donkeycar zeichnet sich als Leichtgewicht hingegen durch die Einfachheit der Nutzung aus.

[6] http://www.ros.org
[7] http://docs.donkeycar.com

2.2 IoT-Plattformen

IoT-Plattformen stellen das Gegenstück zu den IoT-Gateways dar. Da es mittlerweile eine Vielzahl an Open Source IoT Plattformen gibt, die jeweils unterschiedliche funktionale Schwerpunkte setzen, sprengt ein Vergleich dieser Plattformen den Rahmen dieses Artikels. Deswegen werden im Folgenden die Hauptaufgaben einer IoT Plattform beschrieben:

- Gerätemanagement
  - Die Einzelnen IoT Gateways müssen auf der Plattform registriert und Daten eindeutig zu den Datenproduzenten zugeordnet werden. Dies stellt die Grundlage aller weiteren Aufgaben dar.
- Post-Prozessierung
  - Rohdaten müssen in vielen Use Cases aufbereitet und weiterverarbeitet werden, wodurch die Datenbasis erweitert wird. Dabei können z.B. Streaminganalysen zum Einsatz kommen, wie z.B. die Überwachung von Schwellwertüberschreitungen, die Berechnung von Aggregationen oder die Berechnung von Differenzen zu vorherigen Datenwerten. Postprozessierte Daten können dann verschiedenen server-seitige Aktionen auslösen, wie z.B. Remote Procedure Calls (RPC).
- Management von RPCs
  - RPCs dienen dazu eine fremde Prozedur auszulösen. Dabei kann sowohl ein IoT Gateway eine Prozedur auf der IoT Plattform auslösen als auch umgekehrt die Plattform auf dem Gateway. Auf diese Weise können mehrstufige Informationsflüsse implementiert werden, die sowohl alle auf der IoT Plattform registrierten Gateways involvieren als auch nur einen Teil. Hierin ist die informationstechnologische Grundlage von Schwarmintelligenz zu sehen, nämlich in der bedarfsorientierten Verteilung von Informationen innerhalb eines Gerätenetzwerks (siehe Kapitel 4.2).
- Datenvisualisierung und Dashboarding
  - Die Datenvisualisierung lässt sich in zwei Untergruppen einteilen. Erstens die Visualisierung von Zeitreihendaten und zweitens die Darstellung von Geräteattributen. Zeitreihendaten können mit einer Vielzahl unterschiedlichen Grafiken dargestellt werden. Die Nutzerperspektive darf dabei nicht außer Acht gelassen werden. Nutzer müssen mitunter schnell Entscheidungen auf Basis von Zeitreihendaten treffen. Das System muss bei dieser Aufgabe unterstützen. Entscheidend dabei ist, dass die grafische Darstellung neben den Zeitreihendaten auch Daten über die Gerätezustände wie z.B. der Batteriestatus, Softwareversion, Aktivitätsprofile, etc. enthält, um die Zeitreihendaten bessern interpretieren zu können. Des Weiteren müssen Daten im Kontext eines Gerätenetzwerks zugeordnet werden können. In den seltensten Fällen wird

lediglich ein Gerät oder Sensor überwacht. Vielmehr sind Geräte in komplexen Asset-Strukturen eingebunden. Es gilt einen von u.U. Tausenden Temperatursensoren in einer Flotte, die wiederum z.B. in Modellgruppen oder Kundengruppen unterteilbar ist, eindeutig zuzuordnen. Nur wenn komplexe Asset-Strukturen grafisch nachgebildet werden, können Entscheidungen auf Basis von Daten getroffen werden. Hierarchische Dashboards sind deswegen eine Grundvoraussetzung.

- Datenspeicherung
  - Zeitreihendaten und Geräteattributdaten, aber auch komplexe Asset-Strukturen müssen gespeichert werden. Für diese unterschiedlichen Datentypen eignen sich unterschiedliche Datenbankmodelle. Hierarchische Asset-Strukturen können sehr gut mit SQL-Datenbankmodellen (z.B. PostgreSQL[8]) abgebildet werden, wobei sich NoSQL-Datenbankmodelle (z.B. Apache Cassandra[9]) gut für die Speicherung von Telemetriedaten eignen und Key/Value-Paare abbilden können. Es existiert eine Vielzahl an SQL- und NoSQL-Datenbanken mit jeweils spezifischen Vor- und Nachteilen. Außerdem ist die Entscheidung zwischen SQL- oder NoSQL-Datenbanken stark vom konkreten Use Case abhängig, sodass eine tiefere Auseinandersetzung den Rahmen dieses Artikels sprengen würde.
- Datenaustausch
  - Datenaustausch mit externen Tools und Services zählt ebenfalls zu den zentralen Aufgaben einer IoT Plattform. Es sind im Wesentlichen zwei Fragen relevant:
    - Wie können Daten und Subsets von Daten zu externen Tools gestreamt werden?
    - Wie können externe Tools auf die gespeicherten Daten zugreifen?

    Für das Streaming von Daten existieren zahlreiche Message Broker und Streaming Plattformen (z.B. Apache Kafka[10] oder RabbitMQ[11]). Der externe Datenzugriff kann auf zwei Arten ermöglicht werden. Viele IoT Plattformen verfügen über Schnittstellen (z.B. REST) für den externen Zugriff. Wenn allerdings hoch performante Datenzugriffe ermöglicht werden oder große Datenmengen abgefragt werden müssen, wie es häufig bei Analysezwecken der Fall ist, dann sind direkte Datenbankzugriffe notwendig. Viele externe Tools verfügen deswegen über spezifische Datenbank-Konnektoren.

[8] https://www.postgresql.org
[9] http://cassandra.apache.org
[10] https://kafka.apache.org
[11] https://www.rabbitmq.com

Abbildung 3 visualisiert die Hauptfunktionen einer IoT Plattform. Selbstverständlich sind die Funktionen, die zum Einsatz kommen, Use Case-abhängig.

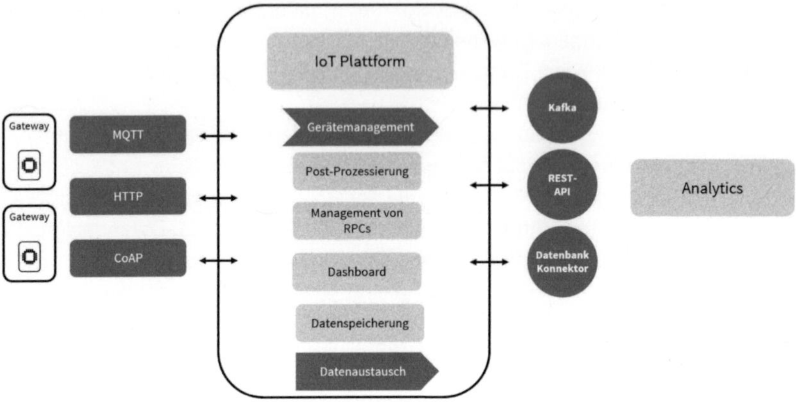

Abbildung 3: Hauptfunktionen von IoT Plattformen.

2.3 Analytics Bausteine

Bei der Auswahl geeigneter Analyse-Tools im IoT Rapid Prototyping müssen im Wesentlichen 5 Bausteine beachtet werden: Datenaufbereitung, Modelltraining, Ergebnisvisualisierung und Modelldeployment.

2.3.1 Web-Interfaces für Big Data-Analyse: RStudio Server und jupyter

IoT-Daten sind in vielen Use Cases nur eine von vielen Quellen eines Data Lakes, sodass Big Data Technologien, wie zum Beispiel Apache Spark[12] zum Einsatz kommen und entsprechende Cloud-Ressourcen aufgewendet werden müssen. In vielen Fällen sind diese kostspieligen Ressourcen gerade in den Anfangsphasen des Rapid Prototypings aber noch nicht notwendig. Insofern empfehlen sich Technologien zur Datenanalyse, die sowohl Small Data- als auch Big Data-fähig sind, ohne dabei aber einen signifikanten Technologiewechsel vollziehen zu müssen. Hier empfehlen sich die Programmiersprachen R[13] und Python[14]. R zählt zusammen mit Python zu den dominanten Programmiersprachen der Data Science. Beide sind mit zahlreichen Bibliotheken für Datenaufbereitung und -visualisierung sowie Modellbildung erweiterbar und verfügen über exzellente Möglichkeiten zur Interaktion mit Big Data-Ressourcen, wie z.B. Apache Spark. Als Web-Interface für die cloud-basierte Analyse sind vor

[12] https://spark.apache.org
[13] https://www.r-project.org
[14] https://www.python.org

allem zwei Tools relevant. RStudio[15] Server und jupyter[16]. Beide können u.a. sowohl R als auch Python ausführen. RStudio Server und jupyter eignen sich insofern hervorragend für die Verarbeitung großer und kleiner Datenmengen bzw. dem nahtlosen Übergang zwischen Small und Big Data. Kleine Datenmengen können direkt in R oder Python berechnet werden, ohne ein kosten- und ressourcenintensives Big Data-Cluster zu involvieren. Big Data-Cluster können aber sowohl mit R als auch mit Python, wenn nötig, aufgespannt und gemanagt werden.

2.3.2 Spezialfall Deep Learning:Tensorflow und PyTorch

In vielen IoT Rapid Prototyping-Use Cases werden Gerätedaten, z.B. in Form von Videouploads als Trainingsdaten für Deep Learning-Netzwerke verwendet. Zwei der beliebtesten Tools für Deep Learning sind Tensorflow[17] und PyTorch[18]. Für beide Tools gibt es high-level APIs – Keras[19] für Tensorflow; fast.ai[20] für PyTorch –, um im Sinne des IoT Rapid Protoyping-Ansatzes Lösungen schnell zu generieren und zu testen. Ein wesentlicher Unterschied zwischen PyTorch und Tensorflow liegt in den Möglichkeiten des Modelldeployments auf ressourcenschwachen Geräten. Für derartige Use Cases ist Tensorflow bzw. Tensoflow Lite gegenüber PyTorch zu bevorzugen, da PyTorch hierfür zusätzliche Tools benötigt (Caffe2[21] und OMNX[22])[23].

2.3.3 Modelldeployment: MLeap und Tensorflow Lite

In vielen IoT Rapid Prototyping-Use Cases dient die statistische Weiterverarbeitung von Gerätedaten der Implementierung einer Maschinenintelligenz. Hierbei ist vor allem relevant, wie Machine Learning-Modelle, die z.B. mit den oben besprochenen Technologien trainiert wurden, bereitgestellt und deployt werden können. Hier müssen im Prinzip zwei Deploymentoptionen unterschieden werden.

Die erste Option zeichnet sich dadurch aus, dass das Modell sowohl in der Cloud trainiert als auch deployt und Maschinenintelligenz als API Service zur Verfügung gestellt wird. Der Vorteil besteht darin, dass lediglich eine Internetverbindung notwendig ist, um Maschinenintelligenz auf einem Gerät verfügbar zu machen, wobei aber auf die höheren Latenzzeiten als Nachteil genannt werden muss. In späteren Entwicklungsschleifen des IoT Rapid Prototyping ist es oft notwendig, dass die Produktionsumgebung von der Entwicklungsumgebung getrennt wird. Anders ausgedrückt. Das Training und das Deployment von Machine Learning-Modellen findet oft auf unterschiedlichen Rechnern statt. MLeap[24] ist ein hervorragendes Tool zur Transformation von Machine Learning-Modellen und Pipelines in API Services, ohne

[15] https://www.rstudio.co
[16] https://jupyter.org
[17] https://www.tensorflow.org
[18] https://pytorch.org
[19] https://keras.io
[20] https://www.fast.ai
[21] https://caffe2.ai
[22] https://github.com/onnx/onnx
[23] https://pytorch.org/tutorials/advanced/super_resolution_with_caffe2.html [Abgerufen: 15.03.2019]
[24] http://mleap-docs.combust.ml

dabei Abhängigkeiten von z.B. PySpark oder Tensorflow zur benötigen[25]. Dadurch werden Machine Learning Modelle nicht nur als API-Services nutzbar, sondern sind auch portabel.

Die zweite Möglichkeit besteht darin, dass ein Modell zwar in der Cloud trainiert, aber dann auf den Geräten ausgeführt wird. Der Vorteil besteht darin, dass keine Internetverbindung zur Cloud bestehen muss, um Maschinenintelligenz auf einem Gerät nutzen zu können. Gerade bei Use Cases mit geringer Latenzanforderung ist dies unabdingbar. Allerdings müssen gewissen Hardwareanforderungen gegeben sein und neue Versionen des Modells müssen über einen over-the-air-Updateprozess auf die Geräte portiert werden. Wie bereits erwähnt, ist Tensorflow Lite[26] hierfür eine gute Wahl (siehe Kapitel 4.2).

Abbildung 4 visualisiert die wichtigsten Analytics-Bausteine im IoT Rapid Prototyping. Welche Bausteine zum Einsatz kommen, ist selbstverständlich Use Case-abhängig.

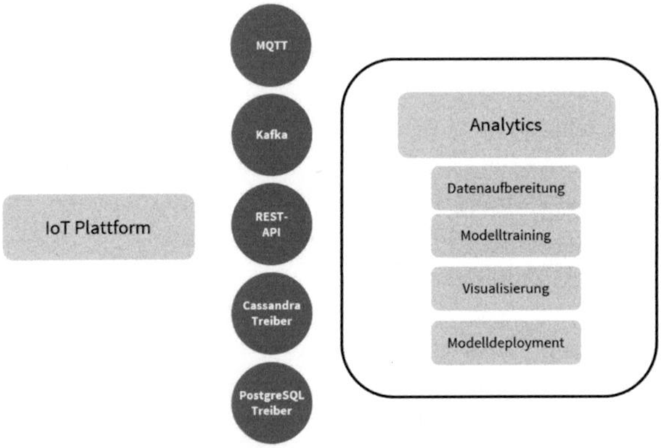

Abbildung 4: Die wichtigsten Analytics-Bausteine im IoT Rapid Prototyping

3 Zwischenfazit

Das Optimierungsziel von IoT Rapid Prototyping ist es, so kleine Datenmengen wie möglich zu produzieren, um Datentransferkosten, Cloud-Computingkosten und Speicherkosten zu reduzieren. Dieser ressourcenschonende Ansatz veranschaulicht den Übergang von Big Data zu Smart Data. Big Data verfolgt keinen Selbstzweck. Im ei-

[25] Zur Ausführung eines Machine Learning-basierten API-Services wird lediglich die MLeap Runtime benötigt. Siehe: http://mleap-docs.combust.ml/mleap-runtime/

[26] https://www.tensorflow.org/lite

gentlichen Erkenntnisinteresse stehen Use Case-spezifische Analyse- und Informationsziele, die mit einem geringst möglichen Aufwand erbracht werden müssen. Welche Technologien für die Umsetzung eingesetzt und welche ausgeschlossen werden müssen, ermittelt der Ansatz des IoT-Rapid Prototyping.

4 Use Cases

4.1 Eventbasierter Datenupload

Die Mengen an Maschinendaten, die moderne Fahrzeuge produzieren, stellen ein Problem für die mobile Datenübertragung dar. Die betriebswirtschaftlichen Hemmnisse von IoT-Use Cases, die drauf abzielen Fahrzeugdaten mobil in die Cloud zu laden, sind aktuell in den Bereichen Datentransferkosten, Cloud-Computingkosten und Datenspeicherungskosten zu sehen. Deswegen gilt das Paradigma bei mobiler Datenübertragung: So wenig wie möglich und so viel wie nötig. In den meisten Fällen ist der Upload aller Rohdaten auch tatsächlich nicht nötig. Smart Data definiert sich dadurch, dass nur für den Testingenieur interessanten Daten hochgeladen werden und auch nur zu dem Zeitpunkt, an dem sie benötigt werden.

Die Herausforderung besteht nun darin, nur solche Fahrzeugdaten hochzuladen, die einen Fehler oder ein ungewöhnliches Ereignis enthalten. Fehler können auf der MVI IoT-Plattform Alarme auslösen, die wiederum den Datenupload auf dem MVI Gateway triggern können. Es dürfen dann nur solche Daten hochgeladen werden, die innerhalb eines definierten Zeitrahmens um den Fehler herum produziert wurden – z.B. 5 Minuten vor und 5 Minuten nach dem Fehler (Abbildung 5). Außerdem hat der Testingenieur über die MVI IoT-Plattform die Möglichkeit, diesen Datenupload selbst oder auch zu definierten Zeitpunkten auszulösen.

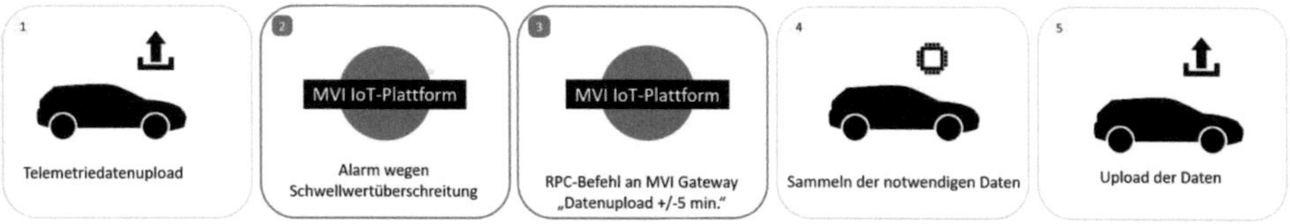

Abbildung 5: Prozess des eventbasierten Uploads von Datensubsets

Der Vorteil an eventbasierten Datenuploads besteht darin, dass nur diejenigen Daten live bereitgestellt und überwacht werden müssen, die zur Auslösung eines Alarms verwendet werden. Außerdem kann gewährleistet werden, dass nur solche Datensätze hochgeladen werden, die auch wirklich Fehler bzw. interessante Ereignisse enthalten. Auf diese Weise können der kostenträchtige Datentransfer sowie die Datenspeicherung in der Cloud optimiert werden.

4.2 Integration von Maschinendaten mit Kontextinformationen

Kontextinformationen sind von großer Bedeutung, um Maschinendaten interpretieren und mögliche Fehler erklären zu können. Kontextinformationen können dabei auf unterschiedliche Weise gesammelt werden. Zum einen fungiert im Fahrversuch der Testfahrer als „Sensor", um subjektive Eindrücke zu sammeln, zum anderen können „echte" Sensoren integriert werden, um Kontextinformationen aufzuzeichnen. Beide Informationsquellen sind wichtig für die Interpretation von Maschinendaten. Physische Sensoren haben selbstverständlich den Vorteil der Objektivität und der Automatisierbarkeit. Das Problem besteht nun darin, dass Kontextinformationen erst in Relation zu anderen Daten aufwendig berechnet werden müssen, um hilfreich für die Erklärung von Problemen zu sein. Eine automatische Anreicherung von Maschinendaten mit visuellen Kontextinformation, wie z.B. „Bordsteinkante" oder „Baum", bedarf der computergestützten Bildverarbeitung direkt im Testfahrzeug, ohne dabei aber die Bordelektronik zu involvieren (siehe Kapitel 2.3.3). Die MVI Smart Cam ermöglicht die die Klassifikation von Videostreams. Die Klassifikationen können dann den Maschinendaten des Fahrzeugs hinzugefügt werden, wodurch diese automatisch gelabelt werden. Eine Besonderheit besteht darin, dass der Klassifikationsalgorithmus während der Fahrt mit neuen Daten trainiert und over-the-air an alle MVI Smart Cams verteilt werden kann (Abbildung 6).

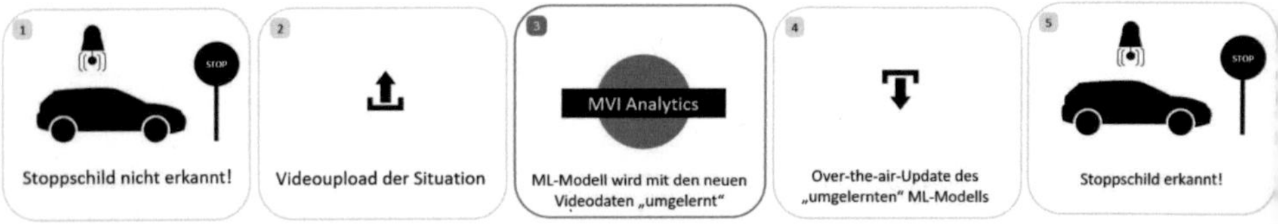

Abbildung 6: Prozess des „Umlernens" von Machine Learning Modellen mit der MVI Smart Cam

Dabei wird ein Machine Learning-Modell nicht jedes Mal von Grund auf neu trainiert, sondern lediglich „umgelernt". Ein Prozess der Transfer Learning genannt wird und z.B. mit Tensorflow durchgeführt werden kann[27].

Eine zweite Möglichkeit für die Anreicherung von Maschinendaten mit Kontextinformationen besteht in der Verwendung von Machine Learning-basierten API-Services

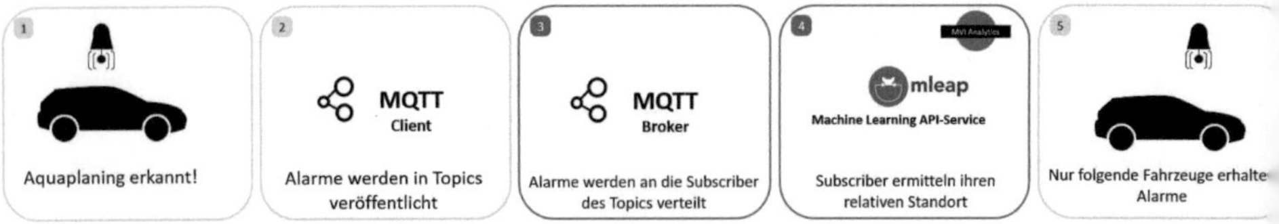

Abbildung 7: Prozess eines Aquaplanung-Warnsystems mit einem Machine Learning-basierten API-Servic

[27] https://www.tensorflow.org/hub/tutorials/image_retraining [Abgerufen: 15.03.2019]

(siehe Kapitel 2.3.3). Das Testfahrzeug sendet Maschinendaten als Anfrage an den API-Service und erhält den Output des Maschine Learning-Modells als Antwort. Die Antwort kann dann den Maschinendaten als Kontextinformation hinzugefügt werden. Als beispielhafte Umsetzung dient ein Aquaplaning-Warnsystem (Abbildung 7).

Die Aufgabe besteht darin, dass eine Aquaplaning-Warnung, die bei einem vorausfahrenden Fahrzeug ausgelöst wird, nur an die nachfolgenden Fahrzeuge in einem spezifischen Umkreis verteilt werden. Dafür muss der relative Standort eines jeden Fahrzeug zum alarmauslösenden Fahrzeug ermittelt werden. Die relative Standortbestimmung ist die Kontextinformation, die über einen API-Service ermittelt werden muss – z.B. durch die Distanzberechnung von zwei GPS-Koordinaten, nämlich die des alarmauslösenden und die aller nachfolgenden Fahrzeuge.

5 Schlussbemerkungen

In den vergangenen Jahren ist ein unvergleichliches Wachstum von Open Source-Software in allen Industrien zu verzeichnen. Darüber hinaus wird ehemals proprietäre Software unter Open Source-Lizenzen veröffentlicht – als Beispiele können Tensorflow von Google und PyTorch von Facebook (siehe Kapitel 2.3.2) dienen. Anders ausgedrückt: Open Source ist serienreif! Diese Entwicklung hat weitreichende Implikationen. Die Skalierung vom Prototyp zum Serienprodukt wird effizienter, weil beide auf der gleichen Software basieren können; Entwicklungsaufgaben werden auf Open Source-Communites verteilt, wodurch Kosten gespart werden; Unternehmen, die auf Eigenentwicklungen setzen, werden unter Umständen von Unternehmen, die Open Source verwenden, aufgrund der schnelleren Time-to-market, abgehängt. Open Source wird aufgrund dieser Implikationen vermutlich immer mehr Produkte durchdringen. Diese Entwicklung wird außerdem durch den Umstand begleitet, dass immer mehr Unternehmen Services anstelle von Produkten vertrieben wollen bzw. darin größere Potenziale der Wertschöpfung sehen. Die Entwicklung von Services benötigt eine Methode, die Konzepte zu Services schnell validiert. Das hier vorgestellte IoT Rapid Prototyping ist eine solche Methode und trägt dem aktuellen Trend zu Open Source-Software Rechnung. Wenn die Serviceentwicklung und die Optimierung der Testverfahren eben dieser Services auf derselben Technologie basieren können, dann ergeben sich noch nie dagewesene gegenseitige Befruchtungsmöglichkeiten. Die vormals getrennten Bereiche Entwicklung und Testung wachsen zusammen, mit dem Ziel einer automatisierten entwicklungsbegleitenden Testung in allen Entwicklungsphasen.

15 Flottenüberwachung per Diagnoseleitstand

Dr. Roman Cunis, ServiceXpert GmbH, Hamburg

Abstract

Modern fleet supervision must support continuous evaluation of performance, load, and wear of vehicles, in order to detect threats to the vehicle's performance and to exert control over the vehicle. A web-based diagnostic control centre provides the means to execute supervision and diagnostic functions on several vehicles connected simultaneously. Vehicle individual or type-based configurations define relevant measurements, effective checks, and supported ways of interactive control.

Kurzfassung

Moderne Flottenüberwachung muss in der Lage sein, Leistungs-, Last- und Verschleißmerkmale von Fahrzeugen kontinuierlich auszuwerten, um leistungsbedrohende Entwicklungen frühzeitig zu erkennen und gegebenenfalls steuernd eingreifen zu können. Ein webbasierter Diagnoseleitstand ermöglicht es, Überwachungs- und Diagnosefunktionen an mehreren verbundenen Fahrzeugen zeitgleich auszuführen. Für die Fahrzeuge können individuell oder typspezifisch relevante Messwerte, durchzuführende Prüfungen und mögliche Eingriffe konfiguriert werden.

1 Flottenüberwachung per Diagnoseleitstand

Flottenüberwachung für Fahrzeugflotten ist ein Thema, solange es Fahrzeugflotten gibt. Tools zur Flottenüberwachung unterstützen die Lokalisierung von Fahrzeugen; Logistik-Planungskomponenten ordnen das Fahrzeug und seine geographisch-räumliche Position konkreten Transportaufgaben zu oder arrangieren die Transportaufgaben so, dass das Fahrzeug sie optimal erfüllen kann. Telematik-Systeme an Bord der Fahrzeuge übermitteln zu wohldefinierten Zeitpunkten Leistungs-, Last- und Verschleißmerkmale eines Fahrzeugs, sodass aus den empfangenen Daten entsprechende Analysen über die „Gesundheit" eines Fahrzeugs angefertigt werden können.

Die konsequent nächste Stufe der Flottenüberwachung muss in der Lage sein, Leistungs-, Last- und Verschleißmerkmale kontinuierlich auszuwerten, um leistungsbedrohende Entwicklungen im Fahrzeug frühzeitig zu erkennen und ggf. sogar steuernd einzugreifen. Auf diese Weise kann eine Überlastung vermieden und eine Schonung des Fahrzeugs herbeigeführt werden. Die Diagnoseschnittstelle eines Fahrzeugs bietet die dafür benötigten Zugriffsmöglichkeiten: Den lesenden und überwachenden Zugriff auf nahezu alle Fahrzeugmessgrößen, den schreibenden und ändernden Zugriff auf steuernde und Konfigurationsparameter sowie das Auslösen von Stellgliedtests – immer vorbehaltlich dessen, dass sich das Fahrzeug in einem entsprechend sicheren Zustand befindet.

Den meisten der heute verwendeten Lösungen zur Flottenüberwachung ist jedoch gemein, dass sie – um der Unabhängigkeit vom einzelnen Fahrzeughersteller willen – den Fernzugriff auf Fahrzeuginformationen über „Add-On-Module“ realisieren, deren Zugriffsmöglichkeiten auf fahrzeugeigene Diagnoseinformationen technologiegemäß beschränkt sind.

Diese „Lücke“ soll der hier vorgestellte „Diagnoseleitstand“ schließen. Ein Diagnoseleitstand entspricht funktional einem Maschinenleitstand im Anlagenbau. Im Gegensatz dazu ist der Diagnoseleitstand jedoch anwendbar auf „mobile Maschinen“; die Standleitung zwischen Anlagen wird ersetzt durch eine „Over-the-Air“-Verbindung zu aktiv kommunizierenden Fahrzeugen.

Der Diagnoseleitstand vereinigt Funktionen in sich, die bisher unter den Begriffen „Remote-Diagnose“, „Kooperative Diagnose“ und „Telematik“ getrennt betrachtet wurden. Auf diese Weise kann er wesentlich zur Sicherstellung der Verfügbarkeit von Fahrzeugflotten im Einsatz beitragen.

Das Neue an einem Diagnoseleitstand gegenüber heute bereits existierenden, vergleichbaren Überwachungssystemen liegt weniger in dessen Funktionalität, sondern vielmehr in dessen Anwendbarkeit auf einen Markt von Fahrzeugen, für die dies heute nicht oder nur in geringem Maße möglich ist: Vor allem in der Welt der Offroad-Trucks (Flurförderzeuge, Agrarfahrzeuge, Baumaschinen) bieten sich neue Diagnoseansätze an, die – gerade auch wegen einer niedrigen Stückzahl – individuelle, leistungsstarke und flexible Lösungen möglich machen.

2 Funktionsweise eines Diagnoseleitstands

Von einem Diagnoseleitstand aus können Überwachungs- und Diagnosefunktionen an mehreren verbundenen Fahrzeugen zeitgleich ausgeführt werden (vgl. Abbildung 1). Dazu verbinden sich die zu überwachenden Fahrzeuge im eingeschalteten Zustand aktiv mit einer zentralen Leitstelle. Die Leitstelle kann sich wahlweise im näheren Einsatzumfeld der Fahrzeugflotte (Produktionsanlage, Logistikzentrum) oder auch in großer Distanz (z. B. als Dienstleistung beim Fahrzeughersteller) befinden. Die mögliche Distanz wird nur durch die verwendbare Kommunikationsstrecke eingeschränkt.

Der Leitstand kann – analog zu bestehenden Telematiksystemen – Echtzeitdaten aus den Fahrzeugen abrufen, deren Umfang nur durch deren Verfügbarkeit an der Diagnoseschnittstelle eingeschränkt ist. Durch die Verwendung der Diagnoseschnittstelle besteht zudem Zugriff auf den Fahrzeugfehlerspeicher. Die kontinuierliche Beobachtung von Betriebs-, Last- und Verschleißdaten erlaubt eine schnelle Reaktion auf aktuelle oder drohende Problemsituationen. Idealerweise kann bereits vor dem Versagen eines Bauteils eine Reparatur ausgelöst werden.

Abbildung 1: Prinzip Diagnoseleitstand

Die gewählte webbasierte Client-Server-Architektur bietet darüber hinaus die Möglichkeit, vom Leitstand aus eine kooperative Diagnose zusammen mit einem Fahrer oder Techniker, der direkten Zugriff auf das Fahrzeug besitzt, durchzuführen. Somit kann das Fahrzeug gewartet und diagnostiziert werden, ohne dass ein Diagnosespezialist des Herstellers vor Ort sein muss. Auch können regelmäßig anstehende, automatisierbare Überprüfungen der Fahrzeuge über einen Diagnoseleitstand an mehreren Fahrzeugen parallel ausgeführt und ausgewertet werden.

Ein Diagnoseleitstand soll somit die folgenden Aufgaben erfüllen:

- Der Leitstand unterstützt eine beliebige Anzahl von Fahrzeugen.
- Der Leitstand kann sich räumlich entfernt von den Fahrzeugen befinden.
- Die Verbindung wird ausgehend vom Fahrzeug und automatisch aufgebaut.
- Echtzeitdaten werden kontinuierlich vom Leitstand abgerufen, übermittelt, aufgezeichnet und dargestellt.
- Steuergeräte-Parameter können vom Leitstand abgerufen, dargestellt und gegebenenfalls angepasst werden.
- Steuergeräte-Fehler werden vom Fahrzeug automatisch an den Leitstand übermittelt.
- Aufkommende Probleme können durch Überwachung von Echtzeitdaten erkannt werden.
- Der Leitstand ermöglicht die Durchführung von Diagnoseläufen, die Anpassung von Parametern und die Aktualisierung von Steuergeräte-Software, gegebenenfalls auch an mehreren Fahrzeugen gleichzeitig.
- Der Leitstand erlaubt steuernde Eingriffe in ein Fahrzeug, sofern sich das Fahrzeug in einem entsprechend sicheren Zustand befindet.

- Der Leitstand unterstützt die Durchführung einer kooperativen Diagnose mit einem Nutzer am Fahrzeug.
- Der Leitstand ermöglicht die kontinuierliche Bewertung und Auswertung sowohl von Echtzeitdaten als auch von aufgezeichneten Daten je Fahrzeug und erlaubt die Korrelation von Informationen aus Echtzeit und Aufzeichnung.

Ein Fahrzeugverbindungsmanager dient als Einstiegspunkt für den Verbindungsaufbau aus einem Fahrzeug heraus. Der Verbindungsmanager überwacht den Verbindungsstatus der angemeldeten Fahrzeuge und stellt den Nutzern des Leitstands eine Liste verfügbarer Fahrzeugverbindungen zur interaktiven Auswahl bereit. Für Fahrzeuge, die sich nicht aktiv anmelden können, bietet der Verbindungsmanager Funktionen zur Lokalisierung von Fahrzeugen und zum initialen Verbindungsaufbau vom Leitstand aus.

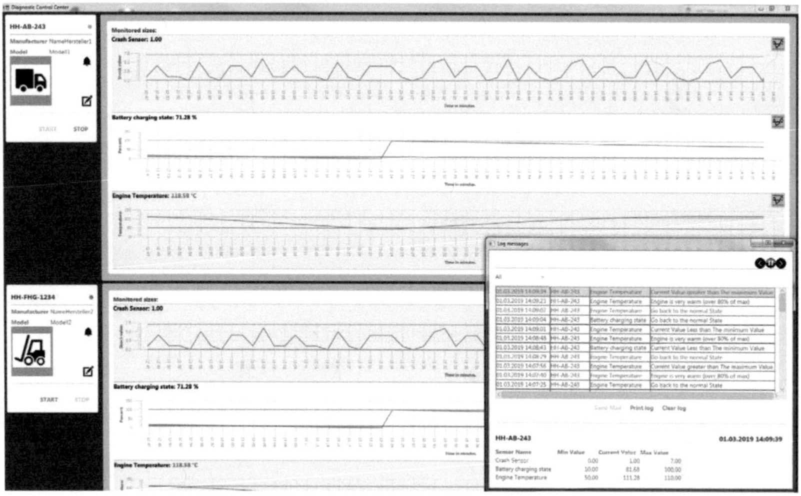

© 2019, ServiceXpert GmbH

Abbildung 2: Diagnoseleitstand - Screenshot

Für jedes verbundene Fahrzeug wird ein individuell konfigurierbares Überwachungsmodul verwendet. Dieses Überwachungsmodul enthält Angaben über zu betrachtende Messwerte, durchzuführende Prüfungen zur Erkennung von meldepflichtigen oder aufzeichnungsrelevanten Ereignissen, mögliche Eingriffe – wie u. a. Parametrierung, Software-Update, Stellgliedtests, Notfallmaßnahmen, – und die Korrelation zwischen Ereignistypen und Eingriffsoptionen. Die Auswertungs-, Darstellungs- und Steuerungsmöglichkeiten eines Überwachungsmoduls entsprechen im Wesentlichen denen einer typischen Diagnoseapplikation.

Die Einschränkungen für eine „Überwachungsapplikation" liegen weniger in der Art der Funktionen als in deren Anzahl und der umgesetzten Aufgabenstellung, die für eine kontinuierliche Überwachung andere Anforderungen stellt als für eine Fehlersuche mit anschließender Reparaturunterstützung.

Abbildung 3 skizziert grob die Komponenten des Diagnoseleitstands.

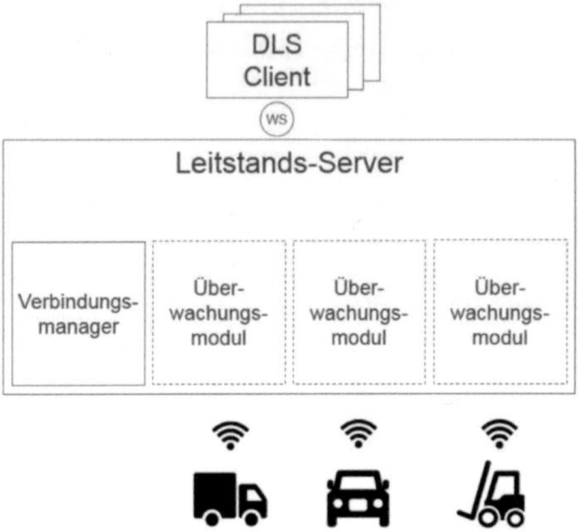

Abbildung 3: Komponenten eines Diagnoseleitstands

3 Kooperative Diagnose

Mit „Kooperativer Diagnose" bezeichnen wir eine Diagnoseumgebung, in der es mehreren Technikern ermöglicht wird, von unterschiedlichen Standorten aus gleichzeitig und kooperativ ein Problem an einem Fahrzeug zu untersuchen [1]. Auf diese Weise kann z. B. ein Techniker vor Ort am Fahrzeug Unterstützung aus einer Support-Zentrale erhalten. Die Zentrale erhält dabei über eine webbasierte Internetkommunikation Zugriff auf das Diagnosesystem und damit Zugriff auf das Fahrzeug und dessen Daten, soweit sie an der Diagnoseschnittstelle verfügbar sind. Eine derartige kooperative Diagnoselösung wird seit über zwei Jahren von ServiceXpert für den Flurförderzeughersteller STILL entwickelt. Sie ist bereits im prototypischen Einsatz.

In einer kooperativen Diagnoselösung ist die Kooperationsfähigkeit Teil des Diagnosesystems. Die Nutzer können sich über einen einzelnen Diagnose-Server auf dieselbe Fahrzeugsitzung aufschalten. Individuelle Zugangsrechte erlauben den Nutzern den Zugriff auf unterschiedliche Daten- und Funktionsumfänge.

Auf diese Weise wird es den Teilnehmern einer Sitzung möglich, unterschiedliche Diagnoseaktivitäten gemeinsam oder unabhängig voneinander am Fahrzeug auszuführen. Diese Gleichzeitigkeit für Tätigkeiten wie u. a. Monitoring, Parametrierung, Stellgliedtests und die Behandlung des Fehlerspeichers ist nur eingeschränkt durch die Fähigkeit des Steuergeräteverbunds zur Parallelität.

Über Webservices werden den Client-Applikationen Informationen bereitgestellt, die hinsichtlich Rechten, Qualifikation und Sprache auf den jeweiligen Benutzer angepasst sind. Dies ermöglicht es einer browserbasierten Client-Applikation, die gelieferten Informationen abhängig von der Client-Hardware adäquat darzustellen: Ein Benutzer kann somit wahlweise Notebook, Tablet oder Smartphone für die Diagnosefunktionalität nutzen.

4 Technische Aspekte des Diagnoseleitstands

Wie

Abbildung 3 illustriert, soll es mehreren Clients des Diagnoseleitstands zeitgleich möglich sein, sich kooperativ auf die Überwachung oder auf einzelne Fahrzeugdiagnosesitzungen aufzuschalten. Dazu wird der Diagnoseleitstand mit einer Webservice-Architektur realisiert, in der eine autarke Server-Applikation sowohl die Verbindungen zu den Fahrzeugen als auch die Überwachung je Fahrzeug sowie die Nutzer verwaltet. Analog zu den Mechanismen der „kooperativen Diagnose“ können Clients parallel und kooperativ mit ihren individuellen Einstellungen das System nutzen.

Für eine gegebene Fahrzeugflotte ist davon auszugehen, dass die Varianz in der unterstützten Diagnosekommunikationsstrecke der Varianz der verwendeten Fahrzeugtypen und -generationen in nichts nachsteht.

Die eingangs erwähnten „Add-On“-Lösungen zur Flottenüberwachung umgehen diese „Kommunikationsstreckenvielfalt“ durch Einführung einer eigenen Kommunikationsstrecke, aber sie tun dies auf Kosten der erreichbaren Detailtiefe.

Damit der Diagnoseleitstand nicht an der gleichen Problematik scheitert, werden ihm Kommunikations-, Austausch- und Beschreibungsstandards zu Grunde gelegt, die in der Fahrzeugdiagnose verbreitet sind: Dabei werden aktuell Standards wie UDS (ISO 14229), ODX (ISO 22901), OTX (ISO 13209) und neuerdings auch Extended-Vehicle (ExVe, ISO 20077) herangezogen.

Diese Standards bieten einen generischen, vereinheitlichten Zugriff auf die Diagnoseschnittstelle von außen. Mittelfristig wird in einigen Bereichen bereits angestrebt, Diagnosesysteme vermittels eines geeigneten Onboard-Computers direkt auf die Fahrzeuge zu bringen, und somit den Zugriff auf bereits aufbereitete und vorab ausgewertete Diagnoseinformationen bieten zu können. Dazu werden auch sie eine einheitliche Zugriffsschnittstelle idealerweise über Webservices bereitstellen.

Ausgehend von der im Einzelfall verwendeten Fahrzeug-, Steuergeräte- und Diagnosetechnologie wird der Diagnoseleitstand daher in die Lage versetzt, verschiedene

Überwachungsmodule zu verwenden, die sich hinsichtlich der Funktionsverteilung zwischen Fahrzeug und Leitstands-Server unterscheiden.
Abbildung 4 illustriert den unterschiedlichen Aufbau verschiedener Kommunikationsstrecken.

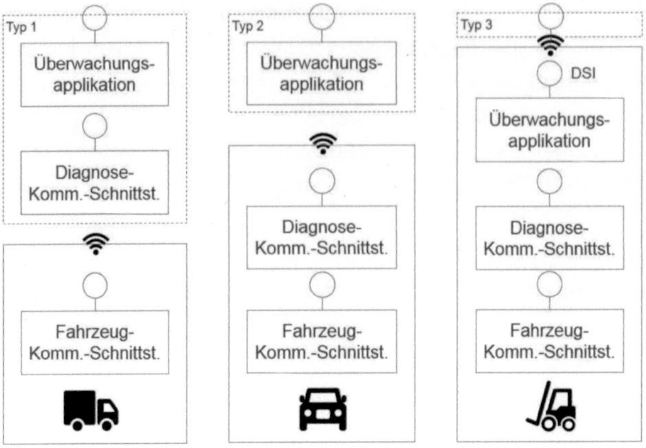

Abbildung 4: Funktionsverteilung in Überwachungsmodulen

Ein Überwachungsmodul enthält drei Komponenten, die aus der Fahrzeugdiagnose grundsätzlich bekannt sind und analog genutzt werden:

- Die „Fahrzeugkommunikationsschnittstelle“ erlaubt den Zugriff auf diagnoserelevante Informationen, die im Fahrzeug aktuell vorliegen (Messwerte, Parameter, Konfigurations- und Identifikationsdaten) oder im Fahrzeug durch Onboard-Verfahren erzeugt werden (Fehlerspeicher, Telematikdaten). Die Fahrzeugkommunikationsschnittstelle basiert auf einem Diagnosekommunikationsprotokoll wie beispielsweise UDS, KWP 2000 oder SAE J1939.
- Die „Diagnosekommunikationsschnittstelle“ vermittelt alle diagnoserelevanten Anfragen an das Fahrzeug und Antworten aus dem Fahrzeug auf einer höheren Abstraktionsstufe, d. h. auf der Basis von Diensten, deren Anfrage- und Antwortparameter unabhängig von unterliegenden Datentelegrammen und Datencodierungen sind. Grundlage für eine solche Diagnosekommunikationsschnittstelle ist in der Regel eine deklarativ vorliegende Beschreibung der Diagnoseinformationen von Steuergeräten und der dazu benötigten Fahrzeugkommunikation. Als Format bieten sich u. a. der Diagnoseaustauschstandard ODX oder Steuergerätebeschreibungsdateien (SGBD) an.
- Die „Überwachungsapplikation“ enthält die im Abschnitt 2 beschriebene Auswertungs- und Überwachungslogik, d. h. die benötigte „kleine“ Diagnoseapplikation.

Hinsichtlich der Funktionsverteilung in Überwachungsmodulen können drei Typen unterschieden werden, siehe dazu auch
Abbildung 4:

- „Typ 1" stellt den „einfachsten Fall" dar, bei dem im Fahrzeug „nur" die Fahrzeugkommunikationsschnittstelle enthalten ist. Diese wird über ein Vehicle Communication Interface (VCI) mit dem Diagnoserechner verbunden. Für den Fernzugriff auf die Diagnose ist ein funk- bzw. internet-fähiges VCI fest im Fahrzeug verbaut bzw. wird für die Dauer der Überwachungsaufgabe ins Fahrzeug eingebaut. Die „Überwachungsapplikation" läuft zusammen mit dem „Diagnosekommunikationsmodul" auf dem Diagnoserechner oder –im hier betrachteten Sonderfall– auf dem Leitstands-Server. Für Fahrzeuge und Steuergeräte ohne ausreichende ODX-Bedatung werden entweder Diagnosekommunikationsmodule nach herstellerspezifischen Standards verwendet oder sie entfallen ganz. In diesem Falle kommuniziert die Überwachungsapplikation direkt mit der Fahrzeugkommunikationsschnittstelle. Dieser „einfachste Fall" ist auch heute, mehr als 10 Jahre nach der Standardisierung von ODX, für die meisten Nutzfahrzeughersteller und selbst für viele PKW-Hersteller der „State-of-the-Art".
- Im „Typ 2" wandert die Diagnosekommunikationsschnittstelle „in" bzw. „an" das Fahrzeug. Der besondere Status dieser Schnittstelle basiert auf der Verfügbarkeit von „intelligenten VCIs", die diese Rolle, d. h. die Abbildung von fahrzeugspezifischen Diagnosedaten auf generisch deklarativ beschriebene Diagnoseinformationen, autark und unabhängig vom empfangenden System übernehmen können. Wird ein „intelligentes VCI" dauerhaft im Fahrzeug verbaut oder in einem „Connected Car" die Funktion auf ein Onboard-Diagnosesteuergerät verlagert, kann auf standardisierte und herstellerunabhängige Weise mit dem Fahrzeug Diagnosekommunikation betrieben werden.
- Im „Typ 3" schließlich wandert die komplette Diagnose- bzw. Überwachungsapplikation in das Fahrzeug. Ein leistungsfähiger Onboard-Rechner stellt die gesamte Diagnoselogik an einer webfähigen Schnittstelle bereit, sodass sowohl ein Techniker als auch ein Diagnoseleitstand sich direkt und ohne vorinstallierte Diagnosedaten mit einem Fahrzeug verbinden können. Dort, wo die Überwachungsaufgabe im Leitstand individuelle Anpassungen benötigt, die über die vorbereitete Diagnoseapplikation im Fahrzeug hinausgeht, kann eine zusätzliche Überwachungslogik im Leitstand ergänzt werden.

5 Abgrenzung zu verwandten Konzepten

Wie bereits eingangs beschrieben sind zumindest Teile dieser Anforderungen bereits heute in realen Systemen realisiert und im Feld im Einsatz. Auch wenn sich deren Anwendungsfälle von denen des Leitstands unterscheiden, sind deren Technologien und Ansätze sowie bereits eingeführte Standards für die Entwicklung eines Diagnoseleitstands für Fahrzeuge eine unverzichtbare Grundlage.

5.1 Remote-Diagnose

Unter Remote-Diagnose versteht man die Analyse und Behebung von Störungen auf technischen Geräten wie Maschinen, Fahrzeuge oder Computer, die sich nicht in unmittelbarer Nähe befinden. Im Gegensatz zur klassischen Diagnose, die eine direkte Hardware-Verbindung des Testers zum Fahrzeug über die Diagnoseschnittstelle voraussetzt, wird hierbei zusätzliche Hardware ins Fahrzeug integriert, die es ermöglicht, eine drahtlose Datenverbindung zu Servern des Herstellers aufzubauen.

Durch den Einsatz von Remote-Diagnose im Automobilbereich ergeben sich diverse Vorteile für die Fahrzeughersteller und -besitzer. Die Diagnose aus der Entfernung kann aus technischer Sicht sofort durchgeführt werden, sobald der Fahrer eine Fehlfunktion zum Beispiel durch das Aufleuchten einer Kontrollleuchte erkannt hat. Er kann das Fahrzeug parken und eine Diagnoseanforderung absetzen. In einer Diagnosesitzung kann ein Supportmitarbeiter aus der Zentrale heraus feststellen, ob das Fahrzeug noch fahrbereit ist, eigenständig eine Werkstatt erreicht werden kann, oder ob das Fahrzeug abgeschleppt werden muss. Ist die Fehlerursache nicht direkt erkennbar, besteht gegebenenfalls die Möglichkeit, „Health Reports" aus dem Fahrzeug abzurufen. Hierfür werden im Fahrzeug aktuelle Informationen wie Einträge im Fehlerspeicher, Benzinverbrauch und Füllstände aufgezeichnet und an der Remote-Diagnose-Schnittstelle bereitgestellt.

Die Remote-Diagnose leistet ausdrücklich keine Echtzeitdatenüberwachung. Ein „Health-Report" kann zwar über einen Zeitraum Parameter aufzeichnen, muss aber aktiv oder in definierten zeitlichen Abständen ausgelöst werden. Der Anwendungsfall, an zentraler Stelle die aktuellen Betriebsdaten aller Fahrzeuge eines Herstellers zu vereinen und darzustellen, ist nicht Teil der Remote-Diagnose. Generell muss für die Unterstützung von Remote-Diagnose zusätzliche Hardware (mindestens für den Datenaustausch) in das Fahrzeug integriert werden.

Die Remote-Diagnose erlaubt einen aktiven Eingriff in das Fahrzeug von außen. Daher ist es besonders wichtig, dass dieser Zugriff gegen missbräuchliche Nutzung optimal abgesichert wird.

5.2 „Extended Vehicle“

Die Automobilindustrie treibt seit 2014 ein Normungsprojekt unter dem Begriff „Extended Vehicle“ (ExVe, ISO 20077/78) voran. Dessen Ziel ist es, einen standardisierten, webbasierten Zugriff für externe Dienstleister auf Fahrzeugdaten zu ermöglichen. Der Datenzugriff erfolgt in diesem Ansatz aber niemals direkt, d. h. es wird keine Verbindung zwischen dem Datenkonsumenten und dem Fahrzeug hergestellt, sondern ausschließlich über abgesicherte Server, die von den Herstellern bereitgestellt und verwaltet werden. Durch normierte Schnittstellen soll es externen Dienstleistern ermöglicht werden, unabhängig vom Fahrzeughersteller und stets mit den gleichen Austauschmechanismen zu agieren. Dennoch verbleiben die Hoheit über Daten, Zugriff auf das Fahrzeug und Zugangskontrolle zu den Backend-Servern in den Händen der jeweiligen Fahrzeughersteller. Mit dem Standardisierungsentwurf ISO 20080 wird ein vereinheitlichter funkgestützter Diagnosezugriff von Werkstattdienstleistern als konkrete Anwendung der ExVe-Technologie definiert.

5.3 Telematiksysteme

Im Gegensatz zur Remote-Diagnose findet bei Telematiksystemen der Datenaustausch ausschließlich vom Fahrzeug in Richtung Server statt. Im Vordergrund stehen aktuelle Daten für die Logistikplanung – wie Position, Geschwindigkeit und Ruhezeiten – sowie Betriebs-, Last- und Verschleißdaten. Die Datenaufzeichnung erfolgt beim Datenempfänger über einen längeren Zeitraum, um Informationen über viele Fahrten hinweg zu sammeln. Sind in den Telematikdaten spezieller Baureihen signifikant häufig Fehler oder Abweichungen für ein bestimmtes Bauteil erkennbar, kann darauf reagiert und die betroffene Komponente verbessert werden.

Telematiksysteme sind prinzipiell nicht darauf ausgelegt, die Funktion von Fahrzeugen direkt zu überwachen. Das primäre Ziel des Einsatzes von Telematiksystemen im Nutzfahrzeugbereich ist eine optimierte Wegstreckenplanung und die damit verbundene Kostenreduktion.

Für die herstellerunabhängige Bereitstellung von Telematik-Daten wurde bereits 2002 gemeinsam von führenden Nutzfahrzeugherstellern der Standard FMS („Fleet Management System“) definiert. Dieser Standard beschreibt festgelegte Datenpakete, die von verbauten Steuergeräten auf den Fahrzeugbus gesendet werden. Die Datenpakete sind gemäß SAE J1939 kodiert. Die einzelnen Datenpakete enthalten jeweils festgelegte Fahrzeugdaten wie Geschwindigkeit, Achslast und Kilometerstand.

Damit diese Daten von den einzelnen Flottenbetreibern empfangbar und auswertbar sind, ist zusätzliche Hardware erforderlich, welche die Daten vom Bus liest und über eine drahtlose Verbindung verteilt. Hierbei ist nur ein unidirektionaler Datenfluss erforderlich, sodass die Hardware keine vom Server eingehenden Daten verarbeiten muss.

Ein weiterer Vorteil ist, dass die Datenverbindung bei Verwendung dieser Technik nicht gegen Eingriffe von außen geschützt werden muss. Die Entwicklung von geeigneter Hardware (Telematik-Bordmodule) und zugehöriger Telematiksysteme ist durch den FMS-Standard unabhängig von den Fahrzeugherstellern möglich und wird in der Regel durch Drittanbieter realisiert.

5.4 Maschinenleitstand

Die Idee, eine Anzahl von Maschinen an zentraler Stelle zu überwachen, ist in der Industrie weit verbreitet. Insbesondere durch „Industrie 4.0" wird die Vernetzung von Geräten innerhalb eines Standortes weiter vorangetrieben. Da Maschinen in der Regel stationär verbaut sind, ist oftmals keine drahtlose Verbindung und vor allem keine Verbindung über das Internet zwischen Maschine und Leitstand erforderlich. Dementsprechend muss der Zugriff von außen bei internen Netzwerken nicht abgesichert werden.

Eine Ausnahme bildet hier der Bereich Fernwartung. Durch spezielle Hardware (Fernwartungsrouter), die in den Schaltschrank von Maschinen integriert und mit deren Steuereinheit (SPS) verbunden wird, erfolgt eine abgesicherte Verbindung zum Maschinenhersteller über das Internet. Dieser hat dann die Möglichkeit auf die verbaute SPS zuzugreifen, um ein Fehlverhalten zu analysieren oder Software-Updates durchzuführen. Bei einem Zugriff aus der Entfernung wird sichergestellt, dass die Maschine beaufsichtigt wird. Dies wird beispielsweise über eine aktive Freigabe durch einen Techniker vor Ort (z. B. Betätigung eines Schalters) umgesetzt.

6 Zusammenfassung

Die Verwendung eines Diagnoseleitstands für die Flottenüberwachung bietet die Chance, die Flottenüberwachung von einem analytischen auf ein interaktives Niveau zu heben. Durch den kontrollierten Zugriff auf die Diagnoseschnittstelle werden neue Möglichkeiten der Überwachung und Fernsteuerung von Fahrzeugen möglich.

Ein Diagnoseleitstand entspricht funktional einem Maschinenleitstand im Anlagenbau. Im Gegensatz dazu ist der Diagnoseleitstand jedoch anwendbar auf „mobile Maschinen", die Standleitung zwischen Anlagen wird ersetzt durch eine „Over-the-Air"-Verbindung zu aktiv kommunizierenden Fahrzeugen. Der Diagnoseleitstand vereinigt Funktionalitäten in sich, die bisher unter den Stichworten „Remote-Diagnose", „Kooperative Diagnose" und „Telematik" getrennt betrachtet wurden.

Im Herzen des Diagnoseleitstands sitzt ein Leitstands-Server, der die gesamte Funktionalität des Systems koordiniert und bereitstellt. Für jedes verbundene Fahrzeug startet der Leitstands-Server ein individuell konfiguriertes Überwachungsmodul. Je nach vorliegender Fahrzeug-, Steuergeräte- und Diagnosetechnologie werden Überwachungsmodule verwendet, die sich hinsichtlich der Funktionsverteilung zwischen Fahrzeug und Leitstands-Server unterscheiden.

Aktuell hat ServiceXpert einen ersten Demonstrationsprototyp für einen Diagnoseleitstand entwickelt. Letztlich kann ein Diagnoseleitstand jedoch nicht als Produkt entwickelt werden: Die Einführung eines Diagnoseleitstands in einem konkreten Fall stellt sich als eine Integrationsaufgabe dar, bei der vorhandene Diagnosewerkzeuge und -komponenten mit vorgefertigten Funktionsmodulen für einen Leitstand kunden- und einsatzspezifisch zusammengeführt werden müssen.

Die ServiceXpert Gesellschaft für Service-Informationssysteme mbH ist das System- und Softwarehaus für führende Nutzfahrzeughersteller sowie deren Zulieferindustrie in Deutschland und Europa. Seit vielen Jahren ist sie etablierter Engineering-Partner für die Elektrik-/Elektronik-Entwicklung im Fahrzeug und unterstützt ihre Kunden in der Planung, Realisierung und dem Betrieb von Informationssystemen über den Produktlebenszyklus. Die Diagnoseexperten der ServiceXpert verstehen Diagnose seit 20 Jahren als übergreifend – von der Fahrzeugentwicklung bis in den After-Sales-Service.

Literatur

[1] A. Hartwig, Dr. R. Cunis, „Weltweiter Service mit webbasierter, kooperativer Diagnose", Diagnose in mechatronischen Fahrzeugsystemen XII, TUD*press*, 2018

16 Neue Security Konzepte in der Diagnose

Dipl. Inf. Wigbert Knape, Vector Informatik GmbH, Stuttgart

Abstract

We all can observe the continuous trend towards higher security in vehicles. One of the answers to those enhanced security requirements is the diagnostic service 'Authentication'. For the first time this service is standardized as part of the 3rd edition of ISO 14229-1 (UDS Services). AUTOSAR caught up with the trend towards security in diagnostics and supports the authentication service with release 4.4. All relevant basic software modules for implementing the service have been introduced to the standard as well.

The 'authentication' service provides strong means for vehicle manufacturers to secure the diagnostic access into the vehicle. Certificates or cryptographic algorithms are used to control access to the vehicle's diagnostics. Using certificate based processes to secure diagnostic access is a clear trend in the market. The certificate contains detailed access rights and a validity period allows to control the period within which the certificate is accepted as valid.

This article describes the diagnostic service "Authentication" and its realization in the scope of AUTOSAR.

Kurzfassung

Der Trend zu höheren Security Anforderungen im Fahrzeug hält unvermindert an. Eine Antwort auf die neuen Security Anforderungen ist der Diagnosedienst ‚Authentication'. Erstmalig wird dieser Service in der dritten Ausgabe der ISO 14229-1 (UDS Services) standardisiert. Auch AUTOSAR hat den Trend zur Security in der Diagnose aufgenommen und unterstützt diesen Service ab Version 4.4. Die für die Umsetzung notwendigen Security Module sind ab diesem Release ebenfalls Teil des Standards.

Der Diagnosedienst ‚Authentication' bietet OEMs leistungsfähige Möglichkeiten, den Diagnosezugang ins Fahrzeug abzusichern. Zertifikate oder kryptographische Algorithmen werden verwendet um dem Tester den Zugriff auf die Diagnosefunktionen des Steuergerätes freizuschalten. Es zeichnet sich ab, dass in der Praxis vor allem zertifikatsbasierte Prozesse eingesetzt werden. Sie enthalten feingranulare Zugriffsrechte und über ein Gültigkeitsdatum und Beschränkung auf bestimmte Fahrzeuge oder Steuergeräte lässt sich zudem die Anwendbarkeit des Zertifikates gezielt steuern.

Dieser Beitrag beschreibt den Diagnosedienst „Authentication“ und seine Umsetzung im Kontext von AUTOSAR.

1 Einleitung

Die Automobilindustrie erfährt dieser Tage einen fundamentalen Wandel. Egal ob es um Connectivity, Elektromobilität, Digitalisierung oder automatisiertes Fahren geht, kein Stein bleibt auf dem anderem. Die neuen Themen erfordern dabei signifikante Änderungen an bestehenden Architekturen, vor allem in der Elektronik, Vernetzung und Kommunikation. Die interne Kommunikation wandelt sich beispielsweise von einer statischen in eine serviceorientierte Kommunikation.

Dieser Wandel bringt auch neue Zugänge zum Fahrzeug mit sich. Das klassische geschlossene Fahrzeugnetzwerk der letzten Jahrzehnte, in der es nur die OBD Schnittstelle als Verbindung mit der Außenwelt gab, wird langsam aber stetig abgelöst. Die neuen Netzwerke haben zusätzliche Anforderungen zur Kommunikation mit der Außenwelt wofür neue Schnittstellen eingebaut werden. Wie in Abbildung 1 zu sehen, werden Fahrzeuge neben WLAN, Bluetooth und USB auch über Mobilfunk an cloudbasierte System angeschlossen. Damit ist das Fahrzeug aus dem Internet erreichbar. Während früher eine physikalische Kabelverbindung über den OBD Stecker notwendig war, kann ein Fahrzeug in Zukunft über einen Webbrowser erreicht werden.

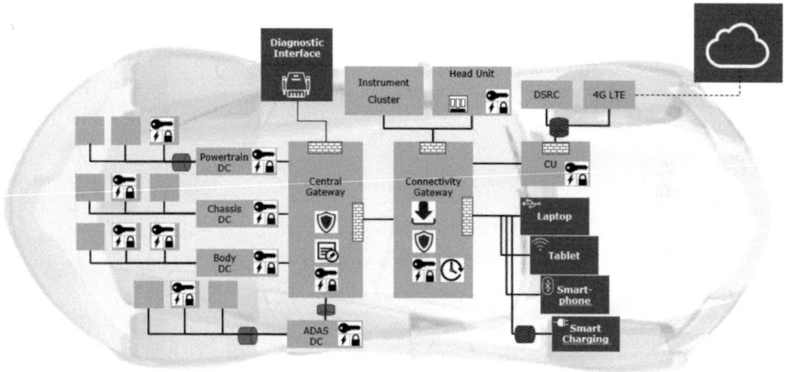

Abbildung 1: Mögliche Zugänge in einer modernen EE-Architektur

Mit den neuen Technologien kommen neue Anforderungen an die Bereitstellung bestimmter Daten des Fahrzeugs. So wird in der ISO 20730 ePTI (Electronic Periodical Technical Inspection) der Datenaustausch spezifiziert, über den die technische Überprüfung eines Fahrzeuges erfolgen kann. Versicherungen bieten ihren Kunden Rabatte an, wenn sie passivere Fahrstile pflegen und einen Nachweis in Form von regelmäßigen Datensätzen erbringen. Die Over-The-Air Konzepte ermöglichen weiteren Anwendungen den Zugriff auf das Fahrzeug, allem voran der Software Update oder die Remote Diagnose. All den neuen Konzepten gemeinsam ist die Diagnose als Zugriffsmethode ins Fahrzeug.

In einem solchem Umfeld, reichen die Mechanismen der klassischen Diagnose für Sicherheit und Zugriffsschutz über den bestehenden UDS Service Security Access nicht mehr aus. Die Rechte für den Security Access sind statisch im Steuergerät hinterlegt und müssen zum Entwicklungszeitpunkt vergeben werden. Geschützt werden nur Diagnose Services in der Non-Default Session.

Auf diese neuen Herausforderungen muss man in der Diagnose eine Antwort finden.

Für die authentifizierte Diagnose müssen folgende Punkte betrachtet werden:

- Absicherung des Kommunikationskanals zwischen Tester und Steuergerät
- Absicherung der Diagnosedienste gegenüber unterschiedlichen Testern

Was den Kommunikationskanal zwischen Tester und Fahrzeug angeht, lassen herkömmliche Transportprotokolle beispielsweise Man-in-the-Middle zu, indem ein Angreifer eine bestehende Verbindung mit entsprechenden Zugriffsrechten übernehmen und darüber eigentlich geschützte Funktion ausführen kann (siehe Abbildung 2). Zu diesem Thema möchten wir in diesem Artikel nicht weiter eingehen und auf die Standardisierung von TLS (Transport Layer Security) in der DoIP ISO 13400-2 verweisen.

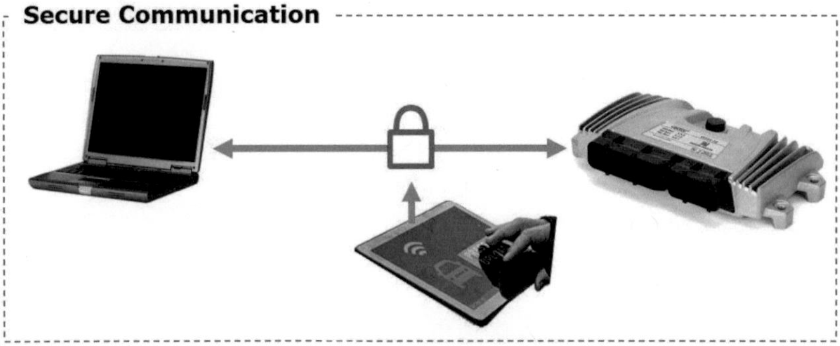

Abbildung 2: Absicherung der Kommunikation gegen Man-in-the-Middle Angriffe

Vielmehr solle hier die Authentifizierung eines Testers am Steuergerät und das individuelle Freischalten von Funktionen beschrieben werden. Über den gesicherten Kanal zwischen Tester und Steuergerät erfolgt hierzu im Anschluss eine Authentifizierung. Der Tester weißt sich dem Steuergerät gegenüber aus, siehe Abbildung 3. Das Steuergerät kennt dadurch seinen Kommunikationspartner und kann ihm dedizierte Rechte zuweisen.

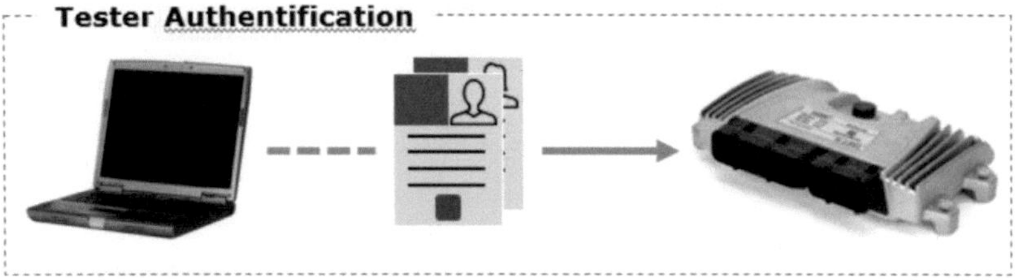

Abbildung 3: Absicherung der Kommunikation gegen Man-in-the-Middle Angriffe

2 UDS Service 0x29 ‚Authentication'

Die Antwort der Diagnose auf die Anforderungen für authentifizierte Diagnose ist der Service 0x29 ‚Authentication'. Erstmalig wird dieser Service mit der dritten Ausgabe der ISO 14229-1, voraussichtlich im letzten Quartal 2019 veröffentlicht werden.

Eine eigens für diesen Service einberufene Arbeitsgruppe innerhalb der ISO hat über die letzten Jahre hinweg die Anforderungen an eine authentifizierte Diagnose gesammelt und den Standard entsprechend erweitert. Dabei wurden insbesondere die Erfahrungen der schon bestehenden proprietären Lösungen zur authentifizierten Diagnose bei den einzelnen Herstellern berücksichtigt.

Der hohe Marktdruck hat eine zeitnahe Umsetzung des Service ‚Authentication' in AUTOSAR erfordert. Mit dem Release 4.4. im November 2018 hat der Dcm (AUTOSAR Diagnostic Communication Manager) eine native Implementierung dieses Diagnosedienstes veröffentlicht. Der Dcm ist für die Bearbeitung von Diagnosediensten zuständig. Er empfängt und sendet Diagnosebotschaften von den darunterliegenden Transportprotokrollen, realisiert das UDS Protokoll und interagiert mit der Anwendung um Diagnosedaten bereitzustellen.

2.1 Funktionalität

Die authentifizierte Diagnose kann in der ISO 14229-1 in die Konzepte:

- Authentifizierung mit Public Key Infrastruktur Zertifikate (APCE)
- Authentifizierung über symmetrische oder asymmetrische Kryptographie (ACR)
- Zertifikatsübertragung ohne Authentifizierung

aufgeteilt werden.

Abbildung 4 zeigt die Aufteilungen für APCE und ACR, die jeweils über verschiedene Sub-functions des Diagnosedienstes ‚Authentication' realisiert sind.

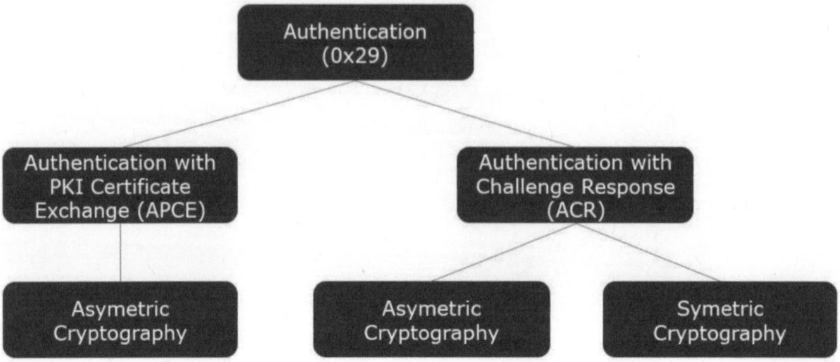

Abbildung 4: Funktionen der authentifizierten Diagnose

Mit den beiden Konzepten APCE und ACR kann das Steuergerät in einen authentifizierten Modus versetzt werden, der prinzipielle Ablauf ist jeweils vergleichbar:

1. Der Tester sendet einen Request zur Authentifizierung.
2. Das Steuergerät prüft die empfangenen Daten auf Gültigkeit und schickt dem Tester eine Sequenz aus Zufallszahlen zurück.
3. Der Tester signiert diese Sequenz und schickt sie an das Steuergerät. Dadurch kann er nachweisen, dass er der rechtmäßige Besitzer der Authentifizierungsdaten ist.
4. Das Steuergerät prüft die empfangene Signatur und kann in den authentifizierten Zustand wechseln.
5. Im authentifiziertem Zustand kann der Tester bestimmte Diagnoseservices ausführen. Die Rechte die dem Tester eingeräumt werden, hängen von den in 1) gesendeten Daten ab.

Mit dem APCE Ansatz werden Zertifikate übertragen, die den Tester gegenüber dem Steuergerät ausweisen. Mit ACR werden herstellerspezifische kryptographische Daten und Algorithmen zur Authentifizierung des Testers verwendet.

Die Verwendung von APCE - hier kommen Zertifikate zum Einsatz - erlaubt eine Umsetzung des Diagnosedienstes über Standardkomponenten. Aufbau und Struktur von Zertifikaten ist weitestgehend standardisiert. Die Realisierung der Authentication über ACR verlangt hingegen deutlich mehr detailliertes Wissen über die übertragenen Kryptodaten und ist oft nur herstellerspezifisch umsetzbar. So wurde in AUTOSAR nur der linke und somit standardisierbare Teilbaum aus Abbildung 4, das APCE Konzept umgesetzt.

Die Rechte, die das Steuergerät dem Tester einräumt, werden dynamisch aus den übertragenen Daten oder Zertifikaten entnommen. So lassen sich die Rechte durch

Ausstellung neuer Zertifikate jederzeit anpassen und zeitlich beschränken. Beim Security Access sind die Rechte dagegen statisch im Steuergerät hinterlegt.

Auf den dritten Aspekt des Diagnosedienstes Authentication zur Übertragung von Zertifikaten ohne Authentifizierung soll nur kurz eingegangen werden. Dieser Funktion ist eine eigene Sub-function gewidmet. Sie erlaubt es dem Tester ein Zertifikat an das Steuergerät zu übertragen, dass später für herstellerspezifische Funktionen verwendet wird. So kann darüber z.B. ein Zertifikat zum Signieren von Kodierdaten ins Steuergerät übertragen werden.

2.2 Neuer Zustand für die Authentifizierung

Der Diagnosedienst ‚Authentication' führt zusätzlich zu den bestehenden Zuständen für Session und Security Level einen neuen Authentication Zustand ein. Dieser Zustand kann die Werte ‚deauthenticated' und ‚authenticated' einnehmen.

Eine erfolgreiche Authentifizierung eines Testers am Steuergerät, bringt das Steuergerät in den Zustand ‚authenticated'. Im Unterschied zu den bestehenden Zuständen, ist der neue Zustand nicht Steuergerät global, sondern gilt nur für eine Diagnoseverbindung. Hat das Steuergerät mehrere Zugänge, also z.B. zum externen und internen Tester, so kann die Authentifizierung nicht von einem anderen Tester „gehijacked" werden. Vor allem in Kombination mit über TLS gesicherten TCP/IP Verbindungen wird so eine hohe Sicherheit erreicht.

Der ‚Authentication' Zustand unterscheidet sich auch in anderen Punkten von den bestehenden Zuständen für Session und Security Level. Er ist unabhängig von den anderen Zuständen und ändert seinen Wert nicht durch Wechsel von anderen Zuständen. Während ein Security Access nur in einer non-default Session ausgeführt werden kann, ist die Authentication jederzeit möglich.

In Abbildung 5 sind die möglichen Zustandsübergänge mit APCE dargestellt. Der ‚authenticated' Zustand ist nur durch den Service 0x29 erreichbar. Wird ACR verwendet, so werden andere Sub-functions verwendet um in den authentifizierten Zustand zu gelangen.

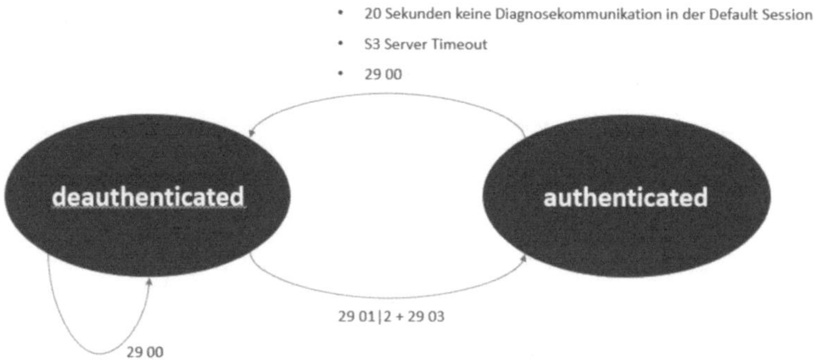

Abbildung 5: Mögliche Zustandsübergänge unter Verwendung mit APCE

Verlassen wird der Zustand ‚authenticated' nur nach Timeout der Diagnoseverbindung oder durch explizites deauthentifizieren durch einen Diagnoserequest.

2.3 Auswirkungen der Authentifizierung

Durch die Authentifizierung wird ein zusätzliches Rechtemanagement eingeführt. Das Steuergerät überprüft vor der Ausführung von bestimmten Diagnosediensten, ob der Tester authentifiziert ist und ob die durch die Authentifizierung übertragenen Rechte ausreichend für die Ausführung des Diagnosedienstes sind. Andernfalls lehnt das Steuergerät die Ausführung eines Diagnosedienstes ab. Zu diesem Zweck hat die ISO 14229-1 den neuen NRC:

- 0x34 Authentication Required

eingeführt. Über dieser NRC wird signalisiert, dass der angefragte Diagnosedienst geschützt ist und der Tester sich zuerst entsprechend authentifizieren muss.

Die Definition des Rechtemanagements lässt die ISO 14229-1 bewusst offen. Die AUTOSAR Implementierung führt hingegen eine auf Rollen und White Lists basierende Rechteverwaltung ein. Darüber wird festgelegt, welche Diagnosedienste für den Tester ausführbar sind.

Nicht jeder Diagnosedienst benötigt eine Authentifizierung. Unkritische Dienste zum Lesen bestimmter Daten können ohne Authentifizierung ausgeführt werden. Zusätzlich sind folgende Ausnahmen definiert:

- OBD-II Modes $01-$0A, die Gesetze verlangen einen freien Zugang zu OBD-II
- Tester Present 0x3E
- Authentication 0x29

2.4 Zertifikate

Bei Authentifizierung mit APCE sendet der Tester ein Zertifikat an das Steuergerät. Die ISO 14229-1 definiert nur den Begriff „CertificateData", eine Semantik der übertragenen Zertifikatsdaten ist implementierungsspezifisch zu sehen. Im Markt hat sich hingegen der X.509 Standard durchgesetzt, vereinzelt werden auch Zertifikate vom Typ CVC eingesetzt. Beide Typen werden nativ vom AUTOSAR Standard unterstützt.

Vereinfacht dargestellt, ist ein Zertifikat eine Datenstruktur, die von einer vertrauenswürdigen Zertifizierungsstelle signiert wird. Über die Signatur können Dritte die Echtheit des Zertifikates prüfen. Die Datenstrukturen enthalten weitere Nutzdaten, für die Authentifizierung sind die in Abbildung 6 definierten Elemente herauszuheben.

Abbildung 6: Diagnoserelevante Anteile eines Zertifikates

Der verwendete Zertifikatsstandard definiert den Aufbau der Datenstruktur sowie Semantiken von bestimmten Feldern. Auch frei definierbare Daten dürfen in dieser Datenstruktur vorkommen.

2.4.1 Gültigkeitsdauer eines Zertifikates

Die Lebensdauer eines Zertifikates kann zeitlich begrenzt werden und das Zertifikat verliert nach Ablauf seine Gültigkeit. Im Gegensatz zu statisch im Steuergerät hinterlegen Rechten kann der Fahrzeughersteller den Zugriff besser kontrollieren und durch Ausstellung neuer Zertifikate die Rechte nachträglich anpassen. Die Anwendungsfälle sind vielfältig und hier kann nur eine kurze Übersicht darüber gegeben werden:

- Ein Händler erhält die Erlaubnis zur Programmierung der Wegfahrsperre für nur einen Kalendertag
- Zertifikate mit hohen Rechte für interne Verwendung vor dem SOP
- ...

Es sei noch zu erwähnen, dass es für die Fahrzeuge eine Herausforderung ist, einen vertrauenswürdige Zeit zu erhalten. Hier dürfen wir gespannt auf die zukünftigen Lösungen der Hersteller im Markt schauen.

2.4.2 Rollen

Das Rollenkonzept ist wohl das mächtigste Element der Zertifikate im Zusammenhang mit der Authentifizierung. Ähnlich wie beim Security Access, ist für jeden Diagnosedienst im Steuergerät hinterlegt, in welcher Rolle er ausgeführt werden kann. Jedes Zertifikat enthält eine bestimmte Rolle, wobei ein Zertifikat auch mehrere Rollen gleichzeitig enthalten kann. Der Tester weißt sich mit einem von der vertrauenswürdigen Zertifizierungsstelle signiertem Zertifikat als rechtmäßiger Besitzer aus. Das Steuergerät gewährt Zugriff auf alle Ressourcen die in dieser Rolle frei zugänglich sind.

Die möglichen Rollen sind statisch und vom Hersteller vorgegeben. Im Steuergerät ist hinterlegt, welcher Service in welcher Rolle ausführbar ist. Kann der Tester ein Zertifikat mit der entsprechenden Rolle vorweisen, so erlaubt das Steuergerät die Ausführung aller Diagnosedienste die dieser Rolle zugeordnet sind.

	Development	Production	AfterSales	ExtendedUser	ePTI	unused	unused	unused
Bit	7	6	5	4	3	2	1	0
Certificate	0	0	1	1	0	0	0	0
Service List								
Service 0x28	0	0	1	1	0	0	0	0
Service 0x11 01	0	0	1	0	0	0	0	0
DID Write 0x1234	0	0	0	1	0	0	0	0
RID 0x5678	0	1	0	0	0	0	0	0

Abbildung 7: Rollen im Zertifikat und im Steuergerät

In Abbildung 7 ist ein Beispiel eines Zertifikates mit Rechten für die Rollen „After Sales" und „Extended User" gegeben. Der Tester kann mit diesem Zertifikat alle Services ausführen, die statisch im Steuergerät diesen Rollen zugeordnet sind. Im Beispiel können die grün markierten Diagnosedienste ausgeführt werden, während ein Starten der Funktionsroutine 0x5678 abgelehnt würde.

In der Praxis ist die Anzahl der Rollen eher klein, oft wird sie durch ein 1 Byte-Bitfeld dargestellt, was genau 8 verschiedene Rollen zulässt.

2.4.3 White Lists

Rollen sind sehr mächtig. Durch ihre statische Zuweisung zu den Diagnosediensten im Steuergerät, sind sie nachträglich jedoch nur noch durch ein Softwareupdate änderbar. Das Konzept der White Lists in den Zertifikaten erlaubt eine dynamischere Rechtezuweisung. Die White List enthält eine Liste von Diagnosediensten, die zusätzlich von der im Zertifikat hinterlegten Rolle noch ausgeführt werden können. Dadurch kann der Fahrzeughersteller sehr gezielt definieren, was ein Tester darf oder nicht und auch gezielt Zugriffsrechte vergeben, auch Lange nach Produktion und Verkauf des Fahrzeuges.

Die Zugriffsrechte in der White List können auf folgenden Ebenen vergeben werden:

- Service ID (alle Diagnosedienste mit dieser Service ID dürfen ausgeführt werden)
- Service ID + Sub-Function (alle Diagnosedienste mit dieser Service ID und Subfunction dürfen ausgeführt werden)
- DIDs (Read, Write und IOControl für einen Data Identifier)
- RIDs (Start, Stop oder RequestResult für eine Routine)
- MemorySelection (Zugriff auf die User Defined Fault Memories)

Es ist angedacht, dass in der White List im Zertifikat eine eher kleinere Menge von Diagnoseservices hinterlegt wird. Die White List muss bei der Verarbeitung von jedem

Diagnosedienst durchsucht werden. Somit hat die Größe der White List direkten Einfluss auf die Verarbeitungsgeschwindigkeit und Speicherverbrauch im Steuergerät.

2.4.4 Target Identification

Eine wichtige Anforderung an die Authentifizierung ist die Definition, für welches Steuergerät ein Zertifikat überhaupt gültig ist. Es wird mehr benötigt als die vertrauenswürdige Signatur des Fahrzeugherstellers, denn ein Zertifikat soll nur auf bestimmten Steuergeräten, Typen oder Versionen gültig sein.

Hier kommt die Target Identifikation ins Spiel. Darunter versteht sich eine Menge ins Zertifikate eingebundene Eigenschaften die ein Steuergerät erfüllen muss damit das Zertifikat dort gültig ist. Mehrere Eigenschaften der Target Identification können mit Boolschen Operationen verknüpft werden, so dass auch komplexere Anforderungen realisiert werden können. Als Beispiel könnte so ein Zertifikat an die Modellreihe A und X gebunden werden und dort nur in Getriebesteuergeräten mit einer Software Version 3.1 oder größer 3.5 gültig sein.

In der Regel sind die Eigenschaften der Target Identifikationen an Identifikationsdaten gebunden, die auch über einen entsprechenden Data Identifier lesbar sind.

2.5 Weitere Eigenschaften von 'Authentication'

Die Verarbeitung und Validierung von Zertifikaten basiert auf komplexen kryptografischen Algorithmen. Auf den oft leistungsschwachen Mikrokontrollern der Steuergeräte, haben diese Algorithmen recht lange Laufzeiten. In der Praxis hat sich gezeigt, dass die Validierung eines Zertifikates durchaus über eine Sekunde dauern kann. Diese Extrazeit muss in den Diagnoseabläufen eingeplant werden. Vor allem in der Produktion wo die Steuergeräte oft Ein- und Ausgeschaltet werden, ist die wiederholte Authentifizierung schmerzhaft und hat das Potential die Produktionskosten zu erhöhen. Für die Produktion hat AUTOSAR eine spezielle Lösung gefunden, in dem im Produktionsmodus eine erreichte Authentifizierung dauerhaft im Steuergerät gespeichert wird.

Der Vorschlag der ISO 14229-1 zur Authentifizierung beinhaltet einen Session Key, der dem Tester nach erfolgter Authentifizierung in der positiven Antwort geschickt wird. Dieser Session Key war initial dafür gedacht, eine zukünftige Absicherung der Transportschicht zu unterstützen. Es zeigte sich erst später in der Standardisierung, dass die Sicherheit in der Transportschicht schon viel früher erreicht werden muss. So wird bei Verwendung von TLS die sichere Übertragung eingerichtet, bevor die Diagnose überhaupt aktiv ist. In den AUTOSAR Implementierungen des UDS Diagnosedienstes ‚Authentication' wird der Session Key daher nicht verwendet und mit einer Länge von 0 Byte immer leer gelassen.

Der neue Authentication Service hat an vielen Stellen eine ähnliche Semantik wie der bestehende UDS Service ‚Security Access'. Beide Diagnosedienste werden parallel zueinander existieren und verwendet werden. So gibt es Anforderungen, wie z.B. aus der ISO 26021-2 „End of life activation on on-board pyrotechnic devices", die den Security Access vorschreiben. Diese Diagnosedienste dürfen nicht über Authentication abgesichert werden und müssen jederzeit frei verfügbar sein.

Auch wird es weiterhin Diagnosefunktionen geben, die einen zusätzlichen Schutzbedarf benötigen, der mit Zertifikaten nicht oder nicht ausreichend abzubilden ist. Eine alternative Schutzmöglichkeit über Security Access ist hier sinnvoll.

Auch im Bootloader wird der Security Access noch in vielen Steuergeräten eingesetzt werden. Eine zertifikatsbasierte Lösung bringt einen höheren Gesamtaufwand und neue Abhängigkeiten zu den Security-Hardwaretreibern mit sich.

3 Ausblick

Mit dem standardisierten ‚Authentication' Service, wird die bestehende Lücke eines umfangreichen des Zugriffschutzes für Diagnosedienste geschlossen. Zusammen mit dem sich in der Standardisierung befindlichen TLS für DoIP wird der Diagnosezugang sicher und stellt sich den Aufgaben von Morgen.

Im Markt ist ein großes Interesse an diesem Service zu beobachten. Es ist daher anzunehmen, dass bestehende proprietäre Lösungen schrittweise durch den Authentication Service ersetzt werden.

Literatur

[1] ISO 14229-1 (Edition 3, FDIS 2019) Unified Diagnostic Services (UDS)

[2] AUTOSAR SWS_DiagnosticCommunicationManager Release 4.4

Die Autoren – the Authors

Prof. Dr.-Ing. Bernard Bäker
TU Dresden

Dipl.-Ing. Andreas Unger
TU Dresden

Robert Amthor
Infineon Technologies Dresden
GmbH & Co. KG, Dresden

Dipl.-Ing. Frank Bleich, M.Sc.
Infineon Technologies Dresden
GmbH & Co. KG, Dresden

Dr.-Ing. Jan Bröcking
MVI PROMOTIVE Engineering GmbH,
Bietigheim-Bissingen

Sven Conradi
Dr. Ing. h. c. F. Porsche AG, Weissach

Dr. Roman Cunis
ServiceXpert GmbH, Hamburg

Dr. David Delichristov
Virtual Vehicle Research Center, Graz

Enes Esatbeyoglu
Volkswagen AG, Wolfsburg

Thomas Falschebner
Dr. Ing. h. c. F. Porsche AG, Weissach

Till Fischer
Volkswagen AG, Wolfsburg

Dipl.-Ing. Bernhard Frohner
AVL List GmbH, Graz

M.Sc. Ronny Giera
Semantis Information Builders GmbH,
Oberursel

Dipl.-Ing. Bernd Gottschalk
Daimler AG, Böblingen

Michael Halbwirth
Globalmatix AG, Vaduz, Liechtenstein

Dipl.-Ing. Marjan Hanc
Globalmatix AG, Vaduz, Liechtenstein

Dipl. Inf. Wigbert Knape
Vector Informatik GmbH, Stuttgart

Dr. Georg Macher,
Technische Universität Graz, Graz

Dr. Stefan Mittermeier
MVI Group GmbH, München

Heinz Neidhart, BSc
AVL List GmbH, Graz

Dipl.-Ing. Jens Richter
TU Dresden

Dr. Thomas Ringel
Leiter After-Sales Technik
Diagnose, Flashen, Security & Produktgruppe
C/E/S-Klasse, Daimler AG, Böblingen

Dipl.-Ing. Tadeusz Rzedkowski AKKA
GmbH & Co. KGaA, Sindelfingen

Andreas Udo Sass
Volkswagen AG, Wolfsburg

Andreas Schaumeier, M.Sc.
BMW AG, München

Dipl.-Ing. Udo Schifferdecker
Vector Informatik GmbH, Stuttgart

Dipl.-Ing. Karsten Schwericke,
BMW AG, München

Dr. Selim Solmaz
Virtual Vehicle Research Center, Graz

Markus Steffelbauer
Softing Automotive Electronics GmbH,
München

Dr. Norbert Waleschkowski (Semantis),
Semantis Information Builders GmbH

Dipl.-Ing. (BA) Thomas Wambera
AVL Deutschland GmbH, Stuttgart

Dipl.-Techn. Math. Axel Weckherlin
BMW AG, München

Christian Weiner
Softing Automotive Electronics GmbH,
München

Peter Wolf, M.Sc.
BMW AG, München